制造业高端技术系列

特种阀门数智化技术

钱锦远　管桉琦　金志江　编著

机械工业出版社

本书围绕特种阀门的数字创新设计、智能制造和智能运维三大技术方向，聚焦于数字化性能分析、智能制造、云计算及智能故障诊断等智能化前沿技术，系统地介绍了设计、制造和运维一体化的阀门数智化工程，以及阀门全产业链数智化升级的关键技术。其主要内容包括：数智化概述、特种阀门数智化概述、特种阀门数字化设计技术、特种阀门仿真技术、特种阀门优化设计、智能制造与特种阀门制造、特种阀门智能制造技术、智能运维与特种阀门运维、特种阀门故障状态数据采集和预处理技术、面向特种阀门的智能故障诊断技术、特种阀门智能运维系统。本书内容新颖，实用性强，紧贴阀门领域研究前沿，可为特种阀门的后续研究提供技术支持，有较高的参考价值和启迪性。

本书可供阀门行业的工程技术人员参考，也可供相关专业的在校师生及研究人员参考。

图书在版编目（CIP）数据

特种阀门数智化技术 / 钱锦远，管桉琦，金志江编著 . —北京：机械工业出版社，2024.6

（制造业高端技术系列）

ISBN 978-7-111-75648-4

Ⅰ.①特⋯　Ⅱ.①钱⋯②管⋯③金⋯　Ⅲ.①阀门－生产工艺　Ⅳ.① TH134

中国国家版本馆 CIP 数据核字（2024）第 080621 号

机械工业出版社（北京市百万庄大街 22 号　邮政编码 100037）

策划编辑：陈保华　　　　　责任编辑：陈保华　贺　怡
责任校对：孙明慧　李　杉　封面设计：马精明
责任印制：郜　敏

中煤（北京）印务有限公司印刷

2024 年 7 月第 1 版第 1 次印刷

169mm×239mm · 15.25 印张 · 311 千字

标准书号：ISBN 978-7-111-75648-4

定价：99.00 元

电话服务　　　　　　　　　网络服务

客服电话：010-88361066　机 工 官 网：www.cmpbook.com
　　　　　010-88379833　机 工 官 博：weibo.com/cmp1952
　　　　　010-68326294　金 书 网：www.golden-book.com
封底无防伪标均为盗版　机工教育服务网：www.cmpedu.com

　　党的二十大报告明确指出，实施产业基础再造工程和重大技术装备攻关工程，推动制造业高端化、智能化、绿色化发展。以"数字化、网络化、智能化"为核心的赋能技术，是制造业高质量发展的重要引擎，将有力促进传统产业转型升级，加快培育形成新质生产力。

　　阀门是重大装备的关键基础零部件，特种阀门在现代工业中扮演着重要的角色，由于其技术含量高、功能要求多、应用领域广，存在技术壁垒高、研发周期长、生产成本高等重大挑战。但是在工业 4.0 背景下，"数字化、网络化、智能化"为核心的赋能技术将成为推动特种阀门行业高质量发展，推动产业基础高级化的一大助力。在设计和生产环节中，数字化创新设计和智能制造影响着特种阀门产品的质量；在工业运行场景中，故障诊断和数字化运维保证着特种阀门运行的安全可靠。阀门行业应抓住机遇，打造个性化定制、按需制造及全生命周期服务的新模式。

　　本书从数字化、智能化的角度出发，围绕特种阀门的数字创新设计、智能制造和智能运维三大技术方向进行深入探讨和分析，以典型的特种阀门案例描述了智能化在阀门领域的应用场景，对理解和分析特种阀门的智能化转型有一定的理论价值，对阀门企业转型升级具有重要的指导意义！

中国工程院院士

前　言

在工业数字化转型的今天，数字孪生、工业互联网、数字化协同设计、智能运维等构成的新型信息技术，正在不断融合并形成传统工业领域的数智化血脉，工业的自动化、数字化、智能化已经成为传统制造装备行业的重要发展趋势。特种阀门作为流体传输系统的"咽喉"，其数智化水平已经成为影响我国工业系统安全的重要环节。面对工业4.0时代下装备数智化的新趋势，数字创新设计、智能制造、智能运维三大重点技术方向将引领特种阀门的未来发展。

本书从数智化的角度描述了特种阀门的数字创新设计、智能制造和智能运维三大技术方向，详细论述了数字化性能分析、智能制造、云计算及智能诊断等智能化前沿技术在特种阀门中的应用，为特种阀门全链路数字化产业升级提供了理论和技术支撑。本书共分为11章，其中第1章和第2章为数智化趋势综述内容；第3～5章为特种阀门数字化设计内容；第6章和第7章为特种阀门智能制造技术内容；第8～11章为特种阀门智能运维技术内容。第1、2章从数智化发展切入，分析了数智化技术在特种阀门应用上的挑战，讨论了特种阀门等制造业数智化转型的策略与核心要素；第3～5章从数字化设计角度出发，介绍了流场仿真技术、多目标优化设计及多学科优化等各类数字设计技术在阀门上的应用情况；第6、7章从智能制造出发，介绍了智能制造的发展、智能制造共性技术及应用在特种阀门领域的各类关键技术；第8～11章从智能运维角度展开，以运维流程为思路，介绍了常见的泄漏、振动、噪声等状态采集技术，故障诊断方法，以及智能运维系统。

本书由钱锦远、管桉琦、金志江编著。其中，第1、2章由钱锦远、管桉琦、金志江撰写，第3～5章由钱锦远、金志江撰写，第6、7章由钱锦远、管桉琦撰写，第8～11章由管桉琦、金志江撰写。在本书出版之际，非常感谢课题组师生对本书编写工作的鼎力支持，尤其是李志妍、华霆锋、叶宗豪、凌家瑞、王照彤等人做了大量的书稿整理和校对工作，在此一并予以感谢。

本书给出的特种阀门数智化技术恐仍有遗漏，同时由于作者水平有限，书中难免存在不妥之处，敬请广大读者批评指正。

作　者

目　录

第 1 章

数智化概述

1.1 数智化概念

从人类数千年的发展历程来看，随着生产力的发展，人类社会已经经历了三次巨变。第一次巨变前，在原始社会，人类通过采集获得食物，即采集生产。农业革命后，人类开始以种植、养殖和培育为手段来获取生活资料，即农业生产，社会由此进入农业社会。在经历工业革命，也就是第二次巨变后，人类开始通过物理或化学变化来获取生活和生产资料，即工业生产，自此人类进入了高速发展的工业文明。而第三次巨变即知识革命，知识的创新、传播和应用创造出了各种资料，用以满足人类的生理和心理需要，即知识生产。这是以互联网产业化、工业智能化、工业一体化为代表的又一次科技革命。这一重要变革始于世纪交汇之际，以计算机和网络技术为核心的信息技术开始以惊人的速度迅猛发展，互联网、大数据、云计算、人工智能等数字技术与一、二、三产业融合创新，以数字经济为特征的新兴产业蓬勃发展，快速改变着人们的生产、生活方式。随着信息技术与一、二、三产业的深度融合发展，"数智化"一词越来越多地出现在人们的生产生活中。

1.1.1 数智化的背景

当前，世界处于第三次工业革命向第四次工业革命过渡的时期。第三次工业革命主要是信息技术革命，最早是国防工业对于半导体的需求引发了半导体产业的发展而带来的革命，此后逐渐迎来了个人计算机时代。而个人计算机的普及又促进了互联网的革命，使互联网以一种前所未有的速度迅速发展。这不仅改变了人们的衣食住行，还加速了传统产业的改造升级。这是由于"互联网 +"的出现产生了大量的数据，人工智能通过分析海量数据，可以对消费者甚至是生产者的行为进行较为准确的预测，这些预测能够帮助生产者更加高效、合理地进行规划和生产，将资源最大化利用，创造出更高的价值。人类社会从此进入了信息化、数字化、智能化的新时代，即"数智化时代"。需要明确的是，数智化时代仍然属于第三次工业革命或者产业革命的成熟阶段，技术趋向成熟，市场也趋向饱和；这个时代也是新技术的酝酿期，是技术革命之间的交棒时期。

随着以云计算、大数据、物联网与人工智能等技术为标志的数智化时代的到来，数智信息技术开始为传统行业产业深度赋能，为经济社会发展和企业变革提供技术基础，成了现代社会进步和发展的重要推动力量。

从 20 世纪中后期以来，许多发达国家将部分制造业转移到了更具成本优势的发展中国家。这种转移造成了发达国家的产业空洞化，同时也给了发展中国家机会，促进了新兴国家的产业升级和经济增长，因此反而对发达国家造成了较大的竞争压力。而且全球范围内新一轮科技革命与产业革命正加速演进。一方面，大数据、云计算、物联网、人工智能、区块链等数字技术逐渐成熟，以工业互联网等融合基础设施为突破的新型数字基础体系不断完善，并得到规模化深度应用，为数智化发展提供了坚实的基础；另一方面，数智化技术与实体经济的融合逐渐深化，数据成了新的生产要素，其赋能价值迅速显现，推动着工业的自动化、数字化进程。数字技术同时给原有的土地、劳动力、资本和技术等要素赋予了新内涵，构成了数智化新时代的新生产力。数智化转型成了当前传统工业企业变革的根本选择。为应对这种状况，各个国家提出了各自的应对策略，都希望能够在这场竞争中占据先手优势，抢占市场，促进本国经济稳步发展。中国面临的是发达国家和发展中国家的"双重竞争"。在这样的背景下，中国必须顶住压力，构建新时代新发展格局的主旋律——抓住历史机遇，借助数智信息技术的发展，打造数智经济优势，推动产业企业生态化转型升级。

习近平在党的二十大报告中明确提出要加快建设制造强国、网络强国、数字中国，推动制造业高端化、智能化、绿色化发展，加快发展数字经济，促进数字经济和实体经济深度融合。当前，我国处于"十四五"时期，这是我国社会经济跨越式发展的重要机遇时期。"数字化"和"数字中国"被列为"十四五"规划的核心内容之一。但与西方发达国家所选择的道路不同，我国需要走一条符合自身国情的数智化道路。西方发达国家在智能制造的发展过程是一个串联式的发展过程，而我国则不然，我国的工业化尚且处于工业 2.0 补课、工业 3.0 普及、工业 4.0 示范的状态，发展并不均衡，这意味着西方发达国家所走的路在我国行不通。因此，我国必须充分发挥后发优势，采取并联式的发展方式，也就是采取数字化、网络化、智能化并行推进、融合发展的技术方针。目前，在数智化转型的技术应用中，我国的大数据、5G 通信、物联网、云计算等信息基础设施不断健全，第一次在信息技术领域取得领先，掀起了全球数智化革命的巨浪，主导着全球信息技术基础设施的建设。

1.1.2 数智化的定义

数智化最初的定义是数字智慧化与智慧数字化的合成。通俗来说，可以将数智化理解为数字化和智能化的结合，即数字化的智慧应用。对于上述定义，可以从三个层面来理解。首先是数字智慧化，相当于云计算的"算法"，即在大数据中加入人的智慧，使数据增值，更好发挥出大数据的效用；其次是智慧数字化，即通过数字信息技术，使机器继承人的部分逻辑，把人的智慧管理起来，实现"人工"到"智能"的提升，将人从繁杂的体力、脑力劳动中解放出来；最后是将这两个过程结合，就能够实现深度的人机对话，使机器继承人的某些逻辑，实现深度学习，甚至能启智于人，即以智慧为纽带，人在机器中，机器在人中，形成人机一体的新生态。这就是人们对数智化最初的认知。

随着数智化的逐渐发展和成熟，其概念也有了一定的补充调整。目前为止，数智化的概念并没有一个统一的说法，世界各国对于数智化都有一套各自的表述，对应的政策、相关概念不尽相同。

美国对于数智化的相关提法更多使用的是智能制造。2011 年 6 月，美国智能制造领导联盟（Smart Manufacturing Leadership Coalition，SMLC）在《实施 21 世纪智能制造》报告中指出，智能制造是先进智能系统强化应用、新产品快速制造、产品需求动态响应，以及工业生产和供应链网络实时优化的制造。其核心技术是网络化传感器、数据互操作性、多尺度动态建模与仿真、智能自动化，以及可扩展的多层次网络安全。2014 年 12 月，美国能源部将其定义为先进传感、仪器、监测、控制和过程优化的技术和实践的组合，它们将信息和通信技术与制造环境融合在一起，实现工厂和企业中能量、生产率、成本的实时管理。

数智化在德国则被称为工业 4.0，表示第四次工业革命。在德国工业 4.0 的蓝图中，在产品的生命周期内，生产者对整个价值创造链的组织和控制会达到新高度。即从创意、订单，到研发、生产、终端客户的产品交付，再到废物循环利用，以及与之紧密联系的各服务行业，在各个阶段都能更好地满足日益个性化的客户需求。当所有参与价值创造的相关实体形成网络，就具备了随时从数据中创造最大价值流的能力，从而实现所有相关信息的实时共享。概括来讲，就是通过人、物和系统的连接，实现企业价值网络的动态建立、实时优化和自组织，并根据不同的标准对成本、效率和能耗进行优化。

在国内，数智化的概念最早由中国工程院院士、阿里云计算有限公司创始人王坚提出。科大国创软件股份有限公司的总经理李飞在 2021 年中国国际大数据产业博览会上对"数智化"做出了这样的解释：数智化的核心，是以海量大数据为基础，结合人工智能相关技术，打通原来数据的"端到端孤岛"，结合场景去解决问题。可以从三个层次来理解数智化，第一个层次是连接，也是其本质，即万物互联。将人、流程、数据和事物通过网络结合在一起，并且能够在网络间实现彼此间的通信交流；第二个层次是对数据的价值进行提炼和挖掘。经过网络整合后的数据价值远大于数据自身价值之和；第三个层次则是高效率的应用赋能，即将数据的价值赋予到实际的应用场景中，发挥出数据的最大价值。不难发现，国内的数智化概念是对未来工业企业的发展目标更为全面、更加综合的描述。

各国对于数智化的表述大同小异，侧重点各有不同，使用的名称也各异。但总结而言，都离不开数据与智能，是两者结合下的产物，致力于实现以虚实融合为主要特征的新一代智能制造模式，目的都是为经济社会发展找到新的支撑点，本质都是制造信息化。此外，数智化概念的出现也为各国提供了发展的参考方向，在深入了解数智化后，则会意识到数智化的发展是一个逐渐被完善、由浅入深的过程，尤其是随着数字技术的发展与应用，数智化的内涵在不断地被拓展和丰富。

数智化可分为三个阶段（见图 1-1），第一阶段是将数字技术与家用彩电、移动电话甚至是特种设备相结合，即产品数智化，利用终端识别技术、网络技术等，将商品从生产加工，到运输、仓储、销售、配送，再到消费者等环节进行数字信息处理和标识，以满足消费者对线上线下商品的一致性需求。"数智化"的第二阶段则是将数字技术用于企业的管理。为了提高中小型企业经营管理中决策的工作效率和质量，企业可以借助数字技术做出更好的决策，增强自身的综合竞争能力，应对各种复杂多变的市场形态和挑战，即企业管理的数智化。在"数智化"的第三阶段，数据被上传到云端，与各方面的数据交叉聚合，人机交互与日俱增，使用数据来治理城市已经成为一个新的方向——"智慧城市"，人与自然更加和谐，即人机协同的数智化。

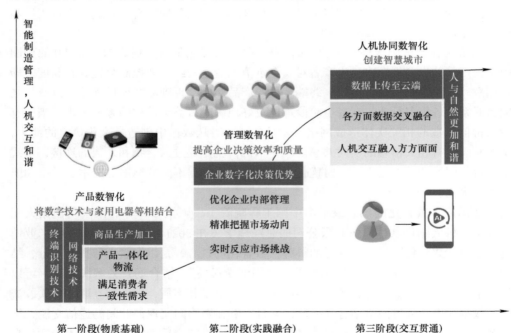

图 1-1 　数智化的三个阶段

在提到数智化时，往往避免不了提及数字化。数字化是智能化的基础，智能化是数字化的归宿，为智能化而数字化则是处理两者关系的出发点。尽管在许多表述中人们常将数字化与数智化混用，但实则两者是完全不同的两个概念，虽有一定的联系，但在技术层面上相差甚远。

"数字化"是技术概念，起源于 20 世纪 40 年代香农证明的采样定理，即用离散的序列来代表连续的函数。可以理解为用 0 和 1 两个数字来进行数字编码，以便于用户表达和处理传输所有文字数据服务信息的一种数字综合通信技术。简单来说，所有具象事物都能够被抽象为数字就是数字化。而数智化脱胎于数字化，属于数字技术应用层面。从字面上看，数智化与数字化最大的区别在于数智化除了以海量数据为基础，还利用了人工智能等手段对数据价值进行了深度挖掘并应用到实际中去。概括地讲，数智化是在人类"第四次工业革命"的宏大叙事背景之下，各行业对大数据、人工智能、5G 通信、物联网等一系列关键数字信息技术进行综合应用的结果。这也是对于数智化的传统认识，在这种解释中，数智化的最高阶段是实现"智慧城市"和"万物互联"。但也有部分学者认为，"数智化"还具备第四个阶段，即人与人之间的"思频互联"。这种观点是将人的思维也作为万物中的组成部分，且是极为特殊的一种，这种特殊的互联，能够将数智化进程推进到文化层面。未来数智化最终会发展到何种程度仍未可知，但无论到哪一阶段，不可否认的是，其必将给世界带来不可估量的价值，极大改变人们的生产生活方式。

1.2 国内外数智化工业的发展与应用状况

目前，各国的数智化工业发展进度并不统一，应用情况和面对的问题也各不相同。我国的数智化工业发展应该在分析总结各国经验的基础上，结合自身国情，规划出一条最合适的发展道路。

1.2.1 国外数智化工业的发展与应用

1. 美国

美国在智能制造技术的理论和应用研究方面长期处于世界领先地位，人工智能、控制论、物联网等智能技术的基础多起源于美国。在智能产品的研发方面，美国也一直走在世界前列，从早期的数控机床、集成电路、PLC（可编程逻辑控制器），到如今的智能手机、无人驾驶汽车、各种先进的传感器，都具有较大的优势。不仅如此，在工业软件开发方面，全球大多数研发设计、管理、生产制造软件的实力企业也都来自美国。美国数智化相关政策如图 1-2 所示。

早在 2008 年金融危机之前，美国已经意识到了制造业的重要性。根据自身制造业面临的挑战与机遇，为满足美国制造业对先进制造技术的需求、提高制造业的竞争力、促进国家经济增长，美国就率先提出了先进制造技术（advanced manufacturing technology，AMT）理念。20 世纪 90 年代，美国开始了制造业信息化。1993 年，美国正式实施 AMT 计划，并于 1994 年制定了 AMT 发展战略。该计划中的项目包括设计技术、制造技术、支持技术和制造技术基础设施，主要内容是支持科研院所、大学与工业界联合开发先进制造技术；通过工业服务网络帮助企业快速使用先进制造技术；开发有利于环境保护的制造技术；积极实施与工程设计、制造相关的教育培训计划。其集成创新的重点领域包括下一代智能制造单元与设备、快速而有效的集成化设计工具和基础设施建设。不难发现，美国在这时就已经开始为智能制造做铺垫。

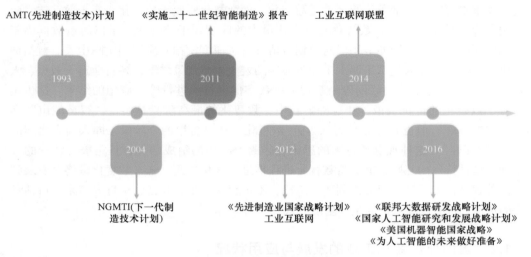

图 1-2　美国数智化相关政策

但随着全球经济化、国际产业转移及虚拟经济的不断深化，美国产业结构发生了深刻变化。美国在房地产、金融等方面的投入导致了对制造业投入的缩减，更加剧了制造业的衰退。尤其是面对由虚拟经济危机爆发导致的增长乏力、失业率居高不下的困境，美国制造业饱受去工业化、产业转移的困扰。美国社会各界深刻意识到了实体经济的重要性，主张发展制造业、改变经济过分依赖金融业的呼声不断高涨，提出了"再工业化"和"制造业重返美国"。

美国重振制造业战略，是由多部门联合制定、目标清晰、协同分工、措施明确的国家级战略。为复苏实体经济，美国政府大力推动以发展智能制造为重点的"制造业回流"战略以应对国内愈发严重的产业空心化问题。2009 年，美国先后发布了《美国创新战略：促进可持续增长和提供优良工作机会》和《重振美国制造业框架》，提出了重振制造业推动经济发展的战略安排、理论基础、优势及挑战，并针对七大方面提出了政策措施。

2011 年 6 月，美国发布了《实施二十一世纪智能制造》报告，明确了智能制造发展的目标和路径，确定了智能制造的四个优先行动计划。在搭建工业建模与仿真平台方面，为虚拟工厂和企业创建社区平台（包括网络、软件），开发应用于生产决策的下一代软件和计算架构工具箱，将人类因素和决定融入工厂优化软件和用户界面中，为多个行业扩展能源决策工具的可用性。在工业数据采集和管理系统方面，为各个行业建立一致的、有效的数据模型，如数据协议和接口、通信标准等。在业务系统、制造工厂和供应商集成方面，通过仪表板报表、度量、常用的数据架构和语言等优化供应链绩效。在智能制造的教育和培训方面，加强建立智能制造的人才队伍，如培训模块、课程、设计标准、学习者接口。

2012 年，美国先进制造业合作指导委员会发布《国家先进制造战略规划》（AMP1.0）报告，确立完善先进制造业创新政策、加强产业公地建设、优化政府投资三大原则，从投资、劳动力和创新等方面提出促进美国先进制造业发展的措施。同年，美国格局科技委员会发布了《先进制造业国家战略计划》，明确指出要加强智能制造建设，尤其重视创新在制造业智能化过程中的引领作用。工业互联网（industrial internet）的概念被提出，并强调工业互联网是开放的、全球化的网络，其将机器和各种先进传感器、控制器和软件应用连接，以提高生产率，减少资源消耗浪费。

2014 年 3 月，美国的 IBM、思科、通用电气和 AT&T 组建了工业互联网联盟（Industrial Internet Consortium，IIC），该联盟期望建立一个能够打破科技壁垒的团体，以更好推动实现物理世界和数字世界之间的大数据融合。同年 10 月，美国先进制造业合作指导委员会发布《加速美国先进制造业发展》（AMP2.0）报告，从促进研发创新、加强人才培养、营造有利商业环境等方面采取措施，支持先进材料、先进传感器和数字化制造技术创新。

2015 年 6 月，IIC 发布了其建立的工业互联网参考架构（industrial internet reference architecture，IIRA）。这一参考架构模型主要基于软件及互联网的核心技术，可将现存的和新兴的标准统一在相同的结构中，从而能更加简单快捷地找出需弥补的缺口，进而确保各组件间的互操作性。从网络、数据和安全三个维度来理解，网络是基础，通过工业全系统的互联互通，实现工业数据的无缝集成，根据连接范围的不同，又可将其分为工厂内网络和工厂外网络；数据是核心，通过产品生命周期数据的采集与分析，形成生产全流程的智能决策，实现机器弹性控制、运营管理优化、生产协同组织与商业模式创新；安全是保障，通过构建涵盖工业全系统的安全防护体系，有效防范网络攻击和数据泄露。以网络、数据和安全为核心，从生产系统内部智能化改造升级和依托互联网的新模式 / 新业态创新两个层面同时着力，内外兼顾地协同推进工业互联网发展。

2016 年，美国先后发布了《联邦大数据研发战略计划》《国家人工智能研究和发展战略计划》《为人工智能的未来做好准备》和《美国机器智能国家战略》，构建了以开放创新为基础、以促进传统产业转型为主旨的政策体系，有效促进了数智化转型的发展进程。

总体而言，美国的数智化发展处于世界前列，并且由于其起步时间较早、前期基础较好，在数智化转型中存在较大优势。

2. 英国

英国作为最早进行工业革命的国家，被称为"现代工业革命的摇篮"和"世界制造工厂"。然而，随着第三产业和金融业的出现，英国的制造业开始低迷，尤其是1980年中后期，英国政府开始实施去工业化策略，不断缩减钢铁、化工等传统制造业的发展空间，重新调整和布局产业结构以发展虚拟经济，这导致英国经济比重中生产制造业降到了10%。英国数智化相关政策如图1-3所示。在2008年的金融危机后，英国损失惨重，英国政府开始意识到制造业的重要性，英国官员、机构、学者都呼吁重回制造业，以此为契机，英国开展了"再工业化"。为促进制造业回流，抢占制造业新的制高点，力保"全球工厂"和"当代工业革命的摇篮"的称号，英国推出了"高价格制造"战略，试图将已经外移的公司、生产线搬回本国。

图1-3　英国数智化相关政策

2013年，英国政府启动了英国工业2050计划，旨在通过分析制造业面临的问题，提出未来能够帮助英国制造业发展与苏醒的政策。该项目于2013年10月形成了最后报告《制造业的未来：英国面临的机遇与挑战》（*the future of manufacturing: a new era of opportunity and challenge for the UK*），这篇报告指出制造业已经转变成为"服务再制造"（以生产为核心的价值体系），主要致力于四个方面：更加快速、灵敏地回应客户需求；把握新的市场机遇；可持续发展；加大力度培养高素质的劳动力。

英国政府在2017年发布了《英国数字战略》，提出了多项数智化转型战略，包括连接战略、数字技能与包容性战略、数字经济战略、数字转型战略、网络空间战略和数据经济战略，为数智化转型做出了全面的部署。同年，英国商业、能源及产业战略部（BEIS）发布了《产业战略：建设适应未来的英国》白皮书，指出其面临的重大挑战，明确了英国未来在创新能力、人才、基础设施、商业环境、地方发展五个方面的目标。紧接着，2018年，英国政府出台了《产业战略：人工智能领域行动》，进一步强调支持人工智能创新以提升生产力，力图使英国成为全球范围内创立数字化企业的最佳之地。

3. 德国

德国的传统工业在世界上有着举足轻重的地位，是全球制造业中最具竞争力的国家之一。随着新一代物联网技术与工业的深度融合，物品、设备、工艺和服务的智能化逐渐发展，德国的危机意识也愈发强烈，对于自身能否跟上时代发展的步伐存在忧虑。作为传统工业强国，德国在新一轮网络技术与工业技术融合的浪潮中，占据了较大的优势。传统制造技术与工业软件、工业电子技术的组合为德国在智能装备竞争上带来了机会。德国制造业创新发展的高科技战略重点举措如图1-4所示。

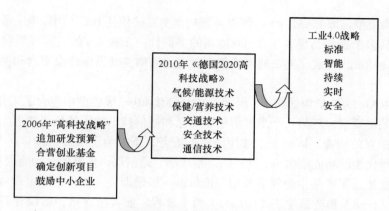

图 1-4　德国制造业创新发展的高科技战略重点举措

20 世纪 90 年代，德国提出了面向制造业升级的"制造 2000 计划"等，在 21 世纪又提出了以提升信息化水平为宗旨的《2006 年德国信息社会行动纲领》和《2006—2010 信息化行动计划》等。2006 年，德国政府首次从政府层面提出了德国"高科技战略"，提出四大举措，致力于促进研发创新，抢占市场先机和价值链高端，以保持德国产品和工艺流程的全球领先水平，保障可持续发展。2010 年 7 月，德国政府颁布《德国 2020 高科技战略》，更强调以人为本，以研究和创新为中心，聚焦五大技术领域，突出推进知识创新和创新成果商业化应用，促进经济增长和增加就业机会。同年 12 月，德国发布了新的信息化策略"数字德国 2015"（digital Germany 2015），提出要通过数字化得到新的经济成长和就业机遇。

在全球提出智能制造、工业互联网、能源互联网等新理念时，德国认为其需通过抢占发展理念优势，使本国制造业继续保持世界领先地位。一方面，德国亟须通过智能技术赋能生产自动化，来进一步替代过高的人力成本；另一方面，德国寄希望于新技术赋能传统优势产业，来争夺新一轮全球"互联网时代"的主导权。在这样的背景下，工业 4.0 应运而生。可以说，德国工业 4.0 战略是对工业 1.0（机械制造设备的引进）、工业 2.0（电气化的应用）和工业 3.0（信息化的发展）的延伸。

在 2011 年德国汉诺威工业博览会上，德国首次提出了工业 4.0，是指凭借物联信息系统（cyber physical system，CPS），通过融合虚拟网络与实体信息物理系统，将生产中的供应、制造、销售信息数据化、智慧化，降低综合制造成本，最后达到有效、快速、个性化的产品供应，提供一种由制造端到用户端的生产组织模式，从而推动制造业智能化进程，实现德国制造业水平的提高。这一概念被纳入德国《高科技战略 2020》，工业 4.0 正式成为一项国家策略，旨在提升制造业的智能化水平，建立具有适应性、资源效率的智慧工厂，在商业流程及价值流程中整合客户及商业伙伴。2013 年德国工业 4.0 平台发表了题为《保障德国制造业的未来：关于实施工业 4.0 战略的建议》的报告，指出工业 4.0 要依靠物联网和制造业服务。2015 年，德国正式公布了工业 4.0

的参考架构模型，即 RAMI 4.0。该参考架构模型直接依托 IEC（国际电工委员会）相关标准，从多个视角凸显了工业 4.0 体系的多面性。工业 4.0 的发展要素包括四个方面，分别是标准化要素、复杂的系统管理要素、通信基础设施建设要素和网络安全保障要素。

德国 RAMI 4.0 架构如图 1-5 所示，在 RAMI 4.0 三维模型中包含了工业 4.0 所涉及的全部关键要素，其第一个维度借用了信息和通信技术常用的分层概念，描述各层之间相对独立的功能，同时上层使用下层的服务，下层为上层提供接口。共有六层，从上到下所代表的功能依次为：资产层、集成层、通信层、信息层、功能层和业务层。第二个维度描述了产品生命周期及相关价值链。该模型进一步将产品生命周期划分为样机开发（type）和产品生产（istance）两个过程。前者包含从初始设计到定型以及各种测试和试验验证，后者则是产品的规模化、工业化生产。两个阶段形成闭环，为产品的改造升级提供了巨大的好处。其次，这一维度将采购、订单、装配、物流、维护、供应商及客户等紧密关联起来，使产品的改进变得更加容易。第三个维度描述了工业 4.0 不同生产环境下的功能分类，由于工业 4.0 不仅关注生产工厂和机器，还关注产品本身以及工厂外部的跨企业协同关系，因此在该维度的底层增加了产品层，在工厂顶层增加了互联世界层。

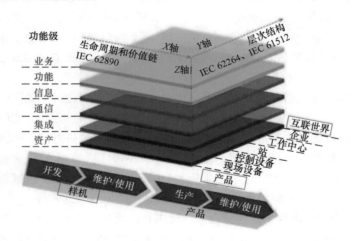

图 1-5　德国 RAMI 4.0 架构

随着工业 4.0 战略的逐步推进，德国在三个领域采取了果断举措。一是制定制造业智能化标准，二是加强制造业智能化流程再造，三是加强制造业智能化人才教育培训。

2016 年，德国政府正式推出了《数字化战略 2025》，强调利用"工业 4.0"促进传统产业的数字化转型，提出了跨部门跨行业的"智能化联网战略"，建立开放型创新平台，促进政府与企业的协同创新。

2017 年德国发布《数字平台白皮书》，提出了制造业智能化发展的三大举措，分别为加强制造业数字化基础建设、支持中小企业数字化转型、推动智能网络建设。

德国的数智化以信息物理系统为中心，促进高端制造等战略性新兴产业的发展，大幅减少产品生产成本，构建德国特色的数智化网络体系，其内容主要包括智能工厂、智能物流和智能生产三种类别。尽管早在 2011 年就提出了工业 4.0 的概念和愿景，但现在来看，效果并未达到预期。

4. 日本

日本制造业在二战后发展迅猛，一度成为世界第二大制造国，但由于劳动力短缺、生产要素成本高昂、国际贸易摩擦加剧等外部原因，随后的十几年内日本经济陷入了长时间的停滞衰退期。尽管如此，日本先进制造业的发展仍然可观，尤其是日本国内信息技术已经与制造技术成规模地融合并应用到制造业生产当中。其智能化水平及相关核心技术研发水平都处于世界第一梯队，在工业机器人方面具备的竞争力尤为突出。日本曾经是全球工业机器人装机数量最多的国家，早在 20 世纪 90 年代就开始推行并普及工业机器人，现今已经在发展第三代、第四代机器人，并且取得了较为瞩目的成就。日本数智化相关政策如图 1-6 所示。

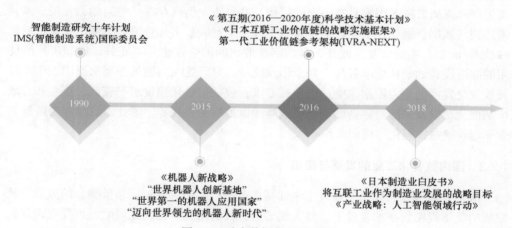

图 1-6　日本数智化相关政策

日本通产省在 1990 年 6 月提出了智能制造研究十年计划，并联合欧美国家协商，共同成立了 IMS（智能制造系统）国际委员会。1992 年，日本、美国、欧盟三方共同提出了研发合作系统，该系统中的人和智能设备不受生产操作和国界的限制，并于 1994 年启动了先进制造国际合作研究项目，其中包括全球制造、制造知识体系、分布智能系统控制等。

2015 年 1 月，日本政府发布了《机器人新战略》，提出了三大核心目标：一是成为"世界机器人创新基地"，通过增加产、学、官合作，增加用户与厂商的对接机会，促进创新，同时推进人才培养、下一代技术研发、开展国际标准化等工作，彻底巩固机器人产业的培育能力；二是成为"世界第一的机器人应用国家"，在制造、服务、医疗护理、基础设施、自然灾害应对、工程建设、农业等领域广泛使用机器人，在战略性推进机器人开发与应用的同时，打造应用机器人所需的环境，使机器人随处可见；三是"迈向世界领先的机器人新时代"，随着物联网的发展和数据的高级应用，所有物体都将通过网络互联，日常生活中将产生无限多的大数据。近年来，日本政府针对先进制造部门采用资金推动战略，并通过努力加强知识产权保护、促进产学研深度合作来鼓励技术创新和进步。

2016 年，日本发布了《第五期（2016—2020 年度）科学技术基本计划》，而工业互联网作为"社会 5.0"的重要组成部分得到了政府的高度关注，日本经济产业省则推动成立了工业价值链促进会，并发布《日本互联工业价值链的战略实施框架》，提出了新一代工业价值链参考架构（IVRA-NEXT），成为日本产业界发展工业互联网的行动指南。2018 年 6 月发布的《日本制造业白皮书》强调通过连接人、设备、系统、技术等来创造新的附加值，正式明确将互联工业作为制造业发展的战略目标。

日本在发展先进制造业方面最值得借鉴的是其在生产模式上的创新，日本创建了精益生产模式、作业站生产模式和以人为本的经营管理模式等。但是，尽管日本在提高生产率方面较欧美国家具有一定的优势，其制造业仍然存在一些问题，发展成果并未达到其预期。例如，不少日本企业对于进一步发展数字化持消极态度，尤其是对软件技术和 IT 人才的培养。此外，日本制造业之间的合作也并不充分，比如工厂所使用的制造设备的通信标准各异，并未形成统一。导致这一问题的深层次原因在于支撑其数智化发展的相关因素未能达到发展要求，包括信息化建设水平较低、企业和行政体制僵化，以及未能对创新驱动发展战略加以足够的重视等。因此，日本需要跨越企业和行业壁垒，强化"横向合作"。

1.2.2　国内数智化工业的发展与应用

改革开放至今，我国已经成了全球制造业第一大国，取得了举世瞩目的成就，从发展的整体规模到技术含量上，都实现了历史性的跨越。但与此同时，也要意识到我国仍面临着诸多问题。例如，我国尚未完成工业化，还处于工业 2.0 补课、工业 3.0 普及、工业 4.0 示范的状态，智能化程度较低，落后于部分西方发达国家。此外，核心技术受限、技术含量较低、能源消耗较多、产品结构不合理、企业自主创新能力薄弱等问题日益突出，尤其是随着人口红利的迅速衰减和要素成本的不断提升，比较优势不断弱化。这一切都迫使我国去实现由"制造业大国"向"制造业强国"的转变，实现制造业产业升级。同时，在全球价值链中，我国制造业仍处于低附加值生产环节，资源的高强度消耗给环境造成了巨大的压力。基于以上发展现状，我国在紧盯技术和产业前沿的同时，仍然要重视工业 2.0、工业 3.0 的广泛普及、巩固与提高，进一步发挥我国的比较优势，开展全面合作，加快发展智能装备产业，实现龙头企业和中小企业并重发展，加快构建自主可控的数据运营安全体系和人才培养体系。

因此，我国需要在国外智能制造的大背景下，以制造业为切入点，以推进智能制造为主攻方向，推动制造业协同创新和向服务型制造的转变，最终实现技术突破和经济超越，不断向前沿高端环节迈进。我国数智化相关规划如图 1-7 所示。我国制造业数智化转型相关工程 / 政策概览见表 1-1。

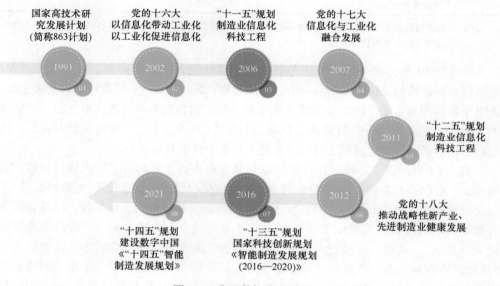

图 1-7　我国数智化相关规划

表 1-1　我国制造业数智化转型相关工程 / 政策概览

时间节点	重要工程 / 政策	重点推动项目
1991 年	"八五"计划——CAD（计算机辅助设计）应用工程	工业设计软件的试点应用
1996 年	"九五"计划——CIMS（计算机集成制造系统）应用工程	集成系统的试点应用
2001 年	"十五"计划——制造业信息化工程	数字化设计软件 /ERP 企业资源计划管理软件推广与普及
2015 年	《中国制造 2025》	以智能制造为主攻方向，着力发展智能装备和智能产品，推进生产过程智能化
	《国务院关于积极推进"互联网 +"行动的指导意见》	推动互联网与其他行业的融合发展新模式、新业态，推动产业转型升级
2016 年	《国务院关于深化制造业与互联网融合发展的指导意见》	"双创"，积极搭建支撑制造业转型的互联网平台，构建制造业"双创"服务体系
2017 年	《国务院关于深化"互联网 + 先进制造"发展工业互联网的指导意见》	打造互联网生态体系，推出百万企业上云

（续）

时间节点	重要工程／政策	重点推动项目
2018 年	《工业互联网平台建设及推广指南》	工业互联网企业上云
2019 年	《"5G+工业互联网"512 工程推进方案》	
2020 年	《关于推进"上云用数赋智"行动　培育新经济发展实施方案》	

注：资料来源根据中华人民共和国工业和信息化部（简称工信部）、中华人民共和国科学技术部（简称科技部）公开资料整理而得。

　　早在 1991 年，我国就开始了与各国关于智能制造的合作研究。在 863 计划中，先进智能制造的相关技术被纳入其中，具体包括：信息技术——智能计算机系统主题，光电子器件和光电子、微电子系统集成技术主题，信息获取与处理技术主题，通信技术主题；自动化技术——计算机集成制造系统（CIMS）主题、智能机器人主题。这些技术在后来的数智化进程中都被证实是十分必要且重要的部分。

　　进入 21 世纪以来，我国在许多智能制造重点项目方面取得了巨大成果，智能制造相关产业已初具雏形。2002 年党的十六大首次提出了"以信息化带动工业化，以工业化促进信息化"的口号，并在"十五"期间启动了制造业信息化工程，制造业信息化被定为制造业科技发展的重要任务。2007 年党的十七大首次提出"信息化与工业化融合发展"，从此，我国进入推进"两化融合"的发展阶段。党的十八大则提出了"推动战略性新产业、先进制造业健康发展"的目标，并在之后成立了中央网络安全和信息化领导小组（后改为中国共产党中央网络安全和信息化委员会），加强了对信息化工作的统筹协调。对一批重要基础研究和制约我国制造业发展的智能制造核心技术，例如，机器人技术、感知技术、工业通信网络技术、控制技术、可靠性技术、机械制造工艺技术、数控技术与数字化制造、复杂制造系统、智能信息处理技术等，我国都取得了一定成绩。并攻克了盾构机、自动化控制系统、高端加工中心等一批长期严重依赖国外技术并影响我国产业安全的核心高端装备。此外，我国还建设了一批相关的国家重点实验室、国家工程技术研究中心、国家级企业技术中心等研发基地。在人才培养方面，我国也高度重视，着重培养了一大批长期从事相关技术研究开发的高技术人才。

　　面对全球制造业格局的重大调整，国内外整体经济环境的变化，我国在制造业的低成本优势、制度变革后发优势、技术获取后发优势都在逐渐消失。快速发展的智能制造也在加速重构全球制造业格局，使中国制造业的弱点和巨大压力日益凸显，中国制造面临着多重挑战。面对严峻的形势，在德国提出工业 4.0 以后，中国也紧随其脚步，提出了两化深度融合、互联网＋、中国制造 2025 等一系列的指导思想，用以指导中国智能制造的发展。根据国情，在 2015 年 5 月 8 日，我国发布《中国制造 2025》，这标志着智能化成为我国制造业发展的新目标和新方向。中国制造 2025 以促进制造业创新发展为主题,以提质增效为中心,以加快新一代信息技术与制造业深度融合为主线,以推进智能制造作为信息化与工业化深度融合的主攻方向,重点发展智能装备以及智能产品,推进生产过程的智能化,强化工业基础能力,实现制造业由大变强。中国制造 2025 提出,要坚持"创新驱动、质量为先、绿色发展、结构优化、人才为本"的基本方针,坚持"市场主导、政府引导,立足当前、着眼长远,整体推进、重点突破,自主发展、开放合作"的基本原则,通过"三步走"实现制造强国的战略目标:第一步,到 2025 年进入制造强国行列;第二步,到 2035 年我国制造业整体达到世界制造强国阵营的中等水平;第三步,到新中国成立一百年,我国制造业大国的地位更加稳固,综合实力进入世界制造强国前列。

2016 年 12 月,《智能制造发展规划(2016—2020 年)》发布,为我国智能制造的未来发展指明了方向,明确了加快智能制造装备发展、加强关键共性技术创新、建设智能制造标准体系、构筑工业互联网基础、加大智能制造试点示范推广力度、推动重点领域智能转型、促进中小企业智能化改造、培育智能制造生态体系、推进区域智能制造协同发展、打造智能制造人才队伍这十项重点任务。

当前,以工业机器人、智能控制系统、新型传感器为代表的智能制造产业体系在我国已经基本形成。以工业机器人为例,我国工业机器人应用市场规模从 2014 年开始就稳居世界第一,并且装机数量仍在以极快的速度增长。但我国人均拥有的工业机器人数量尚未达到世界平均水平,因此仍然具有强大的后发优势和广阔的市场前景。

从国内现今的发展状况来看,数智化的发展仍有很长的路要走。最明显的表现是真正的人工智能还没有到来,现在所谓的人工智能给各行各业带来的价值依托大都是对数据进行的暴力计算,凭借算力、芯片这些相对廉价的手段,来提供高识别率。但发展总归是循序渐进的,技术上的革命、思维和认知的革新,都会在数智化的进程中逐步展开。

1.2.3　国内外数智化工业现状比较

目前,国内外有关数智化的研究主要集中在其作为新工业革命本质的特征、生产组织模式、影响及发展趋势等方面。Gilchrist 认为工业 4.0 有四个显著特征:智能生产系统的纵向集成、全球价值链网络的横向整合、设计产品生命周期的管理以及制造业加速。Marques 等认为制造业数智化革命将增加企业竞争力,使企业更好适应市场的转变,减少风险和错误,给员工教育及基础设施投资带来竞争力。但同时其在信息安全、隐私、就业等方面可能带来负面影响。Karabegovi'cl 和 Husak 指出,第四次工业革命的标志就是智能制造或先进制造。数字技术使得生产系统的设计、生产、运行和维护发生了快速变化。在生产过程中,机器之间、生产系统和操作系统之间、供应商和分销商之间都通过网络系统实现互联。吕铁和邓洲将新工业革命定义为新兴技术的广泛应用并推动制造业的智能化变革。制造技术呈现集成化、智能化、小型化、全周期，以及友好的人机关系等特点，最终促进工业生产方式的高度灵活及可重构。周济指出智能制造是新一轮工业革命的核心动力和中国制造2025的主攻方向。总体而言，目前国内外对数智化的研究仍不够深入，总体上偏重于宏观技术、产业政策等层面的探讨。

美国是新一代信息技术原始创新国家，在半导体硬件、软件、互联网等技术创新方面处于全球领先地位，拥有大量全球顶尖互联网企业，因此在构建智能制造赖以发展的网络基础——工业互联网方面具有强大优势。

英国作为最早进行工业革命的国家，却由于去工业化策略的实施，制造业比重极大降低，在2008年的金融危机中损失惨重。在进行"再工业化"的同时，英国期望通过数字化转型建立更具包容性、竞争力和创新性的数字经济，使英国成为世界上开展和发展科技业务的最佳地点，最终提升英国在数字标准治理的全球领导地位。

德国作为制造业强国，在高端机械设备制造以及很多窄而精的技术领域都具有很强的竞争力，同时也是新工业革命及智能制造的积极倡导者和实施者。

日本的制造业智能化呈现相对平稳的发展态势，受到人多地少以及人口老龄化严重等因素的制约，故而十分重视机器人产业的发展，在机器人制造和使用方面堪称强国。

我国数智化总体发展水平处于世界前列，但与发达国家相比仍有差距。我国在信息产业等新型制造业方面发展较快，制造业自动化和信息化建设取得较大进展，具备了一定的数智化发展基础。但仍然存在关键核心技术自主创新能力薄弱，官、产、学、研的协同创新机制尚不完善，企业的引领作用不突出，政策宽泛、没有突出自身的发展优势，以及人才的缺失等问题，差距有待进一步弥补。

我国数智化政策与美国智能制造政策存在一定的共性：以创新为导向，既注重新兴技术的布局，又强调科技成果转化；推进制造业的知识融合，利用官、产、学、研协同的创新机制促进资源的高效使用与合理配置；构建全面开放、能力共享的制造业新格局。不同的是，与美国相比，我国的举国体制会更具有连续性和稳定性。我国制造业还存在较为突出的"技术孤岛"现象，这造成了创新资源无法在产业链各个环节流通，进而导致关键产业无法全面转型升级。目前，我国制造业还面临着核心技术缺失、技术发展与产业需求的脱节等问题。此外，合适的评估体系和教育培育体系也不可忽视。

各个国家制造业发展进程以及所处阶段并不相同，使得制造业各具优势和特点，上述五国据此对制造业数智化提出了不同的构想和规划，这些差异性主要表现在以下五个方面：

1）战略目标不同。中国的数智化战略目标以智能制造为主攻方向，是推动产业转型升级的一个整体规划。德国工业4.0是德国在完成工业1.0、工业2.0、工业3.0之后按照其工业发展的重自然进度顺势而为的战略规划。因此，德国的战略意在巩固并强化德国制造在全球的领先地位，期望借助新一轮科技革命，依托本身的工业实力和其在欧盟的强势地位在新标准制定方面进行竞争，在全球推广"德国标准"。由于制造业的衰退及其带来的系列后果，美国战略的首要任务是重振制造业，吸引制造企业重返美国，提升美国在全球先进制造领域的份额。日本的战略目标则是建设新型数字社会，实现"工业互联""互联制造"，促进日本智能制造产业的技术创新。

2）发展路径不同。美国、英国、德国、日本的发展路径是从精益化到自动化，再到数字化，最后实现智能化。而中国制造业数智化转型的发展路径可以分为两种：一种是先数字化，再自动化，最后实现智能化；另一种则是从精益化出发，逐步数字化、自动化，最后实现智能化。中外路径差异主要在于"自动化"和"数字化"实现的先后顺序。我国的两种路径都是数字化先于自动化，主要是由于自动化装备价格昂贵，而我国大部分制造企业的特点却是小批量、多批量，从企业特点及成本效益考虑，并不适合全面自动化。而实践中的一般规律是产量大的制造企业尽量自动化，产量一般的制造企业则需要借助人机结合，产量小的制造企业就使用人海战术。

3）发展侧重点不同。由于我国制造业发展时间较短，各企业之间发展水平差距较大，大部分企业仍处于工业 2.0 甚至工业 1.0 阶段，制约了其后续的数智化改造。因此，我国在发展新型产业的同时，还应注重以两化融合为主线，推动传统产业在自动化、信息化方面的"补课"，进行改造升级。而美国的"再工业化"并不是重新发展高耗能、低附加值的低端制造业，而是依托于其强大的科技实力，利用数字技术和信息技术来发展先进制造业。因此，美国重点关注机器人、生物技术等先进制造领域，同时注重提升技术创新能力和成果转化能力。德国的战略侧重于"守住制高点"，故重点关注高端产业和高端环节，更多地聚焦于技术的市场化、产品的标准化和国际化。日本则依托于其坚实的工业基础和在机器人领域的优势，重点发展机器人、人工智能、物联网及大数据等新技术，深化其与制造业的深度融合，提升制造业的生产率，强化竞争力。

4）对于中小企业的关注度不同。相较于美国和日本，中国和德国更关注中小制造企业的数智化转型。德国工业发达，大型企业的数智化水平较高，部分企业处于世界顶尖水平，因此德国的政策扶持更多关注中小企业，建设了大量的中小企业工业 4.0 卓越中心和中小企业测试床，为中小企业提供认识和了解数智化的机会，并提供具体的数智化改造实施方案。在中国，中小企业是市场经济的重要组成部分，它们的数智化转型是激发中国经济活力的重要一环。但由于技术、资金、人才及管理经验等方面的限制阻碍了中小企业的数字化转型，因此各级政府都在推动金融机构、平台和企业的多方合作，用实际政策措施来尝试解决中小企业面对数字化转型"不会转""不能转""不敢转"的问题。

5）支援体制或平台成熟度不同。美国、英国、德国、日本皆已建设或形成了相对成熟的支援体制或平台。美国政府把国家制造业创新网络作为"孵化器"，以官、产、学、研合作的形式降低研发与应用的成本及风险，推动先进技术的研发，促进研究成果的转化与应用，从而提升美国制造的整体实力。德国政府搭建了工业 4.0 平台以及中小企业工业 4.0 卓越中心，由政府领导，学术界和工业界的专家共同参与，为所有工业企业的数字化转型提供帮助。日本政府形成了成熟的多方合作支援体制即官产学一体化合作机制，在技术成果转化方面起到了显著的作用。我国目前也搭建了两化融合平台，但在参与企业数量、平台功能建设等方面仍有待提高。

中国、美国、英国、德国、日本制造业数智化主要战略规划的比较分析见表 1-2。

表 1-2　中国、美国、英国、德国、日本制造业数智化主要战略规划的比较分析

国家	主要战略	主要目标	战略特点
中国	《中国制造 2025》《国务院关于深化制造业与互联网融合发展的指导意见》《国务院关于深化"互联网＋先进制造业"发展工业互联网的指导意见》	以智能制造为主攻方向，推动产业转型升级，实现从"制造大国"向"制造强国"转变的目标	发展新兴产业以及技术的同时注重传统产业在自动化、信息化方面的"补课"，实现转型升级，同时关注工业互联网的建设以及中小企业的数字化转型
美国	"再工业化""制造业重返美国"《先进制造业国家战略计划》《美国国家创新战略》国家制造业创新网络	重振制造业，吸引制造企业重返美国，提升美国在全球先进制造领域的份额	以制造企业重返美国为主要目标，重点关注机器人、生物技术等先进制造领域，提升技术创新能力以及成果转化
英国	《制造业的未来：英国面临的机遇与挑战》《英国数字战略》《产业战略：建设适应未来的英国》《产业战略：人工智能领域行动》	不断提升英国的劳动生产率和盈利能力，提升英国数字治理与数字标准制定的全球领导地位	侧重制造业领域的科技和商业创新能力，重视通过创新提升盈利能力
德国	工业 4.0《数字化战略 2025》《国家工业战略 2030》	巩固与强化"德国制造"在全球的领先地位，借助新一轮科技革命，在全球推广"德国标准"	重在"守住制高点"，重点关注高端产业和高端环节，形成了成熟的支援平台，侧重中小企业数字化转型，同时注重行业规范、国际标准的制定
日本	社会 5.0工业互联工业价值链计划	建设新型数字社会，实现"工业互联""互联制造"	以工业互联网为战略方向，形成了成熟的多方合作支援体制，关注数字人才的培育

美国在工业互联网思维下的数智化转型以"制造业重返美国"为主要目标；英国则是为促进制造业回流，力保"全球工厂"和"当代工业革命的摇篮"称号；德国重在"守住制高点"，推行"德国标准"；日本则把促进智能制造产业技术创新，以实现"互联制造"作为突破点。中国制造业在自动化和信息化方面的欠缺使得"补课"和推动新型技术与产业的发展必须同时并举才能实现整体产业的转型升级。虽然中国在

工业数智化渗透率方面落后于德国等发达国家，但中国制造业规模大、体系全、活力强，与世界领先的 5G 通信技术相匹配，可为中国制造业的数智化转型造就大量的应用场景和试错机会，使中国拥有非常好的实现弯道超车的机会。因此，中国应充分吸收和借鉴各国经验，继续大力发展数字化技术，加快推进数字基础设施建设，打造数智化产业生态，推动全产业协同发展，为制造业由"大"变"强"打好基础。

世界各国都想建立自己的工业互联网标准，从而在强化本国产业优势的同时，推动本国智能制造技术、装备和系统解决方案在全球的推广，但实际上各国国情的不同，面临的问题也就不尽相同。各国使用的参考架构的侧重点也存在诸多差异，反映出各国的制造业产业发展条件和目标存在差异。例如，美国更强调互联网起到的作用；英国强调支持人工智能创新以提升生产力；德国则强调设备，侧重于与现有工业标准的对接；日本强调连接；中国则强调新一代信息技术与制造业的深度融合，落脚在提高制造业的发展水平上。

1.3　数智化新时代

纵观工业发展史，从第一次工业革命开始，工业发展已经历了机械化、自动化和信息化时代，正走向数智化新时代。不难发现，每一阶段的发展，在根本上都是由于新技术的出现与应用，直接导致了社会变革。首先需明确，数智化时代仍然属于第三次工业革命的成熟阶段，处于技术革命的交棒时期。而在数智化新时代这一工业发展的重要变革阶段，数智信息技术能够对传统行业产业进行深度赋能，并为经济社会的发展及企业变革提供技术基础，因此数智信息技术成了新时代社会进步和发展的重要推动力量。当今世界正经历百年未有之大变局，我国正经历"十四五"数字化转型时期，迎来的是我国经济实现跨越式发展的重要机遇。因此，我国需要牢牢抓住这一历史机遇，借助数智信息技术，打造数智经济优势，积极推动工业企业的生态化转型升级，实现我国工业企业的全面数智化新时代。

1.3.1　从自动化到数智化转型

在以信息技术为代表的第三次工业革命以来，工业企业的发展呈现出从自动化、信息化、数字化、网络化、智能化逐步发展的特征，并且正在迈向数智化。

在说明其发展历程之前，首先需要明确，数据是数智化转型的基础。数字经济的背后实际上是数据经济，让数据创造价值。在传统经济中，土地、劳动力、资本和技术是主要的生产要素。但随着新一轮科技革命和产业变革的深入发展，大数据、人工智能、区块链、物联网、云计算等数字技术涌现，不仅赋予了传统生产要素新的内涵，还使数据成了新的生产要素。由这些新生产要素所构成的生产力，推动着人类社会进入数智化新时代。

数智化发展历程如图 1-8 所示。

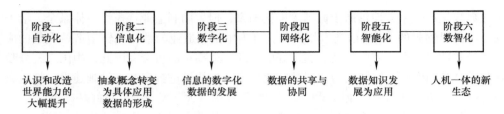

图 1-8　数智化发展历程

1. 自动化

自动化是一个国家走向现代化的重要条件和显著标志，自动化技术的广泛应用不仅把人从繁重的体力劳动、部分脑力劳动以及恶劣、危险的工作环境中解放出来，而且扩展了人的器官功能，大幅提升了劳动生产率，提高了人类认识和改造世界的能力。20 世纪 50 年代，自动化技术迅速发展，到 20 世纪 70 年代，自动化开始向更加复杂的系统控制和智能控制发展，对人类的生产和生活方式产生了巨大影响，并催生出西门子、施耐德、霍尼韦尔等巨头企业。

2. 信息化

信息化的概念起源于 20 世纪 60 年代，由日本学者梅棹中夫在《信息产业论》中提出。20 世纪 70 年代开始，随着个人计算机逐步进入桌面应用，信息化系统进入企业，企业资源计划（ERP）、客户关系管理（CRM）、制造执行系统（MES）、办公自动化（OA）、仓库管理系统（WMS）等极大提高了企业的管理效率，进一步提升了世界经济总量的发展速度。20 世纪 80 年代中期，基于内网的网络办公自动化开始得到应用，到 20 世纪 90 年代初，基于 TCP/IP（传输控制协议/互联网协议）的万维网出现，使得信息化完成了从抽象概念到具体应用的转变。信息化的具体应用产生了大量以数据形式记录的关于物理世界运行的信息，由此，数据开始形成。

3. 数字化

数字化不仅是将业务流程搬到网络上，还是将工业企业内的一切场景进行深度、全面的数字化。其核心是利用现代信息通信技术，将物理世界中复杂多变的信息转变为可以度量的数字、数据，从而建立数字化模型，实现内容"在线化"。主要内容是对外部数据进行采集、传输、存储、分类和应用。借助于移动互联网和智能终端，物理世界的运行数据被记录下来，并被进一步分析计算，即被"数字化"。这代表信息化是过程，数字化则是信息化的结果，也就是说，数据得到了发展。

4. 网络化

21 世纪初，世界迎来了网络化时代，社交媒体、社交网络、电商、云平台、云计算、移动计算等技术、产品、服务的出现，使全球经济发展速度达到了新高度。网络化的核心目标是共享，是通过软硬件资源及数据资源的共享实现资源的充分利用及协同化、全面化的工作目标。在这一环节中，数据的共享与协同是网络化实现的关键。

5. 智能化

20 世纪 50 年代中期，"人工智能"的概念被首次提出并逐渐走入人们的视野。智能化的目的在于最大程度发挥大数据的价值作用，使其得到应用。在计算机网络、大数据、云计算、物联网、AI（人工智能）技术等数字虚拟技术的支持下，对物理世界中事物或事件的运行逻辑进行仿真和优化，按照与人类思维模式相近的方式和给定的知识与规则，为场景问题的解决提供智慧决策支持。即从数据中获取信息，从信息中提炼知识，再将知识应用于实践的过程。

6. 数智化

"数智化"一词最早出现在 2015 年北京大学"知本财团"课题组提出的思索引擎课题报告。在这一阶段，人类的智慧将会进一步与数据深度结合，通过数字技术建立人机深度对话，使机器继承人的某些逻辑，实现深度学习，甚至能启智于人，即以智慧为纽带，人在机器中，机器在人中，形成人机一体的新生态。

实际上每一阶段都在为数智化做铺垫：信息化是进行信息共享，实现资源共享和配置；数字化是将信息变为可度量的数据，形成知识，找到规律；智能化是应用新技术，满足需求属性；数智化则是人机协同形成生态，提高人类智慧。

当前，信息化已经迎来第四次浪潮，数字化、智能化发展是大势所趋，数智化转型成了中国经济实现跨越式追赶的历史关键机遇。

一方面，国内工业企业亟须转型升级。我国智能制造还处于工业 2.0 补课、工业 3.0 普及、工业 4.0 示范的状况。大部分企业仍处于机械化阶段，还需提升至自动化阶段，仅有少部分企业已完成自动化，但还要通过国家政策，进一步鼓励其成为智能制造示范项目，我国工业和信息化部强调要提高制造业的数字化、网络化、智能化水平。在《中国制造 2025》中提出，要坚持"创新驱动、质量为先、绿色发展、结构优化、人才为本"的基本方针，并且围绕实现制造强国的战略目标，明确了提高国家制造业创新能力、推进信息化与工业化深度融合、强化工业基础能力等 9 项战略任务和重点，将智能制造工程作为五项重大工程之一。智能化改造势必成为未来国内工业企业各领域工作的重点。

另一方面，数智化转型的服务商尚未形成垄断局面，自上而下的业务视角和经营视角都尚处于起步阶段，这两种方案均可为企业创造更大的价值。利用这样自上而下的视角，借助"数字孪生"技术，更容易帮助企业在"产、供、销"的经营铁三角中做出智能化决策，这将给工业企业数智化转型带来更显著的价值。

1.3.2　数智化时代的新特征

随着数智信息技术的发展和应用，数字经济席卷各行各业，在重新塑造商业大环境的同时，也为企业带来了创新发展和持续增长的机会。同时，也出现了不同于以往时代的数智化时代的新特征。

1. 核心：人与机器共存

工业1.0诞生了以蒸汽机为动力的机器，出现了操作员1.0，工人得以利用躯体（主要是双手）操作机器进行生产，人的体力劳动因此得到极大的解放、延伸和放大。在工业2.0时代，则诞生了以电动机为动力的机器，出现了模拟电子仪器仪表和经典自动控制理论，特别是在工业2.0后期和工业3.0初期数字电子计算机的诞生和发展，使工人得以使用计算机辅助技术进行机器作业，诞生了操作员2.0，进一步解放了人的体力劳动。工业3.0随着互联网等信息技术的发展，出现了操作员3.0，使工人得以与机器/机器人/计算机协同工作，人的脑力劳动也因此得到了部分解放。不难推测，到工业4.0时代，随着新一代AI、语义网（Web 3.0）等的不断发展，人的脑力劳动将得到更高程度的解放。但是，数智化并非去人化，恰恰相反，人在数智化时代发挥着至关重要的作用。在体力和脑力劳动解放出来后，人们会更多从事更有价值的创新性工作。数智化的核心是实现机器智能、人工智能和两者之间的协同，结合场景解决问题。在数智化时代，人起到机器无法替代的重要控制和决策作用，具备更高的灵活性和更丰富的经验。机器的优势则在于具有更高的准确性与一致性。如何平衡这两者的关系，充分发挥两者的长处，才是数智化时代的核心。

2. 数据为基础：万物互联互通

数智化的基础是数据的连接，是使人、设备、产品之间相互联通。通过传感器、嵌入式终端、智能控制系统、通信设备等将人、设备、产品三者连接起来，进而将物理世界与数字世界连接，让两个世界的信息得以交互，并在更大程度上发挥作用。因为，在传统的生产模式中，信息孤岛不仅存在于不同企业之间，还存在于同一企业的不同部门之间。例如，车间内的信息交流往往只发生在工人与设备、工人与工人之间，工人往往只能通过本工位或与其上下道的工人进行信息交流，这就导致信息的价值并未被最大化利用。互联不只是简单将数据记录下来，而是以记录为前提，借助网络实现人、设备、产品三者的沟通交互，构建了一个网状通信结构，很大程度上提高了信息交互效率，同时为个性化生产提供了可能。

设备与设备的互联是指不同类型和功能的单机智能设备互联组成智能生产线，不同的智能生产线互联组成智能车间，再将各智能车间互联组成智能工厂。若进一步将不同企业、地域、行业的智能工厂互联，则能构成一个庞大的信息物理系统（CPS）。形成这一信息物理系统的好处在于其具备潜在的强大制造生产能力，能够实现跨企业、跨地域甚至不同行业之间的生产制造任务。

对于数智化工厂，能够互联的不仅是设备与设备，还有产品与设备的互联。产品的信息能够及时传输给设备，设备才能及时调整实现反馈，及早发现问题，从而提高生产率。由于互联的存在，产品和设备就具备回答诸如生产时间、制造参数、去向等问题的能力，这些信息能够协助企业更好地进行生产。

3. 个性化前提：标准化、模块化、数字化

数智化时代更加注重客户需求，需要尽可能满足客户的个性化要求，而实现这一需求的前提却是标准化、模块化与数字化。正如前文所述，信息的互通在数智化时代至关重要，标准化、模块化、数字化的设备则能够更好地帮助生产者传递信息，了解用户需求。再者，标准化、模块化、数字化的设备使得设备、生产线之间能够进行自由组合，进而满足客户的个性化需求。

4. 业务提升：转型升级

在数智化时代，随着新一代信息技术更加广泛地应用和渗透到人类生产生活的方方面面，形成个性化、智能化、高度灵活的产品与服务模式，生产方式也随之加快了转型升级的步伐。

首先是前文提到的个性化定制方面。传统的工业生产使用的是大规模流水线生产，这种生产模式固然能够实现产品规格的统一和标准化，并且有利于降低原材料成本和人员的专业化、精简化，但却只能给客户提供高度相似的产品。在现今这个追求个性化的时代，类似的流水线产品已不能够继续满足人们的需求。因此，在数智信息技术得到应用后，在模块标准化的基础上，企业能够建立用户数据中心，用实时数据来分析研究用户的真实需求，让企业的产品和服务与客户需求更加匹配。由于具备的智能信息物理系统打破了信息壁垒，企业能够更加便捷迅速地调动资源，以适配客户的个性化需求。同时，数智化的发展也给予了生产过程极大的灵活性和自由度，客户可以直接参与产品生产和价值创造的全过程，其要求也能够得到及时的响应。

其次是制造类型的转变。以往企业更多关注产品的制造流程，对于产品售后及相关服务投入较少。而今，越来越多的制造型企业开始围绕产品生命周期的各个环节，不断融入增值服务以增加企业产品和服务的市场价值，逐渐向服务型制造转变。

此外，还有驱动力的转变。传统工业生产主要依靠廉价劳动力、大规模资本投入等传统要素驱动，但来到数智化时代，这一发展模式已经难以继续维系。新一代信息技术在制造业的广泛、深入应用促进了技术、产品、工艺、服务等全方位创新，促进了产业链协同开放创新和用户参与式创新，制造业不再由要素驱动，转而变成创新驱动。新技术、新业态和新模式的不断孕育和产生，使整个社会的创新创业激情被极大地激发出来，推动着企业加快驱动转型，在技术、产品、模式、业态、组织等多个维度进行创新。

这些新特征的出现也意味着工业企业必须要加快数智化进程，将数智化变革作为长期的基本目标，并据此制定重要措施及匹配相应的资源，为进一步发展提供可能。

参考文献

[1] 马玉山.智能制造工程理论与实践[M].北京：机械工业出版社，2021：182-200.

[2] 辛国斌.图解中国制造2025[M].北京：人民邮电出版社，2017：3-21，25-44.

[3] 鲍劲松，程庆和，等.海洋装备数字化工程[M].上海：上海科学技术出版社，2020：17-21，28-34.

[4] 刘军梅，谢霓裳.国际比较视角下的中国制造业数字化转型——基于中美德日的对比分析[J].复旦学报（社会科学版），2022，64（3）：157-168.

[5] 刘震.数智化时代泛工业数字化转型发展潜力巨大[J].数据，2021（5）：36-38.

[6] 陈明，梁乃明，等.智能制造之路：数字化工厂[M].北京：机械工业出版社，2016：2-15，32-50.

[7] 刘震.数智化革命——价值驱动的产业数字化转型[M].北京：机械工业出版社，2022：5-10，19-22，57-88.

[8] 史宇.数字化工厂的生产数据采集系统分析[J].中小企业管理与科技，2022（7）：161-163.

[9] 姚锡凡，马南峰，张存吉，等.以人为本的智能制造：演进与展望[J].机械工程学报，2022：1-13.

[10] 张家振.阀门数字化集成设计平台之工程分析自动化的研究与应用[D].兰州：兰州理工大学，2020.

[11] 郭锦辉.突破智能制造短板 推进制造业创新发展[N].中国经济时报，2022-07-12（4）.

[12] 张皓，毛振东."双轮驱动"创新培养数智化人才[J].中国工业和信息化，2022（6）：86-90.

[13] 姚锡凡，马南峰，张存吉，等.以人为本的智能制造：演进与展望[J].机械工程学报，58（18）：2-15.

[14] 王剑峰，真彤，魏晋，等.敏捷制造使能技术战略计划TEAM[J].机电工程，1997（6）：47-49.

[15] 申星，何姝俪.价值共生，做数智化转型的赋能者[J].信息化建设，2022（5）：38-41.

[16] 史宇.数字化工厂的生产数据采集系统分析[J].中小企业管理与科技，2022（7）：161-163.

第 2 章

特种阀门数智化概述

2.1 特种阀门数智化的现状与挑战

如今，世界范围内的信息化浪潮正在逐渐引起各产业的数智化转型。阀门行业作为传统制造业，在当前人工智能技术和信息技术高速发展的背景下，同样面临着数智化转型问题。

2.1.1 特种阀门数智化的现状与发展

阀门是流体输送系统中的关键控制部件，具有截断调节、导流、防止逆流、稳压、分流或溢流泄压等功能。在流体控制系统中使用的阀门种类规格繁多，从最简单的切断阀到极为复杂的自动控制系统中所用的各种阀门，都有各自的用途和标准。其中，能被应用于各种特殊环境且适应各种复杂工况的阀门称为特种阀门。特种阀门是国民经济建设和发展中被广泛使用的一种通用机械产品，在能源、化工、医药、农业、食品、军工等行业领域都发挥着极其重要的作用。

阀门行业作为传统制造行业之一，起源于 18 世纪末，蒸汽机在各制造业的普及应用，使阀门进入机械工业领域，带动了工业生产领域阀门产品的大量应用，不同的应用需求也催生出各种不同类型的阀门。

随着数智化时代的到来，即便是工业领域中最常见的阀门也必须开始转型升级。当前，大部分阀门生产企业都在努力追求阀门的智能化，尤其是对于特种阀门这类高端阀门。尽管还没有人能明确说出这一次转型的终点是什么，但在大方向上，企业的一致观点是让阀门的数据像流体介质一般流动起来，利用数智化技术来增加销售额，缩短产品开发时间并降低生产成本。

改革开放以来，受益于工业发展、城市建设以及全球经济一体化，我国阀门行业得到了迅速发展。目前，我国规模相对较大的阀门企业有 2000 余家，分布区域主要集中在东部沿海地区，其中，江苏省和浙江省的阀门相关企业数量最多，全国现有的 23 个阀门制造行业产业园区中有 9 个分布在浙江省，3 个位于江苏省。从产量上看，我国阀门年产量从 2014 年的 1032 万 t 逐年下降至 2018 年的 486 万 t，2019 年和 2020 年产量略有回升，分别为 652 万 t 和 572 万 t，整体上看我国阀门行业产量处于下降态势。从市场规模看，2015 年到 2019 年，我国阀门行业市场规模从 120.1 亿美元增至 145.4 亿美元。受限于新型冠状病毒感染（简称新冠）疫情对行业的影响，2020 年行业规模下降至 126.9 亿美元。根据全球行业分析公司（GIA）预测，到 2026 年末我国阀门制造行业总规模将达到 182 亿美元。从进出口现状来看，我国阀门每年的出口数量约为进口数量的十倍左右，出口金额约为进口金额的 2.5 倍，主要出口国家为美国、俄罗斯、印度，主要进口国家为瑞士、美国和韩国。

我国虽然是阀门制造行业的大国，国内的阀门制造行业趋于饱和，但实际上仍然存在许多问题。由于长期以来，我国传统阀门制造行业普遍以低价值、低附加值的阀门为主，这类阀门的科技含量低，创新和应变性较差，导致我国的阀门产品设计技术相对落后，开发周期较长，制造工艺装备相对落后，成套能力不强；而且在高端制造、智能控制及行业标准等领域，我国落后于西方工业发达国家，还在起步阶段。不难得知，由于我国阀门生产技术的不足，在高性能阀门方面，我国目前更多依赖于进出口国外产品。与此相矛盾的是，我国的低性能阀门又面临着产能过剩的问题，因而大量出口。

总体来看，目前我国阀门制造行业正处于转型期：一方面，随着第四次工业革命的到来，阀门制造向智能化方向转型；另一方面，随着我国阀门研发能力的不断提升，国产阀门正逐步向全球高端阀门市场进发。

阀门数智化转型可被分为生产数智化和运维数智化两方面。其中生产数智化包括工艺数智化和制造过程数智化，侧重对整个生产流程及其所运用技术的控制。这样来看，生产数智化又能够被分为智能制造技术和智能制造系统两方面，前者更多是对产品质量的控制，后者则是对整个生产过程的把控。运维数智化的重点则是管理的智能化。对这些不同部分的发展，国内外阀门企业都有各自的策略，也取得了一定的成绩。

智能制造技术作为实现数智化的基本前提，已经得到了很大的发展，部分技术甚至已经被广泛应用到阀门生产制造的过程中。值得一提的是，工业物联网是近年来应用到实际生产中最广泛的一项技术，这是构建智能制造系统的基础。车间内的"物联网"技术使得 DNC（distributed numerical control，分布式数控）成为离散制造业 MES 必备的底层平台。MES 可以为企业提供包括制造数据管理、计划排程管理、生产调度管理、库存管理、质量管理、人力资源管理、工作中心 / 设备管理、工具工装管理、采购管理、成本管理、项目看板管理、生产过程控制、底层数据集成分析、上层数据集成分解等管理模块，为企业打造一个扎实、可靠、全面、可行的制造协同管理平台。另一项技术则是计算机集成制造系统（CIMS），是将制造工厂所需的各种自动化系统有机地集成，以获得高效率、高柔性的生产系统。在 2022 年工信部公示的年度智能制造标准应用试点项目名单中，就包括数家控制阀智能工厂。

在特种阀门数字化设计方面，阀门数字化设计系统的框架可以分为三个层次，即系统支撑环境层、逻辑处理层和应用层。系统支撑环境层包括操作系统、数据库管理系统、软件开发模式等，用于支持系统内所有应用程序和工具软件之间的信息共享。在系统支撑环境层的基础上，逻辑处理层是根据阀门动静热特性等实际设计需求，开发出的功能处理模块。由于阀门的种类繁多，需求和特性也各不相同，因而使用的开发软件相对较多。目前，国内较为主流的是使用 ANSYS 进行特性分析，并根据分析进行相应的结构优化设计。应用层是指阀门数字化设计系统的应用，将该系统集成到数据库管理、特性分析和优化设计软件中，按照功能需求，开发阀门需要的参数化设计、数据管理、动静热特性分析，以及基于特性分析的结构优化设计等功能。数字化设计的本质是将计算机技术应用于产品设计领域，通过基于产品描述的数字化平台，建立数字化产品模型，并进行优化设计，以减少或避免使用实物模型，达到节省成本、提高效率的目的。实际上，数字化设计在国内的阀门设计中已十分普遍，尤其是通过对阀门的数值模拟，能够帮助设计者及早发现设计上存在的问题。

2.1.2　特种阀门数智化的挑战

近年来，纵观特种阀门行业，尽管阀门数智化已经得到了一定的发展，但很多高端阀门研发领域还存在诸多的不足和短板，而阀门作为工业设备中最为基础的一类关键零部件，掌握高端阀门的核心技术对推动我国的经济高质量发展，提升国家综合实力都有着十分重要的意义。因此，如何提高我国工业产品关键核心技术创新能力，面对数智化浪潮，把科技发展主动权牢牢掌握在自己手里，是每一家企业、每一个技术研发人员所面临的课题与挑战。

从整个大环境来看，由于粗放模式难以为继，我国经济正转入中低速增长的新阶段，我国阀门行业的发展必然会受到不利影响，尤其是对于缺乏高端阀门支撑的企业，在失去了价格优势后，情况就更加不容乐观。最直接的是要应对行业发展环境的改变：我国原来所具备的人口红利逐渐消失，后发优势也渐渐在消失，经济发展速度放缓；同时，来自国外高端阀门企业的竞争压力日益突出，我国低端阀门市场又已经饱和。此外，新冠疫情的出现对经济增长、就业、全球贸易等都造成了巨大的负面冲击，进一步加剧了世界经济环境的改变。但同样也为数智化的发展提供了绝佳的历史性机遇。在这样的新环境下，企业要想不被淘汰，就必须想方设法适应这些新变化，顺应时代趋势，进行数智化转型，掌握核心技术，明晰新机会必然不可能属于所有企业。

就当前来说，在行业本身长期积累了许多弊端的情况下，特种阀门数智化面临许多挑战，例如，研发设计能力不足、供应链整合度低、行业服务无序化、行业本身具有一定局限性、平台管理水平落后等。

我国阀门行业陷入困境最重要的原因是其在核心关键技术上的欠缺，不管是高端阀门的制造，还是我国工业制造业的数字化水平，都落后于发达国家。显然，这并没有为迎接数智化时代提供一个良好的基础，部分企业甚至还处于工业 2.0 补课，工业 3.0 普及阶段，数字化基础薄弱，大量设备处于"聋""哑"的状态，这也导致我国特种阀门的数智化转型将会异常困难。我国阀门企业水平参差不齐，且多集中于低端阀门的制造，传统基础设施的改造难度较大，阀门企业体量普遍不大，分布又十分零散，这都不利于行业的数智化；而且行业内并未形成良性的竞争关系，业内销售市场秩序紊乱，恶性竞争严重。

数智化转型是机遇，同时也是冒险，这意味着企业必须审慎考虑。毕竟对于我国大部分阀门企业来说，推进数智化需要投入的精力和成本是巨大的，然而与之相应的后期收益却仍是有待验证的，因此更多企业对于数智化转型仍然处于犹豫阶段。在这样的情况下，阀门企业的数智化进程会更加缓慢，企业对于数智化策略的制定会更加严谨慎重。解决上述问题的一种方法是政府在政策法律方面进行支持、鼓励、保障和制约。尽管我国已经出台了一系列相关政策大力支持数智化的发展、保障行业秩序，但归根到底，我国工业整体起步较晚，相关的法律政策还有待完善。从企业自身角度考虑，主要面临着以下几个问题和挑战：其一是企业对于数智化转型认识不足，并未深刻意识到这次转型不仅是技术革命，还是经营理念、战略、组织和运营等全领域全方位的变革，而即使是一些认识相对深刻的企业，其在进行数智化转型的过程中也往往缺乏正确的方法论，因而进展并不如预期顺利；其二是核心技术与服务供给不足，尤其是面对小批量、个性化生产，大部分企业无法满足；其三是"数据孤岛"仍然存在，内外部孤岛未能打通，直接导致数据不流通，难以形成生产力；其四是数据口径并不统一，格式差异较大，很难被市场直接使用；其五是数据仍然存在安全隐患，对于可能涉及隐私和机密的数据采集还缺乏详细的规定和法律依据，单纯依靠企业自身技术能力难以确保数据安全。

在数智化技术方面，阀门数智化主要包括通信的数字化、控制的科技化、诊断的智能化和结构的一体化。对于阀门工厂的数智化转型，工业互联网是其中一个至关重要的工具。但就目前来说，阀门工厂想要建立工业互联网主要面临着五大挑战。

第一个挑战是数据维度的扩大。提起数智化，首先要做的就是对来自不同数据源的数据进行整合，打通数据孤岛。对于阀门工业这样的离散式制造业来说，涉及的零部件种类众多，加工方式多样，这意味着产生的数据也会繁多并且类型不一。因此，在打通这些数据的时候，最大的问题就是怎样把这些数据进行统一分析、统一建模。

第二个挑战是现在的数据或人工智能的应用范围越来越广。原来的人工智能基本就是人脸识别、语音处理、语言的人机对话等，都是 To C（一般用户）的业务；而现在阀门工厂的数智化需要做的是人工智能在 To B（企业客户）领域的应用，这个应用范围大得多，场景多得多，涉及各行各业。对于阀门行业来说，这也是一种新的挑战，因为涉及的不仅是制造工厂内的智能化，还有与其他工厂和生产线的数智化配合、产品后期运维使用的数智化、为满足客户个性化需求所必需的数智化。

第三个挑战是人工智能应用深度的问题。前文所提的人脸识别、语音识别等都是认知服务。而现在，阀门工厂需要的不仅仅是认知服务，同时还要做出预测、预警，这就要求充分挖掘数据价值，对数据能够做更深入的分析，并且要对所有的历史数据都进行考量，分析其规律。例如，对于阀门运行过程中出现的各类问题，往往需要在大量数据积累下，结合相应机理，对发生故障的原因进行分析，进而为客户提供解决方案。

第四个挑战是全局化的优化。现在各个领域所做的更多是局部优化，比如阀门企业在进行数智化运维时，通常考虑的仅仅是阀门本身，但实际上，这类运维更需要全局视角，从整体场景来进行考量。据工信部统计，我国当前工业 App 已经突破了 59 万个，像雨后春笋一样涌现。但从另一个角度来讲，这些工业 App 往往是局部化的优化，针对某一个工艺点、某一个工序、某一个小场景来做应用。但对企业来说，更有意义的是全局化的优化。因此，在做技术开发和产品开发的时候，要考虑到企业经营者的视角是整个企业的经营效益。经营效益考虑的是全局的统筹，也就是要把"供产销"的经营铁三角进行协同考虑，每一个部门都要做优化，同时进行协同，比如产和销之间的协同、供和产之间的协同等，这些协同能够更好地提升企业的经营效益。

第五个挑战是智能化的系统化。通常企业中使用更多的是自动化和信息化系统，前者主要是在生产线中用于提高生产率，后者主要是在管理、决策人员执行的时候使用，即把决策作为一个结果记录下来，然后贯彻下去。但这两个系统对于智能系统化还不够，在决策层也需要有工具，即一个数智化的系统。这个数智化系统主要用于辅助决策者做决策，实际上就相当于给决策者配备了一个大脑。假如一个系统或一个企业有多个局部的大脑，那么必然会出现决策上的分歧或矛盾，因此还需要有一个大脑来进行统筹，这就是第三个数智化系统存在的必要。数智化系统要把局部的大脑统筹起来，做一个真正的企业级大脑。这个企业级大脑不仅要能够管好企业的所有部门、业务与流程，还要做好上下游协同，能对外围市场进行及时、准确的应对。

就工业互联网建设总体情况来看，我国既有优势也有不足。我国优势主要在于市场规模，中国制造业不仅行业规模大，市场规模也大，因此我国工业互联网布局可以非常全面。但从另一个角度来讲，我国的工业制造业数字化水平相对于西方国家水平较低，因此我国亟须布局工业互联网，实现数智化转型。与此数字化水平相对应，我国的工业互联网必须从底层做起，从数据连接、数据采集等方面开始打基础。但这其实也给我国提供了一个更大的机遇，占据了一定的后发优势，能够从更全面、更先进的角度考虑怎样实现整个体系的一体化。

2.2 特种阀门数智化转型

2.2.1 特种阀门数智化转型背景

近年来，我国高度重视数字化转型升级，鼓励和支持企业的数智化发展，在顶层设计上做出了一系列部署。2015 年，我国提出了"国家大数据战略"，推进产业数字化发展和数字化转型的政策不断深化和落地。《中共中央关于制定国民经济和社会发展第十四个五年规划和二〇三五年远景目标的建议》提出，发展数字经济，推进数字产业化和产业数字化，推动数字经济和实体经济深度融合，打造具有国际竞争力的数字产业集群。2016 年 5 月，中华人民共和国国务院（简称国务院）印发《关于深化制造业与互联网融合发展的指导意见》，指出要加快构建新型研发、生产、管理和服务模式，促进技术产品创新和经营管理优化。2017 年 10 月，党的十九大报告提出，加强应用基础研究，拓展实施国家重大科技项目，突出关键共性技术、前沿引领技术、现代工程技术、颠覆性技术创新，为建设科技强国、质量强国、航天强国、网络强国、交通强国、数字中国、智慧社会提供有力支撑。2020 年 4 月，中华人民共和国国家发展和改革委员会（简称发改委）发布《关于推进"上云用数赋智"行动 培育新经济发展实施方案》，提出实施国家大数据战略，推进数据资源开放共享。2020 年 9 月，国务院国有资产管理委员会（简称国资委）印发《关于加快推进国有企业数字化转型工作的通知》，强调要促进国有企业数字化、网络化、智能化发展，推动面向数字化转型的企业组织与管理变革。2020 年 12 月，工信部发布《工业互联网创新发展行动计划（2021—2023 年）》，提出要实施数字化管理，推动重点行业企业打通内部各管理环节，打造数据驱动、敏捷高效的经营管理体系。

随着网络技术的发展与应用，面对越来越多客户的个性化需求，阀门企业传统的粗放型经济已不再适用于当前的经济形态。而且我国以往所具有的人口红利、后发优势等都在慢慢转移消失，依靠价格取胜已不再适用。来自国外的企业又占据着绝大部分的高端阀门市场，国内自主研发生产的高端阀门在性能价格等方面难以竞争。企业必须在内外界的双重压力下，找到一条合适的转型道路，以支撑后续的发展，这条道路理应是数智化转型。

无论从政府角度还是企业角度来看，数智化转型都已成为工业企业发展的必然趋势，是当前企业管理经营和转型的主流方向。因此，如何落实企业的数智化转型成了当下众多企业考虑的首要问题。

2.2.2 特种阀门数智化转型策略

通过对阀门企业现有工艺的升级改造和数智化建设，可以加快阀门行业的信息化建设进程，提高阀门企业的信息化程度，达到减员增效和提高管理效率的目的。国内部分阀门企业已经进行了建设数智化工厂的探索，其中，大部分企业都是以自动化、流程管理、自动仓储和物联网为切入点。运行实践表明，虽然这些阀门企业在数智化转型方面有较好的规划，但往往由于各种现实因素难以落地，无法给企业带来实际的经济效益，大多沦为面子工程。这使得其他阀门企业对数字化改造都望而生畏。数智化建设运转不畅导致国内阀门企业的制造和管理水平得不到有效提升，进而制约了我国阀门行业的发展。

因此，阀门企业的数智化转型不可能一蹴而就，同时，也不能仅从某一方面进行转型。必须站在全局角度，有体系地对数智化转型进行架构设计，有步骤地开展数智化转型。

数智化转型有三个价值目标：一是提升客户体验，通过数智化转型，企业将更加理解客户，不断丰富与客户的连接，帮助客户进行再次的价值创造，极大提升客户体验；二是提升效率，但这种提升只有找到业务中海量、高成本的作业环节，通过数智化来改造并提升它，才能取得预期的规模收益；三是模式创新，主要是商业模式和运营模式的创新，前者帮助企业形成数字产品与服务，找到新的增长赛道，后者帮助企业提升认知水平、构建生态，让企业更敏捷、更准确地应对未来的变化。从这三个价值目标来考虑，企业首先必须在意识上进行转变，以客户为中心，以业务为主导，通过架构牵引；其次是组织架构的转变，将通常使用的总部集中驱动模式变为由业务人员和数字化人员共同负责的团队；最后是方法转变，从过去围绕着流程建烟囱式 IT，变为对象、过程、规则的全量全要素的数字化，通过服务化的 IT 来快速响应业务变化。

数智化转型可以分为两步：第一步是业务数字化，也就是通过工业互联网把业务中的数据抽取出来，然后通过数据的整合做分析，以便对整个业务有所洞察。第二步是数字业务化。数字业务化要借助数据智能技术，将人工智能与大数据融合，通过大数据把人工智能的算法模型与应用范围做得更好。具体做法是首先把抽取出来的数据建成模型，建模以后，做模拟仿真、预测和优化，使决策者通过数据做出更好的、更准确的、更靠前的决策。

基于数字化的智能化，可以大致分为控制智能化（工艺智能化、制造过程智能化）和管理智能化两类。从技术维度上来理解，数智化主要包括产品研发过程、工艺设计过程和质量规划过程。在不同过程中，分别涉及产品生命周期管理系统、数字化设计技术、仿真技术和优化技术、生产计划管理系统、项目计划管理系统、采购供应链管理系统、仓储库存系统、制造系统、设备管理系统等，部分系统在不同过程中也存在一定交叉。

1. 产品生命周期管理系统

对于产品生命周期管理系统（PLM）的建立，企业在技术维度应从以下几个现存的业务问题来考虑。

1）对个性化产品研发过程的高效管控。面对大批量小规模的个性化定制模式，要以简明高效的方式，系统性管理个性化产品研发任务的创建、分发、接收、设计、审核、批准、发布等过程。还要实现对大规模个性化定制产品的研发任务状态的实时在线跟踪和监控。以 PLM 为基础，通过集成上游信息系统，使 PLM 能够自动接收来自上游业务信息系统的一系列信息，进而达到实时在线统计和监控个性产品研发全过程的目的。

2）提升个性化产品研发效率。面对大规模小批量个性化定制模式，企业首先要考虑个性化订单合同内容的高效获取和使用，例如技术协议、技术参数、评审内容、产品选型数据。其次，对于历史产品数据，要考虑怎样清洗、规范并进一步实现数据的再利用。最后，找到恰当的方式来简化产品设计过程、降低产品设计难度，以及提高产品研发效率、缩短产品设计周期。解决问题的关键是以 PLM 为基础，对产品参数进行配置，提炼产品的知识规则，明晰并规范产品数据，通过智能搜索和适配历史产品数据，摸索并构建自动或半自动的产品数据的实时生成能力。

3）高效管理个性化产品数据。企业对于产品设计模型、零部件基本信息、物流清单、工艺路线、工时定额、材料定额等一系列产品数据，要找到一种高效规范、安全可靠的方式进行管理。在对这些数据进行管理的同时，还要保留产品的数据版本，以实现数据安全和数据追溯。为达到以上目的，应在 PLM 的基础上，拓展产品元数据管理、产品结构管理、产品图文档管理、研发工作流信息管理和产品数据版本管理等功能，集成防数据扩散系统，在安全可控的前提下，实现产品数据的高效规范管理和可追溯。

4）企业如何将产品数据价值最大化。首先，对于海量个性化产品数据，必须安全可控地实现交付，并保障各部分业务能够实时在线应用。其次，必须实现全生产过程的产品数据全要素网络化应用，以快速响应客户需求变更和产品数据变更。还要能够从全生产过程中快速收集各类产品数据的异常信息，及时受理、处置并向生产现场发布产品数据异常的处理结果。企业应基于 PLM 和数据防扩散系统，开发产品数据的查询接口和在线浏览功能，供上、下游业务信息系统集成调用，并保障上、下游业务和内、外部业务对产品数据的实时在线应用。通过 MES 与 PLM 的双向集成应用，搭建产品数据异常在线沟通处置渠道，形成闭环管理。通过将 MES 实时在线采集的异常数据发送给 PLM，自动追溯产品设计人并将其指定为数据异常受理人。在产品数据异常受理工作流发布时，再将产品数据异常处理结果自动交付给 MES 应用。搭建产品数据升版管理机制，形成产品数据升版闭环管理。使 PLM 端发起的产品数据升版流程能够得到 MES 端的实时联动响应，发送版本升级消息以及控制旧版数据的使用，减少能耗。

2. 项目计划管理系统与生产计划管理系统

一般来说，企业对项目采用目标管理法，严格遵守合同规定按时完成任务。在项目执行过程中如出现任何变化，应在保障用户利益的前提下，双方通过协商达成一致，确保合同完成。因此，必须宏观把握整个项目工作的进展，同时对于具体问题开展分析时，又需要各种细节支持，项目计划管理系统应运而生。

传统生产和采购往往以大于经济批量以上的批量投产或根据一个周期内的订单计算一个数量范围进行批量投产，但缺乏订单概念；并且由于订单信息与批量没有强关联性，容易在装配环节发生变更次序，使订单交付顺序混乱。因此，应实现对所有项目计划的集中管控，基于订单视角，建立以订单为生命周期管理的信息链条。

在信息化流转过程中，订单属性的缺失容易导致订单进度失控，执行过程不透明。各业务环节各自的业务系统与订单没有较强的关联，使得追溯链条长、发生脱节。因此，从管理角度，应建立环节与订单的关联关系，通过订单维度查询各个环节的执行情况。建立质量监督、人员沟通、风险上报的管控体系。

还要基于项目的订单组织管理模式，运用项目管理的核心思想，对人和时间节点进行监控，使控制紧跟计划。建立统一完善的变更机制，当发生变更时，确保所有业务环节能及时响应变更，形成通知—反馈—确认的信息闭环。

对于全流程监控，应以流程为切入点，实行精细化管控模式。加强对以订单为主题的监控措施，对预警、异常、变更等情况的提醒以及对运营内容、业务运营、专项内容的一体化管控。通过加强信息互通，解决孤岛问题，建立多维度管控。对项目计划全流程进行管理，实现对项目的动态跟踪与监控，并逐步完善考核机制。强化计划过程管理，提高计划执行能力，有效推进项目按期、按预算完成。

生产计划管理系统应依据项目计划管理系统下发的节点要求进行排产。在计划排产过程中，应同时关注单独项目的执行节点要求和多个项目并行时相同点的合并执行，以达到生产过程效率的最大化。通过产品结构分解，对单独项目中的单独产品进行逐个分解，以项目为基点，将项目中涉及的相同零部件进行合并下达，同时记录与其对应的项目之间的关系使其可追溯。

3. 采购供应链管理系统与仓储库存系统

在以阀门为典型的离散行业，尤其是以单件小批量组织生产的企业，各种采购物料批次多、种类杂、单批次需求数量少，会给采购业务带来很多难题。首先，采购业务使用的传统手工统计必须向规范、标准的采购流程转化，对繁杂的采购业务进行高效且精细化的管理。信息化技术的运用能够有效协调供应链，降低采购成本，缩短提前期，合理有效地管理采购过程，进而使供应与需求更加协调一致，提高企业的主要绩效指标。利用信息化技术，构建采购供应链管理系统，将采购的业务过程固化为标准的执行流程，将采购业务执行环节中的输入信息、执行标准、输出信息进行量化，保证采购物料准时、准确地进入生产环节。

其次，实现企业采购部门与采购供应商业务一体化。采购部门与供应商之间不是仅通过电话、邮件及纸质文件进行沟通，而是通过系统实时地进行采购信息的传递。

建立健全采购供应链管理平台，将供应商纳入管理网，对采购进度进行追溯和监控。为采购部门提供了采购过程控制的有力抓手，同时为供应商执行过程提供了简易计划执行系统，既能保证满足采购过程中的时间要求，也能保证对采购过程的质量控制。

最后，将销售订单回款与采购业务付款同步，以解决公司资金合理使用问题。通过生产计划管理系统的订单对应关系，建立销售订单与采购物料之间的直接关联关系，以销售订单合同付款方式为依据，建立相对应的采购物料的采购付款计划，并按照销售订单付款执行情况，对相应采购物料的付款计划执行进行管控。

对于大部分产品构成复杂、零件多的企业，都存在产品配套物料不同步、过程数据缺失、人工操作或干预过多等问题。因此，应通过优化物流过程，逐步从业务流程、数据管控及物流设备等方面向服务型仓储物流管理模式转变。在基础环境资源建设方面进一步强化仓储物流硬件。同时，将硬件环境与融入管理思想的软件系统相结合，达到双管齐下、软硬兼施。

4. 制造系统

阀门制造过程主要包括毛坯备料过程、零件加工过程、整机装配过程、包装发运过程和生产质量管理过程。面向大规模小批量个性化定制模式，客户需求日益多样，产品结构日趋复杂，需要个性化采购、制造、协同、装配和检测的市场订单越来越多。客户需求的个性和多变，使得产品数据、计划指令的变更频率呈上升态势，制造材料、制造装备和装配部件的采购越来越全球化，进而使得产前准备业务更加离散、更加广泛、更加长期，导致企业生产过程的组织和执行不得不面对更多的不确定性、多样性和复杂性。

面对短期交货要求、客户需求多样、产品结构复杂、制造工艺个性、产品数据多变、物资采购离散、设备能力不足、人员技能不够和计划模式陈旧等现状，企业生产部门如何更好地协同各部门，灵活调度人力、财力、物力和信息资源，高效组织生产过程，确保准时交付满足客户个性要求的高质量定制产品，同时保持个性化定制产品成本的相对稳定，是对企业生产部门和所有管理人员的一项巨大挑战。

面对这一挑战，首先要考虑如何确保生产全过程的可视化。从生产过程角度，企业如何基于信息系统实现业务过程的可视；从设备管理角度，企业要如何基于信息系统实现各类设备状态的可视；从生产物料角度，企业如何基于信息系统实现生产物料进度状态、质量状态、位置状态的可视；从产品数据角度，企业要如何基于信息系统实现产品数据的可视；从绩效管理角度，企业如何基于信息系统实现绩效数据的可视；从生产管理的角度，企业如何基于信息协同实现设备排班、设备异常、进度异常、产品数据异常等管理要素的可视。基于 MES 构建适用于全生产过程的各级作业单、全面采集生产过程数据、构建各类适用的统计分析模块，做好 MES 与产品生命周期管理系统的集成应用，借助设备监控系统全面实现生产设备联网，通过开发友好的软件功能界面实现各级作业任务、设备状态、产品数据、绩效数据、管理要素的可视。

其次要思考如何确保生产全过程有序。确保生产全过程整体有序，即开发、完善和持续优化 MES 的各级作业单（软件功能模块），包括部门级作业单、车间级作业单、班组级作业单、工位级作业单。各级作业单要始终以生产计划为中心，依据计划开始数据或计划完成时间自动排定作业任务的优先顺序，作为各级执行者的带有优先顺序的作业指令。通过全面统一应用各级作业单功能，确保毛坯备料过程、零件加工过程、整机装配过程、外协加工过程、物料转运过程、质量检测过程和包装发运过程整体有序，确保各部门之间、车间之间、班组之间、工位之间整体有序，确保物料投放、设备利用、资金使用和人员利用整体有序。

最后是如何确保全生产过程受控。从生产过程角度，企业如何基于信息系统实现业务过程整体受控；从部门协同角度，企业如何基于信息系统实现各部门之间的协同受控；从生产班组角度，企业如何基于信息系统实现生产班组之间协同受控；从生产工位角度，企业如何基于信息系统实现工位协同受控；从变更管理角度，企业如何基于信息系统实现业务在全生产过程受控；从物料投放角度，企业如何基于信息系统实现物料投放受控；从设备利用角度，企业如何基于信息系统实现生产设备利用受控；从资金使用角度，企业如何基于信息系统实现资金使用受控。解决思路是通过 MES 宏观调控"当日可开工任务窗口"大小，将每日可开工任务调控在特定范围之内，保证部门级、车间级、班组级、工位级在特定时间段内执行指定的作业任务，保证平行协同、上下协同和内外协同的一致性，防止过早开工和滞后开工；避免不合理占用和消耗生产资源，高级别规避生产资源争用，盘活并有效利用可用产能和生产资金；进一步优化作业任务有序性、提升生产过程协同性，进一步提高生产资源、生产资金、产能利用的合理性，进一步降低生产成本、缩短制造周期、提高产品质量。通过统一的、柔性的宏观调控措施和有序的、受控的各级作业单，确保全过程受控。

对组织控制单元来说，制造执行系统，即 MES 是将现代信息化技术应用于生产车间制造过程管理的一种解决方案，可以有效连接上层生产管理系统（比如 ERP 系统）与车间的现场控制。MES 基于自动识别技术（BarCode RFID）数据采集，主要应用于自动控制设备生产中的物料信息采集、条码采集、计算机终端信息采集等，形成有效的生产计划和排产编制，使生产能力达到最大水平，对生产过程实施工艺控制，监控及实时动态调整半成品、物料、成品的生产状态和质量状态，并进行生产能效性能分析和统计分析。这对于企业提高效率、降低库存，以及更方便地追溯质量至关重要。而 MES 作为连接工厂计划层和车间层执行系统的中间层，不同的企业对 MES 的功能要求是不同的，具有定制性的特点。

5. 设备管理系统

传统的单元制造系统因设备资源固定而使组织模式存在一些问题。例如，设备负荷的不平衡使部分资源的利用率下降，造成生产成本的上升，同时又使部分资源紧张，造成生产率下降。此外，由于设备资源固定，与因生产任务变化而调整的工艺路线不适配，从而造成工件跨单元加工，导致辅助资源的紧张，使得生产能力下降、交货期拖延。

对于设备可利用率的提高应借助设备管理系统。

首先，应对设备管理进行信息化改造：一是利用信息化手段，规范设备维护业务管理；二是结构化设备技术指标，量化设备状态，形成设备维护知识库，以规则驱动业务；三是通过网络技术，将计算机与具有数控装备的机床群相连，实时监测设备状态，实现设备故障预警；四是分析设备管理的业务数据，实现闭环管理；五是综合考虑设备维修相关的所有因素，确定合适的维修项目和维修类型，加强预防性维修，提高设备可靠性；六是明确设备管理业务与生产过程管理之间的关系，集成生产系统，实现设备管理的协同与精细化。

其次，还应将资金和经济效益纳入制定数智化策略的考虑范围内。

对前者，政府应构建多元融资体系，以"小批量免费体验"方式，降低数智化尝试成本，并通过"资金倾斜＋购买服务"，分担中小企业推进数智化转型升级的资金压力。后者则要强调应用导向，加速数智化变现。通过推动智能制造共享模式，降低中小企业投资成本。与此同时，随着个性化定制的增多，客户需求多样性在增加，因此应把客户定义为中心来进行数字化整合。在设计阶段就让用户参与进来，在制造阶段让客户了解过程和质量，在运维阶段提供优质的服务。

2.2.3　阀门企业数智化转型的核心要素

阀门企业的数智化转型除了要在合适策略的支撑下，还要把握好数智化转型的核心要素，应具备的核心要素如下。

1. 认知

在认知层面，首先应构建全方位的信息获取体系，由政府主导，加强信息共享，发挥标杆企业的示范效应并推动标准打造。其次，企业在制定计划前，要先明确数智化转型的目的，从战略上进行定位。目前，主流的两类定位分别是将数智化转型作为企业实施战略的工具和将数智化逐步转化为自身发展战略。就现阶段而言，大部分阀门企业对数智化转型的定位属于前者。

2. 技术

在技术层面，应以"分批推进"的方式，逐步实现设备、管理的数智化，降低实施的难度和风险。通过打造细分领域的工业互联网平台，建立相关的大数据库，开发大数据分析服务，建立健康管理与产品生命周期的可追溯管理，就可以创造典型的中小企业工业互联网平台的大数据"健康管理"模式。为实现产品生命周期的研发，可通过数字设计来构建企业数字化的源头。

大部分现代机械设计制造已经采用数字化设计和产品数据管理 PDM（product data management）等现代技术，在某些方面突破了传统机械制造技术存在的一些问题和不足，同样能够满足现代阀门设计制造的需求。产品数据管理概念出现在 20 世纪末，是指通过软件系统有效管理与产品相关的信息和与产品相关过程的技术。PDM设计的主要目的是对计算机中产品数据、工程数据文档、工程图库、工艺过程文件进行集中管理。数据库技术是计算机科学与技术中发展最快、应用最广的一项新技术，已经成为各类计算机应用系统进行业务数据处理与管理的核心技术和重要基础，可以为阀门数字化设计打下坚实的基础，提供新的思路和途径。

利用数据的力量，企业能够构建自身的数据仓库，整合来自不同数据源的数据，并将其存储到可以集中访问的云存储或者其他数据系统中，并积极对收集的数据进行建模，以支持决策、研究和创新。

当今，阀门设计制造技术不断向前发展，阀门需求向着大工程、高参数、高技术含量、成套能力、系统集成化及长寿命转变发展，传统的设计方法已经不太符合现代工业产品设计理念。由于阀门产品形状特点相对固定，同类阀门拓扑结构具有高度一致性，产品型号具有系列化特征，是进行参数化设计的理想对象。在实现阀门参数化设计中，需要相应的设计数据，并产生设计结果数据，而且阀门设计计算及阀体、阀门零部件的强度校核是必不可少的。若是运用传统的阀门设计方法需要查阅大量的标准和设计手册，标准和设计手册数据烦琐，设计人员查找数据时要耗费大量时间，工作量大，查询极为不方便。设计完成后会产生大量的设计结果数据，多数中小企业没有建立实施高效的数据管理系统，大多数采用最基本的在磁盘中单独分区的方式进行存储管理，无法管理设计结果数据的更多信息，如设计人员、设计日期、修改日期等，数据管理效率低。由于设计理念的转变及技术的发展，阀门数字化设计得到了阀门企业的重视，其设计效率高、阀门数据管理高效、快捷、全面，工作量减轻等优点使得各阀门企业在阀门数字化设计方面展开研究。实现阀门数字化设计，更好地为阀门数字化集成设计平台提供帮助和服务，阀门设计参数和标准的快速、准确查询功能及设计结果数据的高效管理将起到至关重要的作用。

阀门数字化设计集成平台的研究目的是实现对阀门数据、设计过程和优化一体化的统一管理，有利于企业对于现有信息和产品加工知识的储存与处理，并提高产品的设计效率和优化设计手段。数字化设计是未来企业产品设计的发展趋势，有利于产品尽快进入市场，提高企业的核心竞争力。

因此，应根据阀门设计的要求，以数据库技术为支持，建立设计参数及设计结果数据的管理系统，实现阀门设计及三维建模的规范化、智能化。这对提高产品标准化和规范化程度，提高阀门行业的设计水平，推动企业的科技进步，以及提高经济效益具有重要意义。在运用阀门数字化集成设计平台设计阀门时，对所用到的设计参数能够达到高效、准确查询，而无须翻阅纸质手册，能直接从阀门数字化集成设计平台数据管理系统数据库中得到所需数据，避免人工查询可能出现的失误，并实现高效管理平台产生的设计结果数据。

3. 装备

企业往往容易重视 ERP、MES、PLM 等软件条件，而忽视了装备的重要性。但实际上，装备作为数智化转型的手段，是数智化进程中必须要考虑的硬件条件。为满足定制和高效利用的要求，必须关注装备的柔性和网络化，赋予每台设备固有身份，通过网络化，让设备之间互联，并能够通过各种数据采集手段采集设备运行状态。

阀门行业智能自动化设备应用空间及范围非常广泛，诸如芯座密封面焊接生产线、超声波清洗喷漆生产线、装配试压调式生产线、在线检测组合系统等。随着阀门批量化生产、规模化生产、柔性化生产等多种生产模式的结合，阀门制造生产工业化、信息化、自动化、智能化融合程度会更深。智能自动化设备的应用还能促使阀门行业减少环境污染，节能降耗。更加直接的优势则是提高了阀门产品的性能和品质，从而提升阀门整体应用水平。

4. 人员

数智化转型在将人类从繁重、重复的体力劳动中解放出来的同时，也解放了人类的部分脑力劳动，这意味着未来人类将更多承担创新性工作，人机协作将会更加紧密。因此，企业对于工作人员的知识水平要求会越来越高、创新能力要求也随之提升。

5. 管理

企业不仅要转变传统的治理方式，还要找寻适合数字化时代的新协作模式，将数字自主权掌握在手中，基于数字驱动的管理方法以整合伙伴关系，由客户和员工共同开启数智化转型。

对于整个生产流程的管理，可借助数字化技术，建立相应的管理系统，如产品生命周期管理系统、生产计划管理系统、采购供应链管理系统、项目计划管理系统、设备管理系统等。

6. 正向设计

一方面，制造业需要自动化智能化装备和工艺智能技术实现规模效应和柔性制造，不断降低制造成本、提高交付效率；另一方面，产业发展不可能一直停留在追求生产规模效应的阶段，还应通过设计仿真技术进行正向设计，以持续实现产品创新、装备创新和工艺创新。制造和设计两方面实际上是协同优化、相互促进的关系。

在阀门企业中，数智化转型主要通过各类新兴技术实现。工业机器人是面向工业领域的多关节机械手或多自由度的机器装置，在阀门的制造生产过程中，可以使用工业机器人来替代人完成重复性工作，如工件搬用、装夹等工作；增材制造是一种"自下而上"通过材料累加的制造方法，对于阀门企业来说，该方法更多用于制造快速样机，完成设计样件，并对设计样件进行评估，能够提高设计效率，缩短研发周期；柔性自动化生产技术简称柔性制造技术，是以工艺设计为先导，以数控技术为核心，能够自动地完成企业多品种、多批量的加工、制造、装配、检测等过程的先进生产技术，在阀门企业中，这一技术具有适应加工多种产品的灵活性，可满足客户的个性化需求；物联网指的是将无处不在的末端设备和设施，包括具备"内在智能"的传感器、移动终端、工业系统、家庭智能设施、视频监控系统等连接起来，可以帮助阀门工厂实现对设备的数据采集和预测性维护；由于工业互联网环境下智能设备间需要频繁的数据交互，对数据传输的实时性和可靠性要求很高，这将大大促进海量数据存取技术的进步以满足生产需求，阀门企业往往可以利用数据挖掘等技术，从海量数据中提取有价值的信息并用于优化生产流程，完善服务体系；在大数据技术的基础上，通过人工智能技术可以对阀门进行有效实时的监测及故障诊断，有利于对整个阀门管道系统进行维护。

从产业整体发展阶段来看，我国已经从来料加工组装、模仿创新逐渐向自主创新迈进。过去我国制造业主要依靠加工和仿制产品向海外企业学习追赶。这种模仿模式没有正向设计的需求，自然也就没有企业在正向设计方面投入更多精力和资源，进而导致了当前工业"五基"薄弱，特别是工业基础软件方面。当前的产业发展阶段已不能再止步于模仿创新，必须重视正向设计，在自主开发产品中突破技术瓶颈，掌握正向设计能力。

2.2.4　特种阀门数智化转型展望

随着我国经济发展进入新常态，经济增速换挡、结构调整阵痛、增长动能转换等相互交织，长期以来主要依靠资源要素投入、规模扩张的粗放型发展模式已难以为继。同时，在工业 4.0 时代，新一轮科技革命带动了巨大的产业变革，新一代信息技术与现代制造业深度融合，实体经济与传统数字化转型逐渐成为新的历史使命与时代机遇，工业的自动化、数字化、智能化已经成为智能制造装备行业的重要发展趋势。这意味着，数智化转型需要承担起推进我国供给侧结构性改革、培育经济增长新动能、提升制造业国际竞争力、构建新型制造体系、促进制造业向中高端迈进、实现制造强国的重要使命。

目前来看，数智化转型有三个核心趋势：随处运营、智能企业和数据隐私。

第一个趋势是随处运营，即基于数字化技术，让企业的资源、业务、运营和服务突破地域限制，实现员工对企业的资源随处可及、企业业务与运营随处可行、客户对企业的服务随处可享的概念设想。对阀门企业而言，资源的整合、业务进程的在线化等，都能够极大提升企业的生产率，并且由于客户对设计和生产流程全过程的参与成为可能，消费者进一步转变为产品制造的参与者，个性化定制也就越能凸显其优势。

第二个趋势是智能企业，相较传统企业，数智化企业的管理会趋于扁平化，人机协作程度更深，信息交互更加畅通。通过数字赋能，加速了工业由小变大、企业竞争力由弱变强，传统制造业转型升级迎来"智"与"质"的双重变革。数字与智能将在企业中得到更大程度的展现，推动着制造业的进一步发展。

第三个趋势是数据隐私。工业互联网建设会产生海量数据。一方面，这些数据需要高质量的数据治理，开发了以大数据为使用场景的数据治理（系统），从数据的抓取到数据的入库、数据的标识、数据的使用，一整套整理起来，保障数据能够得到更有效的运用；另一方面，在大数据时代，数据的安全和隐私又是一个很重要的问题，并且往往是人们关注的重点，企业必须确保这些信息不会在不知不觉中被他人使用，并从中获利。因此，数字产业化领域将出现大量第三方数据服务产业，即专门从事数据整理、分析、登记、确权、交易等功能的服务产业。而从法律角度来看，一些欧美国家有专门的法律法规，我国也有了数据安全法，这些法律法规会在数据安全和隐私保护上起到很好的作用。

数智化转型对我国从制造大国迈向制造强国甚至创造强国具有重要作用。实现数智化还面临着很多挑战，我国还需要突破诸多关键核心技术和装备，例如仿真设计、基于机理和数据驱动的混合建模、生产智能决策、协同优化等技术及智能焊接机器人等高端装备。

而流程工业作为制造业的重要组成部分，通过包含物理化学反应的气液固多相共存的连续化复杂生产过程，为制造业提供原材料的工业，包括石油、化工、钢铁、有色金属、建材等高耗能行业，是国民经济和社会发展的重要支柱产业，是我国经济持续增长的重要支撑力量。其中，特种阀门作为流程工业的"咽喉"，其数智化水平自然成了影响我国工业发展的重要环节。目前，我国阀门数智化仍存在几个问题，例如，阀门自主设计能力仍有待提升，特种阀门关键附件高度依赖进口，特种阀门的智能运维系统仍属空白。

从长远来看，特种阀门的数智化将体现在两方面：一是在设计和生产环节，包括特种阀门的数字化设计、智能制造水平、关键附件的研发能力；二是在工业运行场景中，特种阀门的精准调控、故障诊断和数字化运维将是未来发展的重要趋势。

阀门企业的数智化转型道阻且长，"十四五"规划中提出了到 2035 年，重点行业骨干企业基本实现智能化，这表示智能制造是一项长期的系统工程，需要攻克许多难题。数智化转型正在攻破制造业的城墙，新一代通信和新型计算能力的爆炸式发展，以及人工智能、人机交互技术等领域的进步都在进一步激发创新，也进一步改变制造模式。在不久的将来，数智化技术将会使产业链的每个环节都产生巨大的改变，从产品研发、供应链、工厂运营到营销、销售和服务。设计师、管理者、员工、消费者以及工业实物资产之间的数字化链接将释放出巨大的价值。

本书将重点关注特种阀门领域的数智化进展，从特种阀门的数字化设计技术、仿真技术及优化设计、智能制造技术、智能运维技术等方面进行阐述，以期梳理出当前以及今后一段时期特种阀门数智化发展的重点，为行业发展提供一定思路。

参考文献

[1] 马玉山 . 智能制造工程理论与实践 [M]. 北京：机械工业出版社，2021：146-166，278-366.

[2] 鲍劲松，程庆和，等 . 海洋装备数字化工程 [M]. 上海：上海科学技术出版社，2020：37-48.

[3] 杨娟，张真，王黎明 . 从"科创中国"技术应用案例库项目看我国智能制造发展现状 [J]. 价值工程，2022，41（21）：162-165.

[4] 姚杰，温怀凤，张桂花 . 工业互联网平台在流程工业的应用现状与发展趋势 [J]. 自动化仪表，2021，42（9）：1-5.

[5] 姚锡凡，马南峰，张存吉，等 . 以人为本的智能制造：演进与展望 [J]. 机械工程学报，2022，58（18）：2-15.

[6] 盛根林 . 我国调节阀产品发展现状与发展趋势 [J]. 通用机械，2012（7）：26-29.

[7] 宣成 . 关于智能制造和工业互联网融合发展的思考 [J]. 中国产经，2022（10）：41-43.

[8] 贾伟 . 数智化赋能下企业可持续性商业模式创新研究 [J]. 合作经济与科技，2022（15）：132-133.

[9] 刘震 . 数智化时代泛工业数字化转型发展潜力巨大 [J]. 数据，2021（5）：36-38.

[10] 史宇 . 数字化工厂的生产数据采集系统分析 [J]. 中小企业管理与科技，2022（7）：161-163.

[11] 钱朝宁，王建表，陈明亮，等 . 数字化离散制造解读及对策研究 [J]. 企业改革与管理，2021（23）：9-16.

[12] 丁文义 . 阀门数字化集成设计平台之数据管理技术研究与实现 [D]. 兰州：兰州理工大学，2020.

[13] 姚振玖 . 国内外智能制造发展现状研究与思考 [J]. 中国国情国力，2022（6）：49-52.

[14] 张家振 . 阀门数字化集成设计平台之工程分析自动化的研究与应用 [D]. 兰州：兰州理工大学，2020.

[15] 徐伟峰 . 埃美柯阀门车间智能制造系统改造方法研究 [D]. 宁波：宁波大学，2017.

第 3 章

特种阀门数字化设计技术

3.1 特种阀门数字化设计概述

3.1.1 设计流程

阀门通常直接承受介质压力，其结构设计和材料选择通常由阀门的压力和温度等级确定。阀门产品设计要考虑具体的工况环境、使用性能要求及安装结构要求，从而选择适合的阀门类型和设计参数（如：工作压力、工作温度、公称通径、适用介质、流量系数及连接形式等）。由设计参数确定阀门的主体结构，然后校核阀门的零部件，包括承受压力的紧固件和密封件的密封性及质量等。

传统的阀门设计流程可以分为以下七个步骤：

1）设计的策划：规划设计和开发阶段的具体安排，评估、验证和确认每个设计和开发阶段，明确设计和开发的职责和权限。

2）设计的输入：确定所设计的阀门功能和性能要求，明确相关的法律法规要求，收集以往类似设计的相关信息，了解设计和开发所必须满足的其他要求。

3）设计的输出：需满足设计和开发的输入要求，给出采购、生产和服务提供的信息，包含或引用阀门的接收标准，规定对阀门的安全和正常使用所必须具备的产品特性。

4）设计的评估：评价设计和开发的结果满足要求的能力，识别存在的问题并提出解决方案。

5）设计的验证：提出更改方法重新计算，和已经验证的类似设计方案进行比较、试验和演示。

6）设计的确认：以阀门鉴定的方式进行确认。

7）设计的更改：由于各类原因，如使用功能改变、设计错误和遗漏等需要对原有的设计进行更改。

随着工业的不断发展，阀门变得越来越复杂化、大型化，阀门的用途也越来越多样化，传统的阀门设计方法很难再满足新型特种阀门的设计需求，老式的管理模式也很难再高效地调动各个设计部门，常常会出现不同的设计部门给出的设计文件与设计

要求和工艺需求相互矛盾的情况。互联网技术的发展以及以互联网技术为基础的工业
4.0 概念的提出，要求阀门设计领域应该有一个高度集成化的特种阀门数字化设计软
件平台，该软件平台既要集成传统的设计知识和设计经验，也要融合最前沿的互联网
技术，可以高效地调度设计资源，实现快速准确地沟通，同时可以满足高复杂度、多
用途的特种阀门设计制造需求。

    特种阀门的数字化设计包括特种阀门零部件三维模型的建立、装配、性能分析以
及数字化的处理方式，它以计算机技术和互联网技术为支撑，辅助运用数字化信息处理
方式来实现新产品的设计。通过面向产品的个性化需求，以产品设计的自动化和人机交
互的可视化为核心，集成现有 CAD（计算机辅助设计）及 CAE（计算机辅助工程）软件，
最终能够形成集成化的特种阀门数字化设计软件平台，其软件平台框架如图 3-1 所示。

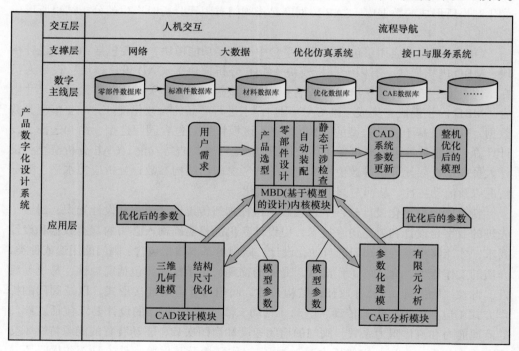

图 3-1   特种阀门数字化设计软件平台框架

    特种阀门数字化设计软件平台主要由交互层、支撑层、数字主线层和应用层四层
组成。

    （1）交互层   交互层为人机交互界面，用户通过该界面参与设计。因此，交互界
面要求能够引导用户完成正确的设计流程，提示用户输入注意事项，从而确保输入及
输出数据的正确性，降低用户操作设计平台的难度，提高设计效率。

    （2）支撑层   支撑层包括支撑平台运作的网络、数据、机理及接口的支撑工具和

信息基础，会大量应用大数据、优化仿真、网络协作及神经网络等新兴技术，是设计者和软件内封装的设计技术与设计知识之间的桥梁，也是数字化技术应用于特种阀门设计最直观的体现。

（3）数字主线层 数字主线层由大量成熟的数据库组成，包括零部件数据库、标准件数据库、材料数据库、优化数据库、CAE 数据库等，这些数据库是在特种阀门长久以来不断迭代更新的过程中逐步积累下来的，其中既包含了传统设计中的经验和知识，也包括近几十年来特种阀门数字化设计过程中积累的数据，集成了贯穿特种阀门生命周期的各种数据源。标准件数据库集成了阀门设计中常用的标准件信息，在进行设计时供用户直接调用；材料数据库集成了阀门设计中常用的材料信息，在进行产品设计时供用户直接调用；优化数据库是指阀门优化设计时，设定的优化参数和产生的优化结果所形成的数据库；CAE 数据库是指阀门有限元分析时产生的分析结果所形成的数据库。

（4）应用层 应用层包含了设计平台中的主要功能模块，主要包括：CAD 设计模块、MBD 内核模块、有限元分析模块（CAE 分析模块）。CAD 设计模块：设计人员在结构类型、拓扑与形状给定的基础上，通过该模块寻找出关键零部件最优的尺寸组合。MBD 内核模块：集成三维 CAD 用户需求进行产品的参数化设计，产生模型参数数据，并生成基于三维模型的 MBD 模型，该模块主要包含阀门选型、结构选择、设计计算、校核计算、模型再生、自动装配、静态干涉检查等功能。CAE 分析模块：设计人员应用有限元分析等数值模拟方法综合考虑阀门结构参数，分析应力水平、变形情况以及流动特性，从而对阀门模型进行优化。

特种阀门数字化设计软件平台集成了特种阀门传统设计流程和设计知识，封装了先进的数字化设计和数值仿真技术，但设计者仍需要明确输入必需的基本数据和设计要求，才能够实现特种阀门的自动化设计。阀门的基本数据包含：阀门的用途或种类，介质的工作压力，介质的工作温度，介质的物理、化学性能（包括腐蚀性、易燃易爆性、毒性、物态等），公称通径，结构长度，阀门与管道的连接形式，以及阀门的操作方式（包括手动、齿轮传动、电动、气动、液动等）。阀门的设计要求包括：阀门的流通能力和流体阻力系数，阀门的启闭速度和启闭次数，驱动装置的能源特性（交流电或直流电、电压、空气压力等），阀门工作环境及其保养条件（是否防爆是不是热带气候等），外形尺寸的限制，质量的限制，以及抗地震要求。设计人员依据上述要求，可实现各类复杂的特种阀门快速设计与性能评估，与传统设计相比其高效性、自动化和数字化的特点显得尤为突出。

3.1.2 主流工业 CAD 设计系统

目前，特种阀门三维设计的主流软件包括 MDT、SolidWorks、UG 等。这些软件都是运用比较广泛的工业三维设计软件，能够设计特种阀门的各种零部件（包括阀体、阀板、阀芯、密封圈等），操作过程简单，上手难度低。另外，以上提到的软件都与时俱进，集成了大量接口，可以直接导出模型用于数值仿真、虚拟现实等，也可以导入编写的设计指令和外来零件库、数据库等，适用于组建特种阀门数字化设计软件平台中建模的部分。

1. MDT（Mechanical Desktop）

在众多的三维绘图软件中，Autodesk 公司开发的基于微型计算机平台的机械产品三维设计软件 MDT，以其易操作和优良的性能价格比等特点而成为三维绘图软件二次开发的首选软件。MDT 运行于大众化的 AutoCAD 环境下，对于使用过 AutoCAD 的设计者来说，熟悉 MDT 的界面和工作环境是很容易的事情。MDT 兼容了许多 AutoCAD 本身的绘图功能，并在此基础上扩展了实体造型、曲面造型和装配设计功能模块。在零件设计、曲面造型、装配设计及二维工程图样的生成等方面其性价比更优于工作站。更为突出的是，MDT 易于一般工程设计人员的使用、普及，而工作站的使用却要求较高。因此，在阀门三维参数化设计系统中，可以选取 MDT 作为三维建模工具建立阀门三维图形库。

MDT 主要包括以下几个重要性能特征：

（1）基于特征的参数化实体造型　MDT 软件中基于特征的三维实体造型工具，能够方便、快捷地创建任何复杂形状的实体，而具有参数化特征的实体能通过对尺寸的修改来进行编辑，在全程参数化表中简单地改变实体的尺寸，便可以同时完成对多个零件的修改，从而实现了尺寸驱动和统计编辑。

（2）NURBS 曲面造型　MDT 软件利用了先进的曲面造型技术——非均匀有理 B 样条技术（NURBS），能快速创建流畅、连续的光滑曲面，例如汽车的冲模雕塑曲面，并可以和前面的基于特征的参数化实体融合，从而设计出具有自由表面的参数化实体模型。

（3）装配设计和工程分析　MDT 装配设计工具能够创建和管理包含成百上千零部件的装配和子装配，利用 MDT 工程分析工具进行干涉检查，计算质量特征，如质心、惯性矩等。利用 MDT 的文档工具，能自动开发全参数化的零部件的关联材料明细表，创建具有指引线的爆炸装配视图零部件编号。

（4）关联的绘图　MDT 通过造型和绘图双向的关联，智能连接三维模型和二维视图，简化了工程图样的生成过程。

除了以上的主要特性以外，MDT 还提供了 Desktop 管理器、标准输入输出接口等功能。MDT 成功地集成了实体造型、曲面造型和装配设计三大功能模块，同时 MDT 以 Windows 作为操作系统，并以 AutoCAD 为基础，操作简便，其优点体现在以下几个方面：

1）使用上与 Windows 的兼容性，减少了学习的成本，工程设计人员能够在所熟悉的工作环境和操作方式中完成设计。

2）MDT 是在 AutoCAD 基础上的软件包，因此 AutoCAD 中几乎所有命令都可使用。另外，AutoCAD 中许多系统变量也能在 MDT 中设置应用。

3）MDT 所建实体模型的数据，可作为机械制造和检验分析应用。

4）MDT 所建立的三维实体模型可直接自动地生成二维工程视图，并集成了标注、图面设置等标准，可以直接输出二维工程图样。

5）MDT 突出的三个功能模块，使工程设计人员能高效、快速、精确地完成复杂三维实体的零件设计。

2. SolidWorks

SolidWorks 是美国 SolidWorks 公司开发的一款三维机械设计软件。该软件是一款中级三维机械设计软件，界面友好，初学者较容易上手。自引入中国以来，在航空、航天、电子和机械等领域应用广泛。SolidWorks 在特种阀门设计中的应用，包括质量估算、辅助绘图、虚拟装配、动作模拟及应力分析等。同时随着 SolidWorks 的版本不断迭代，其功能也在日益强大。

（1）质量估算　传统的阀门零件质量计算方法是，算出零件材料所占的空间体积，再乘以零件材料的密度，即得到该零件的质量。但是阀门零件种类繁多，有的更是结构复杂，如主要零件之一——阀体（以闸阀阀体为例），虽然两端及中腔上部结构较为规则，但中腔底部为空心的球冠，阀座处有倾斜，形状亦不规则，如图 3-2 所示，采用布尔运算的思想计算体积烦琐而困难。但通过 SolidWorks 将其造型，再选择相应材料（SolidWorks 材料库自带数百种材料可供选择），运用"工具"—"质量特性"命令，SolidWorks 便能弹出质量特性对话框，零件质量一目了然，而且是理想情况下的精确解。

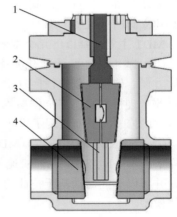

图 3-2　闸阀阀体
1—阀杆　2—阀板　3—导向筋　4—阀座

（2）辅助绘图　在实际生产中，二维工程图样在国内制造业还是占据不可替代的统治地位。因此，如何准确表达复杂零件的二维视图也是设计人员必须要面对的一个问题。复杂零件的相贯线、投影线因较难想象而经常在二维图样中被忽略，甚至被错误地表达。工程制图作为一门严谨的学问，应该力求精确地表达二维视图。为此，借助于 SolidWorks 对零件进行造型，所有相贯线、投影线自然形成，直观明了，相当于提高了设计者的思考、想象能力，从而令平面二维图形的表达更加准确。图 3-3 所示的平行双闸板闸阀的闸板架，通过 SolidWorks 准确直观地展示了其内部构造。此外，SolidWorks 具备二维工程图功能，可直接将实体模型生成二维工程图，还可保存为 .dwg 格式，以便与 AutoCAD 软件兼容。

（3）虚拟装配与动作模拟　SolidWorks 可新建装配体文件，首先逐个调入事先已画好的零部件，再利用"配合"命令，可指定各个零部件的相互位置关系。这些位置关系可以是限定死的，即在空间直角坐标系的 X 轴、Y 轴和 Z 轴及绕各轴旋转共六个维度上限定两个零件的相互位置，构成固定装配，也可以仅在五个维度上限定零部件的位置，在另外一个维度上指定距离，即可实现零部件的动作模拟，如图 3-4 所示的阀板—阀杆部件，相对于阀体可做沿阀杆轴向的运动（可直接用鼠标进行拖动），所指定的距离正是其运动的范围，即阀门的开启高度，从而实现了阀门启闭件的动作过程模拟。虚拟装配和动作模拟可直观地看出阀门各零部件之间是否存在尺寸、位置干涉等问题。

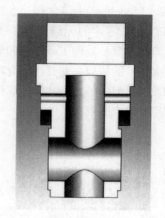

图 3-3　平行双闸板闸阀的闸板架

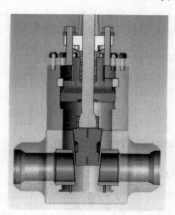

图 3-4　阀板—阀杆部件

3. UG

UG（Unigraphics）是 Siemens PLM Software（西门子工业软件）公司推出的集CAD/CAM（计算机辅助制造）/CAE 为一体的三维机械设计软件，也是当今世界应用最广泛的计算机辅助设计、分析和制造软件之一，广泛应用于汽车、航空航天、机械、消费产品、医疗器械、造船等行业，为制造行业产品开发的全过程提供解决方案，其功能包括概念设计、工程设计、性能分析和制造。该软件特点如下：

（1）全相关　产品不仅结构形状保持相似，而且内部尺寸大小都保持一定的联系，即不管是机构设计、工业设计和概念设计，还是工程分析与数控编程中某一环节发生变化都会引起其他环节的连锁反应。

（2）全集成　将 PDM（产品数据管理）、RE（逆向工程）、CAX（计算机辅助设计软件）、ERP、FM（财务管理）等各种信息与系统结合到一起，同时将设计理念、设计流程、设计方法集成到一起，这不仅仅是计算机数据的集成，更是一个企业和供销商之间的集成。

（3）前瞻性　在工程设计开发初期，利用智能化分析功能能够对设计进行一定的质量评估和可视化分析。为了实现这一优化设计，西门子工业软件公司向世界上顶尖的 CAE 公司购买使用权限，在 UG 中做二次开发设计与这些分析系统相对应的接口，并且将这些分析系统（如 ADAMS、Mold Flow 和 ANSYS 等）的许多功能移植到了 UG 建模的相应模块中。

（4）知识工程　由于 CAX 技术水平的飞速进步，出现了一种全新的设计方法，它以知识驱动为基础，称为知识工程（knowledge based engineering，KBE），将机器学习和深度学习完美地契合到 CAX 开发系统中。此后，KBE 的应用范围得到了极大的扩张，从原有的三维建模、生产和分析方面，引申到了工程设计范畴，使 CAX 设计系统和工程设计紧密连接到了一起。UG 的功能是由许多板块共同组成的，主要设计板块有：入口（Gateway），是与其他应用交互的必要模块；建模（Modeling），包含孔、直线、曲面等建模；装配（Assembly），给定一定的约束，可以实现零件的无缝配合；工程图（Drafting），使二维图形和三维模型建立联系。UG 不但有建模、处理工程图样和装配的强大功能，还专门对有特殊需求的使用人员提供了二次开发的接口，使其在原有功能的基础上根据用户的实际需求进行个性化的设计。不仅如此，UG 还支持其他计算机语言的开发，用户或者开发人员可以根据自己的喜好设计相应的应用模块。

3.1.3　特种阀门的 MBD 模型

1. MBD 的概念

MBD 全称是 Model Based Definition，即基于模型的定义，MBD 将带有产品和制造信息（product & manufacturing information，PMI）的三维模型作为设计文档，是对二维工程图的补充或替代。产品和制造信息由描述设计的非几何信息组成，包括几何尺寸和公差、表面粗糙度、材料信息等。设计文档是指工程部门向下游职能部门（如制造、采购、服务等）发布的交付品。某阀门阀体 MBD 模型的示例如图 3-5 所示。

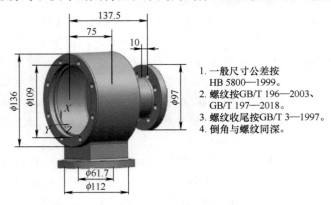

图 3-5　某阀门阀体 MBD 模型的示例

采用 MBD 本质上是为了减少创建和修改设计文档工作，从理论上讲，将 PMI 嵌入到三维模型上比详细绘制完整的二维工程图样所需的时间要短。此外，嵌入 PMI 的三维模型在传达制造意图方面往往更清晰。传统工程设计软件大多还不支持 MBD 建模，近年来基于 MBD 的数字化设计才逐渐进入大众视野。

在早期的设计中，所有的东西都必须平铺成二维视图，如今的设计是三维的。MBD 的目标是完全三维数字化，抛弃二维图样。当所有的客户和供应商都使用 MBD 模型时，二维和三维之间的翻译和相应的纸质工作就不再需要。这里需要澄清的是，虽然 MBD 倡议无纸化，但不是一定要无纸化。MBD 的交付品可以用实物、硬拷贝的形式，也可以用纸质打印。特种阀门生产目前还不具备完全采用数字化的方式发布的条件，但是用 MBD 模型来代替二维工程图将是发展趋势。

2. MBD 模型的信息组成和结构

MBD 模型包括了几何信息和非几何信息两大类。

几何信息大部分是基于实体建模方式来生成的，模型的数据结构大部分采用 BReP（边界表示）和 CSG（结构实体几何表示法）的数据结构。当前三维几何内核主要采用 ACIS 和 Parasolid 两种格式，这些商用系统的几何数据结构不开放，需要在其系统内二次开发。除此之外，MBD 的几何信息可以采用开放的中性文件格式，比如 STEP 格式、3DXML 格式、DXF 格式等，这些中性文件格式是由商业模式转换而来。但基于中性文件实现 MBD 有很多不足，不仅大多以三角形面片模型表示，丢弃了很多几何特征，而且在添加非几何信息时比较麻烦。

阀门的非几何信息主要包括设计阶段和制造阶段。设计阶段的非几何信息包括尺寸、尺寸公差、几何公差等设计参数；制造阶段的非几何信息包括生产加工过程中涉及的加工设备类型、设备数量、加工工艺等，例如技术要求、表面处理、加工信息、工艺基准等。

特种阀门的 MBD 模型一般是在三维原生模型中性文件的基础上，按照国家标准进行三维标注尺寸、公差、表面结构和注释等信息而最终生成的（见图 3-6）。几何信息包括点线面和特征等，制造信息主要包括生产资源信息、工艺参数信息和工艺符号信息等各类文本信息。生产资源信息包括刀具、设备型号等；工艺符号信息是通过开发工艺符号库，将常见的工艺进行符号化表达。MBD 模型在产品生命周期中不断迭代，主要是非几何信息不断更新，其具体的实现过程被称为 MBD 三维标注，大致分为三步：

1）进行产品设计信息标注，如定位尺寸、位置公差及表面工艺要求等。

2）进行产品装配工序流程的配置，完成三维工序集成模型的构建。

3）完成制造信息的标注，如加工面、加工参数及定位基准等。

一个特种阀门产品的 MBD 模型组织结构如图 3-7 所示。特种阀门的 MBD 模型包括：坐标系、实体模型（或面片模型）、基准、标注集和工艺属性。其中三维模型是 MBD 的基础，并由三维模型中内嵌的物料清单结构来组织。各种定义的参数应用在各系统中，如坐标系用于仿真布局，基准用于尺寸测量和检测，标注集包括了各种样式和排列的可视化，工艺属性存储 PMI 信息等。

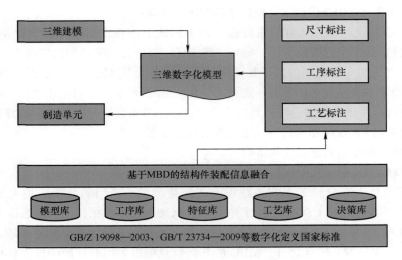

图 3-6　特种阀门产品 MBD 模型生成

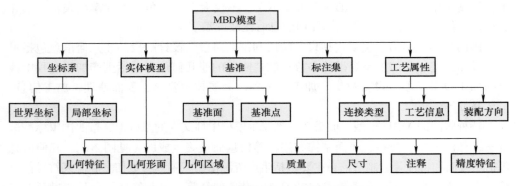

图 3-7　特种阀门产品的 MBD 模型组织结构

3.2　特种阀门装配工艺规划

3.2.1　虚拟装配概述

特种阀门的结构越来越复杂，其阀体、执行器等部件往往由不同部门设计和制造，通过虚拟装配技术的干涉检查可以提前发现装配干涉等设计中存在的问题并及时修改，使用表达视图制作的拆装动画可以真实地模拟出特种阀门在实际工作过程中各零件装配关系，考虑可装配性以获得优化的装配路径。同传统设计方法相比，基于三维软件的特种阀门虚拟装配技术能够提高设计质量、缩短设计周期、降低开发成本。

特种阀门虚拟装配方法包含如下内容：

1）使用基于装配关系回溯的蚁群算法对装配序列进行规划，在保证装配链完整的前提下，尽量避免不同装配链之间的来回跳转，减少装配过程中的空间转移，提高装配的效率。

2）对特种阀门的流道模型和固体几何模型进行数值仿真计算，初步预估特种阀门的性能参数，为特种阀门的结构设计提供合理建议。在这一过程中，如有必要，应该对装配过程中部分因素对特种阀门性能的影响进行剖析，使特种阀门的装配参数选取更具目的性。

虚拟装配作为虚拟设计、制造的关键组成部分，为设计生产的分析验证提供了新途径。随着科学技术的不断进步发展，在政府和工业界的大力支持和良好的研究基础条件下，各个研究机构陆续开发出了一批具有代表意义的虚拟装配仿真系统。

德国弗劳恩霍夫工业工程研究所在 1996 年慕尼黑计算机展览会上展示的虚拟现实装配工艺设计系统利用虚拟人体模型 Virtual ANTHROPOS（见图 3-8）在虚拟环境中执行交互式虚拟操作，在用户交互的基础上形成装配流程图，进行装配时间与装配成本的分析。除此之外，德国信息研究所 B.Antonishek 等人基于并行技术公司的水平显示设备 Virtual Workbench 在 SGI（美国硅图公司）工作站上利用 WTK（world tool kit，世界工具包）开发了半沉浸式虚拟装配系统。

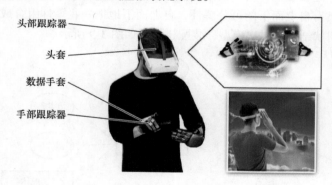

图 3-8　某虚拟装配系统的虚拟人体模型

西北工业大学现代设计与集成制造技术教育部重点实验室杨海成、李原等人，尝试了基于约束的装配操作进行的虚拟装配设计。北京理工大学的刘检华、宁汝新等开发的半沉浸式虚拟装配工艺设计系统 VAPP 实现虚拟环境下的装配顺序规划和路径规划，支持设计者在虚拟环境中直观地进行交互装配操作，验证并分析产品的装配顺序和装配路径。

3.2.2　装配要素建模

对特种阀门装配过程进行场景模拟，主要包括作业环境装配对象和专业装配设备等，此外还要对阀门和装配过程进行建模，主要包括装配信息模型的构建和装配仿真模型的构建。

理想的虚拟装配模型要求在阀门信息中能够完整表达，一方面要求包含特种阀门构件装配工艺规划过程中的相关因素及关系；另一方面还要求简洁明了地进行模型表达，从而更好地规划装配序列。

装配体是由一系列相互关联的零件组合而成的，装配体的完整描述不仅包含每个零件自身的信息，还包括它们之间彼此联系的结构与性质。

（1）特征属性信息　特种阀门的特征属性信息可以通过专用 CAD 系统获得，其主要包括零部件的名称、编号、材质、质量与质心位置。

（2）装配关系　建立装配模型的关键是对产品零部件间的装配关系进行描述。装配关系主要包括两个方面：一方面是零件间的定位关系，可以通过相对位置及方位进行装配尺寸的确定；另一方面是零件间的配合关系，用以装配体中各零件的装配。在阀门的虚拟装配过程中，配合关系比较复杂，有对中、贴合、同心及相切，配合关系的正确与否直接影响阀门能否正常工作。

（3）层次关系　复杂的特种阀门如主蒸汽阀站或氢气瓶口阀，一般是由多个层次的子装配体装配而成，而这些子装配体又由若干个更小的子装配体及零件组成。通常可以用一个装配树来表示这三者之间的层次性，这种"树"形表示不仅使装配体实际的装配顺序在一定程度上体现了出来，而且各层次零部件间的父子从属关系也得以表达。阀门装配具有自上而下的可分解性，自上而下地把一些零件组合成子装配体，在此基础上得出树状结构的层次模型，装配树模型如图 3-9 所示。

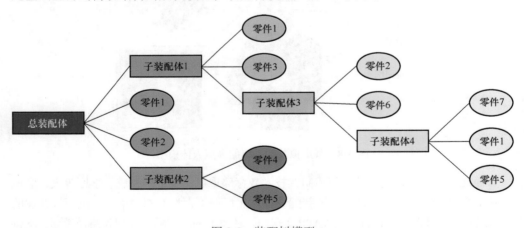

图 3-9　装配树模型

3.2.3　虚拟装配约束

虚拟装配中约束装配是基于零部件的空间位置变换和运动自由度约束来实现的。通常情况下，基体固定在空间中，位置不发生变化。待装配零部件通过用户的操作在空间中不断调整位置与姿态，当其最新位置和姿态满足一定约束条件后，即可实现基于当前约束条件的约束装配，其后的运动须符合已存在的约束运动限制。当零部件间的所有约束均已实现时，则完成装配工作。

可通过检测发生碰撞零部件间的约束关系来指导装配，也可事先提示待完成装配的两个零部件的约束信息，指导用户装配。对于前者，用户操作待装配零部件在虚拟空间中任意运动，并无明显的装配意图，一旦运动速度小于设定阈值且与某一零部件发生了碰撞，则表明用户正在进行装配操作。系统将根据发生碰撞的两个零部件，检测各自模型结构中是否存在对方的约束信息，并依据检测结果进行不同的装配响应。如果存在约束信息，则表明当前发生碰撞的零部件可进行装配操作。当碰撞穿透深度在装配特征的公差范围内时，则进行约束识别和捕获，并提示用户确认约束。在确认当前约束后，依据约束类型，以最小位姿调整零部件的空间运动，完成当前约束的限定。对于后者，当用户获取待装配零部件后，系统提示用户选取基体零部件，只有选定两个零部件后才能将约束信息导入约束管理单元中，并判断两者之间是否具有相匹配的装配类型。对于存在相配类型的零部件，需要深入判断其模型特征层和几何面层是否具有相同约束。如果有，则表明存在约束关系，并对约束几何面高亮显示；如果无，则表明模型之间虽然装配类型匹配，但并无实际装配元素可约束匹配，提示用户不可装配。

约束装配主要包括三个模块，分别是：零部件约束提取和识别模块，约束管理和规约模块，以及约束确认和空间位姿计算模块。其中，约束提取和识别模块负责提取当前范围内的零部件模型层次中的约束信息，并依据装配零部件的位姿信息，进行约束识别准则的判断，以识别出目前零部件所满足的约束类型；约束管理和规约模块负责对零部件的约束状态和不同层次的约束信息进行匹配和管理，并对当前约束施加后零部件的运动自由度进行规约计算，以判断约束是否为过约束，同时按一定的规约准则对零部件的运动自由度进行反定，保证零部件在完成当前约束时，其运动自由度不与之前所发生的约束矛盾；约束确认和空间位姿计算模块负责针对识别到的约束信息以及当前存在的约束状态，对用户进行交互式的提示，当用户确认存在的约束状态后，对零部件计算可行解空间内的最小位姿变换矩阵，使零部件在经过最小的旋转或平移运动后，能够满足当前施加的约束条件。这三个模块相互配合，协调工作。图 3-10 所示为约束装配流程。

在装配过程中发生的不协调主要出现在零件、组（部）件与工装之间，以及装配件与装配件之间，装配工装之间具有协调关系的部位无法按产品设计三维模型进行装配，不能满足特种阀门制造工艺要求。经验表明，装配不协调问题常在部件总装或部件、分部件装配完成以后进行对接安装时才发现，查找原因比较困难。由于它涉及从零件制造开始所有的工艺装备、产品制造装配工序和环节，范围广、因素多，泛泛地检查难以收到良好的效果。发生不协调现象的原因包括产品设计、零件制造与装配、工装设备制造与安装等，可用鱼刺图分析装配不协调问题的主要原因，如图 3-11 所示。

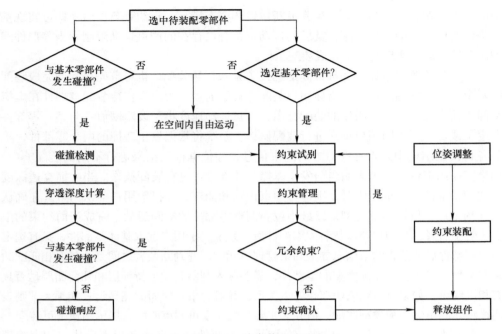

图 3-10　约束装配流程

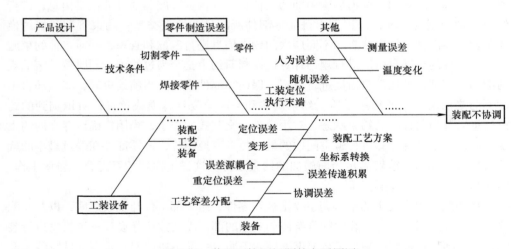

图 3-11　装配不协调问题的主要原因

装配中的不协调问题是特种阀门生产中的矛盾之一，解决装配不协调问题是保证特种阀门制造装配质量的前提。通过 MBD 模型融合数字测量数据，可以模拟真实环境下的装配。

3.2.4　装配工艺规划

　　装配工艺规划是虚拟装配的灵魂和核心，装配顺序和装配路径是装配工艺的载体和具体体现形式。为了减少装配时间和节约成本，应选择正确的装配顺序以及合理的装配路径。

　　装配顺序不仅要体现零部件之间的关系，还要对与零部件相关的装配资源进行全局协调管理。装配序列规划作为具有强约束的 NP（不确定性多项式时间）组合优化问题，需要从大量可行的装配顺序中找出最优装配顺序，从而减少产品的装配成本、降低装配难度并缩短装配时间。装配序列的最优规划目标和规划复杂性一直困扰着设计者。

　　装配路径规划是依据产品的既定装配顺序，为每个零部件寻找和设计从存放位置到最终装配位置行走轨迹的策略。路径规划既是为满足作业需要和避障而进行的以安全性为主要指标的路径设置，同时也是验证阀门设计和装配序列规划是否可行的重要手段。装配路径可以是二维的也可以是三维的，可以是简单的直线也可以是复杂的多维曲线。

　　传统的装配序列主要依靠人的经验和知识设定，而装配序列规划则通过设定准则和算法，自主生成装配序列用于指导实际生产。从装配模型中提取出的每个相关的零部件，对其进行编号并根据装配关系进行连线，即可得到装配关系图，如图 3-12a 所示，虽然装配关系图包含所有零部件及其之间的装配关系，但并不能体现零部件之间的优先装配关系。考虑零部件局部安装的阻碍与约束，分析每个零部件在局部范围内的安装顺序，从而确定为连接线设定指向，生成装配关系有序图，如图 3-12b 所示。在装配关系有序图中，如果某个顶点的箭头指入数为零（如顶点 1），则表示该零部件最先装配，可以作为装配基准件；反之，如果某个顶点的箭头指出数为零（如顶点 11），则表示该零部件只能以其他零部件为基准，其装配优先级较低。借助此模型进行装配工艺的数字化，便于信息的存储和计算。

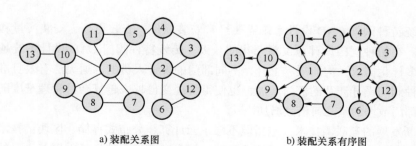

a) 装配关系图　　　　　　　　　　b) 装配关系有序图

图 3-12　装配序列规划

3.3 基于 Web 的三维设计与协同

随着工程装备的大型化，阀门也不再是常规所见的大小，已经出现了各种超大口径的特种阀门，如 DN4800 的超大口径蝶阀、DN1050 的主蒸汽隔离阀等，这类大型组装体的设计往往需要多部门协同，因此分布式设计理念和技术就扮演着尤为重要的角色。当前计算机技术正处于重大的变革之中，传统的个人计算机逐渐向基于云端的计算方式发展，实现了计算的移动化和智能化，传统的网络设计模式如图 3-13 所示。

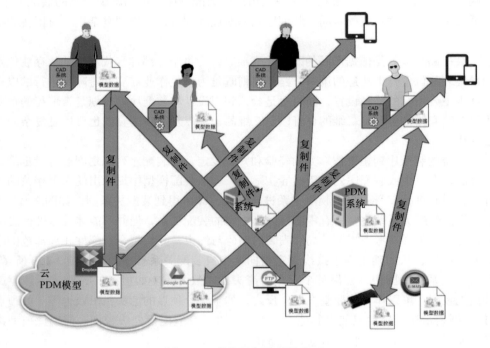

图 3-13　传统的网络设计模式

传统特种阀门 CAD 设计系统需要经常安装软件、安装更新、安装海量和安排冗余备份。在特种阀门设计愈发复杂化的今天，传统特种阀门 CAD 设计系统越来越难以适应多样化需求，沟通成本上升，不同部门的设计人员的沟通无法有效且准确地进行。特种阀门设计涉及的部门增加，也使得管理变得越来越复杂，管理难度随着参与设计的部门数增加呈几何倍数增加。

不断发展的互联网技术，包括但不限于云计算、分布式存储、区块链技术等，为特种阀门设计系统的变革提供了技术基础，如今越来越多的场景需要基于云的方式进行协同，传统的安装和存储也发生明显的变化。传统与新一代设计组织构架对比如图 3-14 所示。

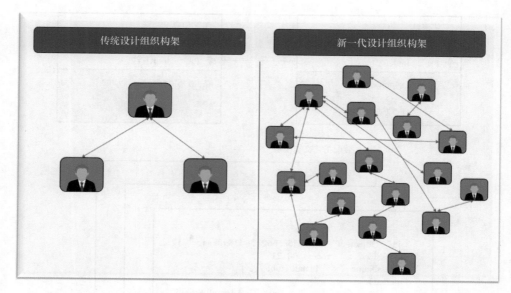

图 3-14　传统与新一代设计组织构架对比

3.3.1　设计文件分布式存储

随着特种阀门的复杂化，设计信息呈几何式增长，设计过程中为满足海量数据的快速访问，对数据存储系统提出了更高的要求。传统的关系型数据库对于工艺数据存储已经不合适，主要原因在于存储的是非结构化、大尺寸的工艺仿真数据。传统的关系型数据库面临的三个主要挑战是：高性能、海量存储、可扩展性。而非关系型的数据库具有查找速度快、数据结构要求不严格、可扩展性强的特点，能够很好地解决这些挑战。其中的键值存储数据库对数据按照键值对的形式进行组织、索引和存储，能够在海量数据中迅速定位所需数据，同时能够很好地存储非结构化数据和半结构化数据，通过分布式的方式，键值数据库也能方便快捷地进行扩展。采用面向对象的非关系型数据库和基于键值的方式进行几何类数据存储，其中基于键值存储的结构件虚拟装配数据模式如图 3-15 所示。目前应用广泛的键值存储系统有 Memcached、Redis、Couchbase 等，这类基于内存的分布式存储系统可以整合大量服务器的内存资源，扩展吞吐量并减少延迟，以提高处理海量数据的性能。

特种阀门制造由于离散化、文件大、系统多样的特点，可采用文档型数据库，用主数据描述文档对象，并采用 BSON 格式进行存储。可将现场设备时序海量数据和非结构几何模型融合在一起，实现集中式管理、并发式访问。

采用文档型数据库，可以搭建分布式特种阀门结构件工艺仿真数据平台，如图 3-16 所示。基于该平台，特种阀门设计者之间可以更加方便地通过该平台进行工艺数据和设计信息的访问，沟通也会更加便捷，进而大大提高设计效率。

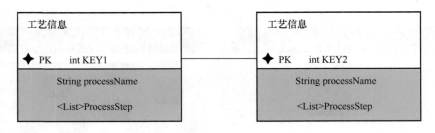

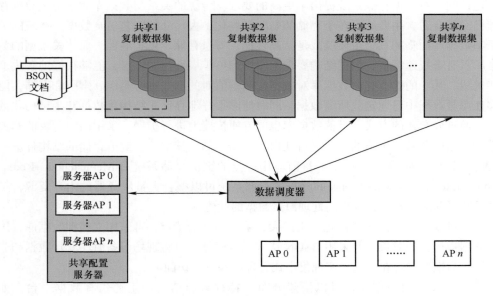

图 3-15　基于键值存储的结构件虚拟装配数据模式

图 3-16　分布式特种阀门结构件工艺仿真数据平台

3.3.2 设计过程云协同管理

大型的特种阀门制造企业通常通过 CAD 软件及 PLM 系统开展产品协同设计。一个典型的基于桌面 CAD 软件和 PLM 系统的协同设计模型如图 3-17a 所示。特种阀门设计者需要本地安装 CAD 软件和 PLM 客户端，当开展协同设计时，首先应通过 PLM 客户端将设计文档下载到本地，再通过 CAD 软件进行编辑，随后再通过 PLM 客户端将设计成果上传到服务器端，由服务器端的数据管理服务实现多个设计成果间的共享与协同。这种协同模式的好处是 CAD 软件和 PLM 客户端具有强大的数据操作和事务处理能力，但与此同时，这种方式的缺点也很明显，即设计文件需要在设计师本地的计算机上进行保存，并在客户端和本地端之间不断地传输。

而基于云 CAD 的协同设计模式如图 3-17b 所示。特种阀门不同零件的设计师直接通过浏览器调用服务器端的多个 CAD 建模服务，建模服务能够直接编辑并同样存储在服务器端的 CAD 文件。在这种协同设计模式中，设计师不需要本地安装 CAD 软件和 PLM 客户端，也无须存储 CAD 文件的副本，本地端与服务器端之间只需要传输操作指令及部分显示数据。可以看到，基于云 CAD 的协同设计模式与传统协同设计模式最大的区别是不需要 PLM 系统等额外系统的参与，仅使用云 CAD 软件的文档管理和版本控制功能就可以保证整个协同设计过程中设计数据的一致性。

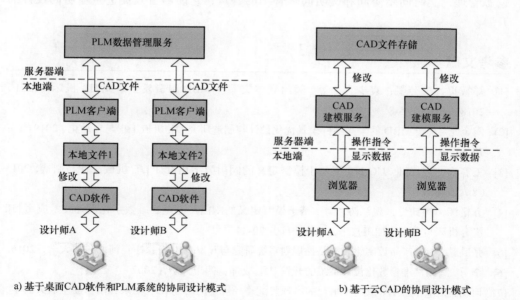

a) 基于桌面CAD软件和PLM系统的协同设计模式   b) 基于云CAD的协同设计模式

图 3-17   基于 CAD 的协同设计模式

云计算是一种基于互联网的计算新模式，通过云计算平台把大量的、高度虚拟化的计算资源管理起来，组成一个大的资源池，用于统一提供服务。通过互联网上异构、自治的服务形式为个人和企业用户提供按需随时获取的计算服务，其核心特点是计算资源被动态地实现有效分配，用户能够最大限度地使用计算资源，同时又无须管理复杂的底层技术。云计算的具体应用模式主要有软件即服务（SaaS）、平台即服务（PaaS）和基础设施即服务（IaaS）。将云计算技术应用到 CAD 中，就是将部分软件和信息资源放置到云端，用户可根据需要自主选择相应的软件服务。其实现形式有以下几种：其一是将 CAD 软件的部分非核心或复杂计算放到云端，这样做的好处是企业和 CAD 设计师不再需要配备高性能的图形工作站，同时又能利用云端海量的计算资源，大幅度提升 CAD 软件的计算能力；其二是在 CAD 软件中内嵌云存储功能，将设计文档和配置文件等存储在云端并进行管理和共享，从而有效提升协同设计的效率，同时也让移动办公变得更加容易；此外，随着 CAD 技术和互联网的不断发展，有些 CAD 厂商尝试将整个 CAD 软件放到云端，使用户在本地不安装任何客户端的情况下，直接通过网页来使用 CAD 软件的全部功能，实现 CAD 的 SaaS，即云 CAD。

基于云计算开展特种阀门协同设计的主要意义在于通过构造协同环境，建立起统一的工作环境，提高设计人员间的协调配合效率与协同工作水平，使设计工作更具有全局性，实现设计数据的无障碍交换，保证设计数据的唯一性，消除因重复修改设计数据而产生的错误。基于云 CAD 工具具有快速灵活部署、避免文件传输、单一数据源管理、实时同步协同和透明同步管理的特点，它能够有效促进企业协同设计的开展。

参考文献

[1] 郑智贞，董芳凯，袁少飞，等 . 阀门壳体类零件 MBD 制造模型研究 [J]. 机床与液压，2018，46（8）：5-8.

[2] 陶金龙 . 基于 MBD 的泵阀零件模具优化设计与制造研究 [J]. 机械工程与自动化，2019（1）：79-80，83.

[3] 王春梅，方忆湘 . UG NX 下基于模型定义的阀门数字化设计 [J]. 机械设计与制造，2015（8）：174-177.

[4] 方忆湘，杨铁男，魏江涛，等 . 基于模型定义的阀门产品全三维数字化设计技术应用 [J]. 组合机床与自动化加工技术，2014（11）：29-34.

[5] 张璐璐 . 阀门产品数字化装配路径规划系统研究与开发 [D]. 石家庄：河北科技大学，2016.

[6] 李勇 . 阀门三维参数化设计系统的开发 [D]. 成都：四川大学，2002.

[7] 何朝良 . 基于 CATIA/CAA 平台的虚拟装配路径规划的研究 [D]. 南京：南京航空航天大学，2005.

[8] 魏江涛 . 基于 MBD 的阀门产品数字化定义模式与机制研究 [D]. 石家庄：河北科技大学，2014.

[9] 刘世涛，王云锋，肖承翔 . 基于 Pro/E 的模型三维信息组织及管理方法 [J]. 机械工业标准化

与质量，2015（12）：25-28.

[10] 史双元 . 基于 UG 二次开发的注塑模具标准件库的研究与开发 [D]. 武汉：武汉科技大学，2012.

[11] 谢坤峰，姜康，曹文钢，等 . 基于模型定义的产品信息分层管理方法 [J]. 组合机床与自动化加工技术，2017（5）：146-148.

[12] 王志坚 . 煤液化重大装备调节阀的研制与应用 [D]. 上海：上海交通大学，2009.

[13] 杨波，黄克正，陈洪武 . 面向装配设计过程中的优化方法 [J]. 机械科学与技术，2004（7）：820-824.

[14] 金晓强，易全伟 . 三维设计软件 SolidWorks 在阀门设计中的应用 [J]. 通用机械，2011（11）：81-82.

[15] 鲍劲松，程庆和，张华军，等 . 海洋装备数字化工程 [M]. 上海：上海科学技术出版社，2020.

第 4 章

特种阀门仿真技术

4.1 特种阀门仿真技术概述

4.1.1 特种阀门仿真分析种类

特种阀门往往被称为工业管道的咽喉，而流动的介质被称为血液。因此，研究阀门内部的流动特性是设计阀门的基础所在。对于数字化设计来说，数值仿真是设计信息化和数字化不可或缺的一部分，通过数值仿真技术，可以更全面、更直观、更深入地反映特种阀门在不同应用场景下的性能。在数字化设计中，数值仿真常常用于验证阀门设计方案的可行性和优化设计参数。例如，在高温高压阀门设计中，数值仿真可以帮助工程师确定阀门的高温高压耐受性和密封性能等物理特性，以优化设计方案。而在数值仿真中，数字化设计则提供了阀门精确的几何模型、边界条件，以及材料参数等必要的输入数据，以确保仿真结果的可靠性和准确性。数字化设计还可以为数值仿真提供优化设计的初始解，以减少仿真时间和计算成本。因此，数字化设计和数值仿真之间的关系是相互促进的，两者的结合可以帮助阀门设计师更好地理解阀门的流体力学特性和优化设计方案，从而提高阀门生产的质量和效率。特种阀门的仿真问题分析主要考虑两类：流动特性分析和流固耦合分析，主要包括流量、阻力、流场、空化、振动、噪声等问题的分析。

阀门的流量特性是描述阀门性能最重要的指标之一，与阀门的结构形式及尺寸直接相关。通过数值模拟方法可以估算阀门的流量，探究开度、压力等条件对流量的影响，建立特种阀门的流量特性曲线、拟合方程，由此，有助于指导设计人员根据仿真结果设计符合既定流量特性的阀门。

阀门复杂的内部构造会对流体流动产生阻力，产生压力损失。一般情况下，需要降低阀门内的压力损失以提高流体输送效率，但也有部分阀门需要利用压力损失来降低流体压力。数值模拟技术能够帮助研究者探究阀门在不同开度下的阻力系数及其变化规律，以及验证阀门优化方法能否减小阀门阻力系数等，除此之外，还能够帮助确定影响阀门阻力系数的主要因素。

阀门内部流场形状及其变化规律决定了阀门的功能能否正常实现，流场分布包括阀门内部压力分布、速度分布等，通过研究流场分布，可以探究特殊条件引起流场变化的机理，获得特种阀门更加优异的外在调控能力，进而基于研究结果给出阀门优化方案，改善阀门性能。国内外对于阀门流场分布开展了较多的研究，对于人们进一步认识并使用各类阀门有极大的帮助。但随着特种阀门应用工况更加严苛，须考虑更多的因素，因此对于特种阀门内部的流场分布仍须开展更深入的研究。

空化现象会对阀门性能产生极大影响，严重的时候甚至会破坏阀门核心组件。当阀门内部流体压力降至饱和蒸汽压以下时，阀门内流动液体汽化并冲击阀门组件，轻则引起巨大的噪声，严重的会破坏阀门组件，使阀门失效。数值模拟技术可以在一定程度上预测阀门的空化程度，给出容易产生空化的条件。数值模拟方法可以代替一些难以实现工况下的阀门空化试验，降低阀门研发成本。

特种阀门内部流动十分复杂，经常容易引起阀门振动，不仅降低阀门寿命，而且阀门振动特性对整个管路系统的安全影响极大。由于阀门是连接管道系统极为重要的一环，阀门的振动会引起整个管路体系的共振，一旦管路设计不合理或者阀门振动过大，可能会对整个管路系统造成安全隐患。目前主要是通过数值模拟方法研究阀门振动的原因，并在此基础上改进结构或增加节流孔板等，实现阀门较好的减振效果。

阀门内部复杂的结构会导致流体流经时产生巨大的湍流，湍流冲击壁面会产生噪声。在影响设备运行安全和设备使用寿命的同时，噪声也会对人员的身体健康产生影响。因此，如何削减噪声，探究噪声形成的机理是阀门设计中重要的考量点。数值模拟技术可以模拟分析特种阀门不同运行工况下的噪声情况，给出噪声产生的原因，为设计者优化阀门提供参考。

阀门的性能不仅仅受到内部介质流动特性的影响，还受到内部流体与阀体等固体耦合结果的影响。事实上阀门设计很多时候要考虑阀门零部件，如阀体、阀芯的几何结构、应力分布等。上文提到的空化、振动、噪声等流致现象会危害生产安全，危及人员身体健康，降低特种阀门使用寿命。恰当的阀芯和阀体的几何结构设计、材料选用和后处理工艺设计能够抑制特种阀门的流致现象。

4.1.2　特种阀门仿真分析流程

特种阀门数值仿真分析包括流体仿真分析和流固耦合分析两部分。以下分别介绍流体仿真分析流程和流固耦合分析流程。

1. 流体仿真分析流程

流体仿真的基础是计算流体动力学（简称 CFD）。CFD 是通过计算机数值计算和图像显示，对包含有流体流动和热传导等相关物理现象的系统所做的分析。特种阀门数值分析、理论分析与试验测试构成了特种阀门设计的三大基石。

采用 CFD 方法对流体流动进行数值模拟，通常包括如下步骤：

1）建立模型方程，确定相应的初始条件和边界条件。

2）区域离散化，将求解区域划分成网格区域并确定计算节点。

3）方程离散化，利用差分公式代替模型方程的各微分项，使微分方程转化为由节点流动参数所表示的代数方程组。

4）算法设计，采用适宜的数学方法和计算程序求解该代数方程组，从而获得各节点上流体速度及相关参数的近似值。

为了获得模型方程在流场内有限点（节点）上的近似解，首先将求解区域划分成网格区域（子区域），并计算网格节点，即区域离散化；然后利用差分公式代替流动微分方程（模塑方程）的各微分项，使微分方程转化为由节点流动参数所表示的代数方程组，即方程离散化。

节点是需要求解的流动参数的集合位置。节点位置的布置方法有两种：外节点法和内节点法（见表 4-1）。

表 4-1　节点位置的布置方法

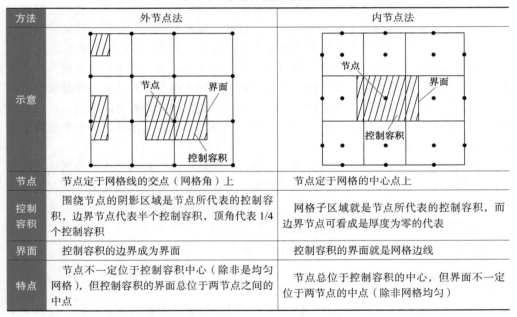

方法	外节点法	内节点法
示意		
节点	节点定于网格线的交点（网格角）上	节点定于网格的中心点上
控制容积	围绕节点的阴影区域是节点所代表的控制容积，边界节点代表半个控制容积，顶角代表 1/4 个控制容积	网格子区域就是节点所代表的控制容积，而边界节点可看成是厚度为零的代表
界面	控制容积的边界成为界面	控制容积的界面就是网格边线
特点	节点不一定位于控制容积中心（除非是均匀网格），但控制容积的界面总位于两节点之间的中点	节点总位于控制容积的中心，但界面不一定位于两节点的中点（除非网格均匀）

2. 流固耦合分析流程

流固耦合是指流体和固体之间的相互作用。在许多实际应用中，流体和固体之间的相互作用是不可避免的，例如，水流经过大坝、风吹过建筑物、血液流动在心脏和血管中等。对于这些问题，必须考虑流体和固体之间的相互作用才能获得准确的仿真结果。在阀门的工作过程中，流体作用力会对阀门的结构产生影响，导致阀门的变形和应力分布。同时，阀门结构的变形也会影响流体的流动状态。所以阀门的设计和优化需要考虑到阀门内部流体的流动和阀门结构的变形，这就需要进行流固耦合分析来对阀门的性能进行评估和优化。

流固耦合分析的基本思路如下：

（1）几何建模　需要准确地建立阀门的三维几何模型，包括阀门的内部结构和外形特征。建模过程中需要考虑到流道、阀瓣和密封面等部分的形状和尺寸。

（2）材料选择　阀门的材料特性对其性能和可靠性具有重要影响。需要准确地建立阀门材料的本构关系和强度参数，以保证仿真结果的准确性。

（3）流体力学模拟　阀门内部流体的运动状态对阀门性能的影响很大。需要采用流体力学模拟方法，对阀门内部的流动特性进行分析，包括流速、压力、流量和涡量等参数的分布情况。

（4）结构力学模拟　阀门在工作过程中会受到流体作用力的影响，这会引起阀门的变形和应力分布，从而影响其性能和寿命。因此，需要采用结构力学模拟方法，分析阀门的应力分布和变形情况。

（5）流固耦合分析　阀门的流固耦合分析需要同时考虑阀门内部流体和阀门结构之间的相互作用，通过耦合分析可以得到阀门的流动特性和结构响应情况，包括液体压力和液力振动等。在进行耦合计算时，采用迭代方法求解。在分析结果时，需要对阀门的流动性能和结构强度进行评估和比较，通过对比不同设计方案和操作条件的结果，确定最优方案和工作条件。

4.2　面向特种阀门的仿真分析技术

对特种阀门内部的流动特性和流致现象进行分析是研究特种阀门的基础。在数字化设计中可以通过数值模拟方法深入研究特种阀门内部流动特性和流致现象。本节针对特种阀门使用中存在的问题进行了分析，提出了针对性解决措施，进一步提高了阀门各方面的性能，使得阀门能更好地适应各种复杂工况需求。数值模拟和试验验证相辅相成，一起构成了研究阀门流动问题的基石。数值模拟综合了流体力学、弹性力学、结构力学等多门理论，结合计算机技术，是试验验证的补充和验证，往往能在一些试验验证无法进行的场合发挥奇效。

4.2.1　特种阀门仿真理论基础

1. 湍流数值模拟方法

湍流流动是一种高度非线性的复杂流动，但人们已经能够通过某些数值方法对湍流进行模拟，取得与实际比较吻合的结果。湍流数值模拟方法及相应的湍流模型如图 4-1 所示。目前，湍流数值模拟方法可分为直接数值模拟方法和非直接数值模拟方法。其中，直接数值模拟方法是指直接求解瞬时湍流控制方程；而非直接数值模拟方法不直接计算湍流的脉动特性，而是设法对湍流做某种程度的近似和简化处理（如时均性质的雷诺方程）。依赖所采用的近似和简化方法不同，非直接数值模拟方法又分为大涡模拟法、统计平均法和雷诺平均法。其中，统计平均法是基于湍流相关函数的统计理论，主要用相关函数及谱分析的方法来研究湍流结构，统计理论主要涉及小尺度涡的运动，这种方法在工程上应用较少。本节仅对直接数值模拟方法、大涡模拟法、雷诺平均法三种方法做简单介绍。

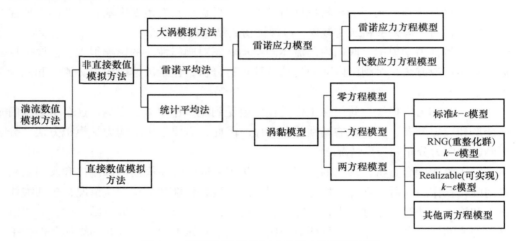

图 4-1　湍流数值模拟方法及相应的湍流模型

（1）直接数值模拟方法　直接数值模拟（direct numerical simulation，简称 DNS）方法通过用瞬时纳维 - 斯托克斯方程（简称 NS 方程）对湍流进行计算。DNS 最大好处是无须对湍流流动进行任何简化近似，理论上可以得到相对准确的计算结果。但是，DNS 对内存空间及计算速度要求非常高。例如，一个 $0.1 \times 0.1 m^2$ 大小的流动区域内，在高雷诺数的湍流中包含尺度为 $10 \sim 100 \mu m$ 的涡。为了描述所有的涡，计算的网格节点数将高达 $10^9 \sim 10^{12}$，同时湍流脉动的频率约为 10kHz，因此必须将时间的离散步长取为 $100 \mu s$ 以下。对于这样苛刻的计算要求，目前只有一些超级计算机可以满足，还无法大规模用于真正意义上的工程计算。

（2）大涡模拟法　为了模拟湍流流动，一方面计算区域尺寸应大到足以包含湍流运动中出现的最大涡，另一方面计算网格的尺度应小到足以分辨最小涡的运动。但对目前大多数计算机而言，能够采用的计算网格的最小尺度仍比最小涡的尺度大许多。因此，目前只能放弃对全尺度范围上涡的运动模拟，而只将比网格尺度大的湍流运动通过纳维 - 斯托克斯方程直接计算出来，对于小尺度的涡对大尺度运动的影响则通过建立模型来模拟，此为大涡模拟（large eddy simulation，简称 LES）法。

LES 法的基本思路是用瞬时 NS 方程直接模拟湍流中的大尺度涡，而不直接模拟小尺度涡，小涡对大涡的影响则通过近似的模型来考虑。总体而言，LES 法对计算机内存及 CPU（中央处理器）速度的要求仍比较高，但低于 DNS 方法。在工作站和一些高档个人计算机上已经可以开展 LES 工作，FLUENT 等商用软件提供了 LES 模块供用户选择。LES 法也是目前 CFD 研究和应用的热点之一。

（3）雷诺平均法　大多数观点认为，虽然瞬时 NS 方程可以用于描述湍流，但 NS 方程的非线性使得用解析的方法精确求解三维空间相关的全部细节较为困难。因此，人们想到求解时均化的 NS 方程，即将瞬态的脉动量通过某种模型在时均化的方程中体现出来，由此产生了雷诺平均法（RANS 方法）。该方法的核心不是直接求解瞬时 NS 方程，而是求解时均化雷诺方程。这样不仅避免了 DNS 方法计算量大的问题，还可以在工程实际应用中取得很好的效果。雷诺平均法是目前使用最为广泛的湍流数值模拟方法之一。

2. 流固耦合分析方法

流固耦合是流体力学和固体力学的交叉学科，其表现为：流场作用于固体结构，使固体结构产生变形或位移，而变形或位移的固体结构反过来作用于流场，使流场发生改变。由于阀门结构复杂，部分阀门内部存在节流元件，流体经过节流元件时，会产生涡流、不稳定流动、空化等现象，使得阀内流场变得十分复杂。复杂的流场可能会使阀门结构受力不均、发生变形、产生振动等，这些都属于阀门的流固耦合现象，当流固耦合现象较明显时，会影响阀门的使用性能甚至使阀门失效。

针对阀门流场的研究主要有：不考虑阀门中的流固耦合现象，仅对阀门流场进行研究的单场研究，以及考虑阀门的流固耦合现象，即对流场和固体结构进行研究的流固耦合模拟。单场研究是将固体结构视为刚体，当流场压力较小或在流场作用下固体结构的变形及位移较小时，单场研究可以得到较为准确的结果。流固耦合模拟考虑了阀门中的流固耦合现象，更符合阀门的实际工况，尤其是当流场压力大、流动复杂、流固耦合现象明显的时候，可以得到比单场研究更准确的结果。

流固耦合模拟不仅能得到流场的信息，也能得到固体结构的信息，如阀门的振动特性、变形情况等，这些都是单场研究所不能得到的。此外，流固耦合模拟更符合阀门的实际情况，能得到更准确的结果，因此近年来越来越多的学者采用流固耦合模拟对阀门进行研究。

在流固耦合模拟中，流场将压力传递给固体结构，固体结构将节点位移传递给流场。根据数据是否双向传递，流固耦合模拟可分为单向流固耦合模拟与双向流固耦合模拟，其数据传递方向示意图如图 4-2 所示。此外，若考虑温度的影响则为热流固耦合模拟。三种分析方法具体如下：

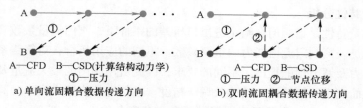

图 4-2　流固耦合数据传递方向

（1）单向流固耦合模拟　单向流固耦合模拟即流场与固体结构的数据为单向传递，根据数据传递方向，可分为流—固单向耦合和固—流单向耦合。流—固单向耦合是流场将压力传递给固体结构，而固体结构的节点位移并不反馈给流场；固—流单向耦合是固体结构将节点位移传递给流场，而流场的压力并不反馈给固体结构。流—固单向耦合适用于在流场作用下，固体结构的变形和位移较小，且固体结构的变形及位移并不显著影响流场的流动状况。流—固单向耦合被广泛地运用于阀门的静力学分析、小幅度振动特性研究等。固—流单向耦合忽略了流场对固体场的影响，能用流场求解器单独完成，可用于模拟运动状态下阀门固体结构对流场的影响。

（2）双向流固耦合模拟　双向流固耦合模拟的基本思路是在每次大迭代中，分别进行流场计算和固体结构计算，然后通过系统耦合模块相互交换数据，再进行迭代计算，直到收敛为止。根据是否考虑固体结构变形，双向流固耦合又可分为无变形双向流固耦合和有变形双向流固耦合。无变形双向流固耦合是将固体结构视为刚体，只考虑固体结构在流场作用下的位移而忽略了固体结构的变形；有变形双向流固耦合既考虑了固体结构在流场作用下的位移，也考虑了固体结构的变形。该方法适用于研究阀门的大变形、大幅度振动等问题。

（3）热流固耦合模拟　热流固耦合是在流固耦合的基础上考虑了温度场对阀门结构和流场的影响。在实际工况下，受温度的影响，阀门的固体结构会发生变形，当各处变形不能完美协调时，固体结构会相互约束，从而产生内应力，这种内应力即为热应力。当阀门所处环境温度较极端或阀门的固体结构温度梯度较大时，会产生较大的热应力，此时不能忽略温度场对阀门的影响。对于这类阀门而言，单独采用热固耦合模拟或流固耦合模拟，往往不能得到理想的结果，需要采用热流固耦合对其进行研究。

4.2.2　流场仿真分析

不同的使用场合和工况对应着不同结构阀门，其要求的流动参数也不同。特种阀门的流动参数大致分为流动特性和流致现象两类：流动特性指的是描述流体流动情况的一系列参数，包括流量、阻力、流场等；流致现象是流体流动过程中产生的非流体流动现象，常见的流致现象包括空化、振动、噪声、泄漏等。随着数值模拟技术的逐渐成熟，大多数流动特性和流致现象都能通过数值模拟得出符合实际的结论。

1.流量特性分析

阀门流量特性是指阀门在给定进出口压差的条件下，阀门流量系数随阀门开度的变化规律，是表征阀门流通能力的重要参数。不同的应用场合，对管路系统中所用阀门的流通能力及调节性能提出了不同的要求，因此所用阀门的最大流量及流量特性也就不同，从而实现不同的调节功能及调节精度。在特定的应用场合中，阀门需要具备特定的调节性能，例如稳压器喷雾阀需要在小开度条件下具备近等百分比流量特性。

因此，针对阀门的流量特性进行分析，对指导阀门设计，以实现所需调节性能具有重要意义。

以主给水调节阀为例介绍数值模拟技术在阀门流量特性分析领域的应用。主给水调节阀是压水堆型核电站水位控制系统的重要组成部分，其结构模型如图 4-3 所示。主给水调节阀用于调节流入蒸汽发生器的给水流量，从而将蒸汽发生器中的水位保持在合适高度。蒸汽发生器中的水位高度在很大程度上决定了核电站的安全性与经济性，因此主给水调节阀对流量的调节能力直接影响到整个核电站运行过程的安全，是核电站给水系统非常重要的核心组件。

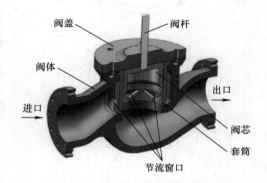

图 4-3　主给水调节阀结构模型

主给水调节阀的公称通径为 550mm，它主要由阀体、阀盖、阀杆、阀芯和套筒五个部件组成，套筒上开设有六个漏斗形节流窗口，流入阀门的流体被节流窗口分散成六股，流出节流窗口后在阀腔中汇聚再流出阀门。在流量调节过程中，阀芯在套筒的约束下沿竖直方向上下运动，从而改变节流窗口的开启面积。

阀内流道网格划分如图 4-4 所示。考虑到结构的对称性，取 1/2 流道作为研究对象。为了减小阀门进出口对阀内流场的影响，取阀前管线流道长度 550mm（D），阀后管线流道长度 2200mm（$4D$）。由于管线流道结构规则，因此采用六面体网格进行划分以减少网格数；由于阀内流道结构复杂，因此采用四面体网格进行划分以更好地适应边界。窗口流道内流场变化剧烈，因此进行局部加密以提高计算精度。

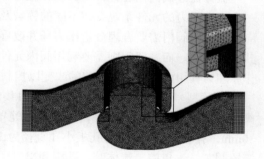

图 4-4　阀内流道网格划分

通过数值模拟方法可以分析不同形状的阀芯对主给水调节阀流量特性曲线的影响。阀门固有特性与节流窗口形状之间的对应关系如图 4-5 所示。可以发现，罐形阀芯对应的阀门固有特性曲线与平底形阀芯对应的阀门固有特性曲线几乎重合，而蘑菇形阀芯对应的阀门固有特性曲线在中高开度时（即 $0.16 \leqslant \eta < 1.00$ 时）明显低于前两者。这说明，罐形阀芯与平底形阀芯在整个阀门开度范围内对阀门流率的影响近乎相同，而蘑菇形阀芯在中高开度时相对于前两种阀芯对阀门流率有抑制作用。

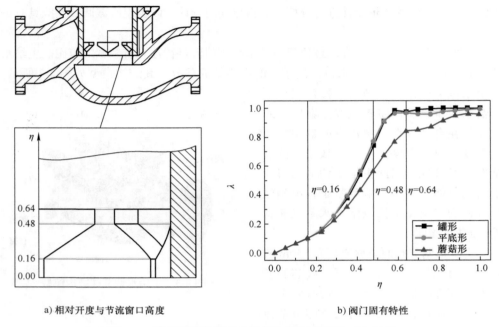

a) 相对开度与节流窗口高度　　　　b) 阀门固有特性

图 4-5　阀门固有特性与节流窗口形状之间的对应关系

2. 阻力分析

流体流经阀门内各元件时，会在阻力作用下发生能量耗散。因此，可将阀门看作一个产生阻力的元件系统。在不同的领域及应用场合下，阀门的压力损失具有不同的应用。一般阀门需要合理分析压力场并改善阀门压力损失情况，争取降低压损，提升其调节性能。而减压阀则需要利用阀内元件对流体的阻力作用达到减压的效果，其工作原理为利用内部流道截面积的改变以控制热力过程，从而降低流体压力。

以某型号减压阀为例介绍流体阻力数值模拟。图 4-6 所示为一种多级高压减压阀的结构图。在图 4-6 中，内、外多孔笼罩小孔的相对角度为 180°，孔板的厚度为30mm，孔板的数量为 1，孔板小孔直径为 10mm。减压阀结构包括进口，内、外多孔笼罩阀芯，进口腔，流体腔，孔板和出口。网格划分时，由于多孔笼罩阀芯和多孔孔板结构复杂，因此对其采用四面体网格进行离散。网格质量对数值模拟计算结果具有较大影响，需要进行网格单元质量检查。此外，在进行数值模拟之前，还需进行网格无关性验证。

边界条件设置为：阀门中为可压缩的过热蒸汽，温度为 793K，压力为 10MPa。本例使用压力入口和压力出口边界条件，将入口的静压设置为 10MPa，总温度设置为793K，同时，出口的静压力设置为 1MPa，并将出口的总温度设置为 793K。由于该阀门结构的对称性，因此选择以对称中心面为对称边界，建立一半的实际流场进行计算；其余表面（包括入口表面和出口表面）均设置为光滑无滑移壁面。

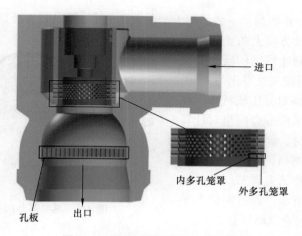

图 4-6　多级高压减压阀的结构图

求解器采用理想的可压缩气体模型和基于密度的求解器；在控制方程的离散化方面，采用有限体积法；对于扩散项，采用一阶差分；湍流和湍流耗散率采用一阶迎风格式。

最终计算得到的结果可以很好地符合试验测得的压力降，并且通过修改模型几何参数可以探究多孔孔板数、多孔孔板厚度、多孔孔板小孔直径等参数对流体流经减压阀后压力降的影响。参照表 4-2 可以看出，孔径越小压力降越小，在保证出口流量的前提下，减小孔板孔径，可以达到最佳的流动状态，减少能耗。

表 4-2　不同孔径下的各级压力降差和压力降百分比

直径 /mm	Δp_1/ MPa	$\Delta p_1/\Delta p$（%）	Δp_2/ MPa	$\Delta p_2/\Delta p$（%）
7	3.3	36.7	5.7	63.3
8	3.8	42.2	5.2	57.8
9	5.8	64.4	3.2	35.6
10	6.8	75.6	2.2	24.4

3. 空化

阀门广泛应用于管路调节系统中，并且在众多过程工业中应用前景广阔。当流体流经阀门内阀芯与阀座间隙较小的区域时，流体流速增加、压力降低；当流体局部压力低于该温度下对应的饱和蒸汽压时，气泡产生、生长直至破裂，导致水力空化现象的发生。长时间的水力空化流动，不仅会引起能量的损耗，而且容易造成管路系统的失效，带来巨大的经济损失。进一步地，空化流动会减少阀门的使用寿命并且引起噪声。因此，对阀门内的水力空化进行研究是很有必要的。对空化进行数值模拟，一般采用多相流空化模型来预测阀门内的水动力空化。

以典型调节阀为例介绍数值模拟对空化的计算结果。图 4-7 所示为典型调节阀三维结构，其结构对称性高，一般采用 1/2 的模型进行计算以节省计算资源。当流体流经调节阀时，流动方向上的流速出现剧烈变化，因此阀座周围的压力及流场分布很复杂，可能发生空化。

调节阀的网格划分比较特殊，在数值模拟时需要采用混合网格对计算区域进行网格划分，调节阀内的流道网格为非结构化网格，连接管路网格为结构化网格。所研究调节阀内的网格划分如图 4-8 所示，通过网格无关性验证能够得到混合网格划分方法。

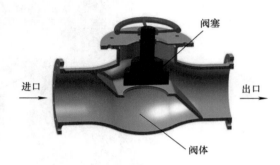

图 4-7　典型调节阀三维结构

图 4-8　所研究调节阀内的网格划分

使用基于有限体积法的 ANSYS FLUENT 软件对空化进行数值模拟计算，采用速度入口和压力出口边界条件，出口压力设为标准大气压力，操作压力设为 0。同时，壁面边界采用无滑移壁面函数方法。在求解方程时，采用 SIMPLE 算法（压力耦合方程组的半隐式方法）和二阶迎风格式及更高阶离散格式。水的饱和蒸汽压设为 2339Pa，调节阀进出口气体体积分数设为 0，最终可以得到符合理论预期的结果。

研究者根据仿真结果发现，调节阀阀体的弯曲半径、偏心距离和圆弧曲率都会对空化强度及空化范围产生影响（调节阀阀体的具体参数可以参照图 4-9）。通常情况下，当单个计算单元内的气体体积分数（VVF）高于 0.5 时，空化就会对阀体造成严重的破坏。调节阀半开时的空化分布（$H = 40\text{mm}$）如图 4-10 所示，分别呈现了不同弯曲半径和不同偏心距离条件下，阀门半开时内部气体体积分数高于 0.5 的三维等值面分布。气体主要出现在阀门喉部周围，并且在较小的弯曲半径和偏心距离条件下主要集中在下游连接管路周围。随着弯曲半径的增加，阀内空化区域范围逐渐缩小，并且出口管路附近气体消失；随着偏心距离的增加，空化发生区域主要集中于阀座周围。

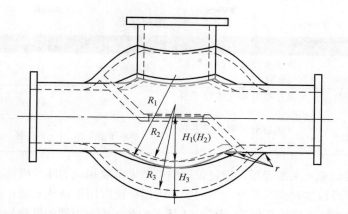

图 4-9　调节阀选取不同大小的结构参数值时每个参数对应的部位

a) $R=60$mm　　　　　　　b) $R=80$mm　　　　　　　c) $R=120$mm

图 4-10　调节阀半开时的空化分布（$H=40$mm）

4. 噪声

特种阀门内部结构复杂，流体在阀内流动时湍流程度大，由此产生了巨大的噪声。噪声会降低设备寿命，危害操作人员身体健康。因此，研究特种阀门噪声特性及国内外现有降噪技术，探讨目前存在的主要问题，对延长阀门寿命，改善操作人员工作环境具有重大意义。下面以减压阀为例介绍噪声产生的机理及其数值模拟方法。

减压阀结构复杂，流体流经节流元件如阀芯和孔板时，压力迅速降低，发生超声速流动，导致减压阀内气体湍流程度剧烈并产生较大噪声。其噪声产生原因主要包括三个方面：减压阀内运动零部件在流体激励作用下产生的机械振动噪声；液体在减压阀内部复杂结构中发生流动分离、紊流及涡流所产生的液体动力学噪声；气体在减压阀内部达到临界流速出现激波、膨胀波而产生的气体动力学噪声（简称气动噪声）。

气动噪声被认为是减压阀及管道系统运行过程中最普遍、最严重的噪声。气动噪声根据球形声源特性可以分为三种，见表 4-3。

气动噪声不能完全被消除，因为减压阀在减压过程中引起的流体紊流是不可避免的。但通过改变节流元件结构或流体流动状态可以使气动噪声最小化。

噪声的存在会极大影响人员的身体健康，缩短阀门使用寿命。国内外学者在降噪领域做了大量的研究，降噪通用的途径主要有两种，即来源降噪和传播降噪。

表 4-3 气动噪声分类

气动噪声类型	产生机理	声源特性	主要来源
涡旋噪声	旋转叶片打击质点引起空气脉动	偶级子源	通风机、带叶轮压缩机
喷注噪声	高速与低速气体粒子湍流混合	四级子源	高压罐、喷射器
周期性排气噪声	气体流动周期性膨胀和收缩	单级子源	内燃机、空气动力机械

（1）来源降噪 来源降噪即通过识别噪声源来采取相应的降噪措施。通过增加孔板或多孔网罩可以实现来源降噪。不同的消声器广泛应用于排放系统，比如扩张室消声器、微穿孔板消声器、孔板等。图 4-11 所示为孔板类消声器的网格划分。由于其结构简单，降噪效果较好，单孔板和多孔板被广泛用于管路中和阀出口处的噪声控制。

（2）传播降噪 传播降噪是在分析减压阀内流体流动的基础上进行相应降噪技术的研究。阀门结构改进设计是传播降噪最为普遍的方法。国内外学者针对减压阀降噪提出了一系列降噪措施，包括增加狭缝结构、改进流道结构、增加不同形状的内构件、采用迷宫流道等，普遍能使减压阀噪声声压下降 20～40dB。此外，新型低噪声控制阀的优化设计方案中包括双层渐变开孔阀套、入流整流装置、阀芯吸振装置、出流导流装置等。

图 4-11 孔板类消声器的网格划分

图 4-12 所示为高压减压阀的结构示意图，高压减压阀主要由锻焊角式阀体、锥形阀芯和用于控制噪声的孔板组成，其中孔板即为有许多通孔的圆形平板。通过调整锥形阀芯的位置，高压减压阀可实现对蒸汽压力的调节，使蒸汽可满足操作要求。

对高压减压阀的噪声进行数值模拟分析，以 1/2 高压减压阀模型作为分析对象，以节省计算资源。高压减压阀网格模型如图 4-13 所示，由于高压减压阀结构非常复杂，需要将流道分为 6 个部分，其中的 4 个部分由结构化的六面体网格离散，其余两部分用非结构化的四面体网格离散，为兼顾计算效率与准确性，在完成网格无关性验证后进行数值模拟。

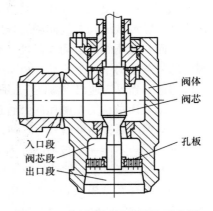

阀体
阀芯
孔板
入口段
阀芯段
出口段

图 4-12 高压减压阀的结构示意图

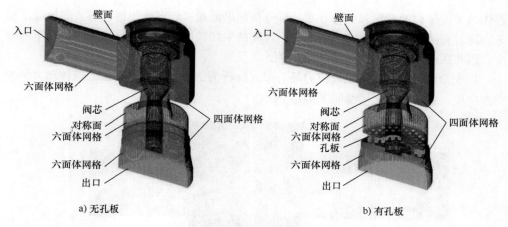

a) 无孔板　　　　　　　　　　　b) 有孔板

图 4-13　高压减压阀网格模型

高压减压阀的入口设为压力入口，压力为 100MPa，流体温度为 813K；高压减压阀的出口设为压力出口，压力为 10MPa，流体温度为 813K。$x = 0$ 平面为流道的对称面，其他面为无滑移的壁面。湍流模型选择大涡模拟运动方程，大涡模拟运动方程描述了大尺度运动的演化过程，并模拟了小尺度运动的不确定性，从而可以量化与时间有关的噪声源。声学计算选择基于莱特希尔声类比方法的 FW-H 模型，即可进行高压减压阀的噪声分析。

通过噪声分析可以确定噪声源，研究减压阀内不稳定流动流体的流场对声场分布的影响，通过优化减压阀结构使减压阀内流体流动能够稳定，从而降低噪声大小。

4.2.3　流固耦合仿真分析

1. 静力学分析

阀门从本质上来讲是一类压力容器，只是结构更为复杂、受力情况更加特殊、使用工况更为严苛，而阀门的设计要求也随着其使用范围的扩大向着高性价比、高环保要求、高性能指标的方向发展。阀门的监测检验更为严格，无论是国内或是国际都有相关的压力容器和阀门质量安全设计标准，生产销售特种阀门的企业也要经过相关的资格认证审查，每台阀门在出厂使用之前都会经过高压试验，超低温、超高温的阀门还会在特殊温度下进行压力试验。因此，在阀门设计过程中，设计人员要进行大量的分析和验证工作。随着计算机技术的发展，CAE（计算机辅助工程）/CAD（计算机辅助设计）/CAM（计算机辅助制造）等技术也在阀门企业中得到广泛应用，使用 CAE 软件对结构进行详细的力学分析，不仅能对阀门的受力特性给出充分的论证，为设计人员改进结构设计和保障运行安全提供有益的建议，更改变了传统从理论分析到试制到检测再重复的烦琐过程，大大节约了时间成本，提高了设计效率。

静力学分析可以通过模拟接触方式、实际载荷分布和零部件的材料属性等来分析整体与关键部位的变形和应力分布，且分析结果能通过云图或等值线等直观地显示出来。随着有限元分析软件的不断更新，计算结果的精度不断提升，运算时间也不断减少，因此在阀门设计中的应用也较为广泛。

以安全阀启闭阀板流场及应力场有限元分析为例，分析启闭阀板的流体动力学和应力应变，安全阀简化模型如图 4-14 所示。

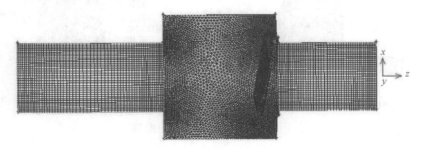

a) 流道模型

b) 阀板模型

图 4-14 安全阀简化模型

对简化模型进行离散化处理，有限元模型的建立以三维计算模型对称面为界，取其一半进行计算。为了保证计算精度及提高计算的收敛性，针对计算域结构特点采用结构化网格和非结构化网格相结合的方法对计算模型进行网格划分。参照阀板尺寸合理简化阀板模型，利用 ANSYS 与 SolidWorks 之间的接口，在 Solidworks 中建立阀板与阀座三维实体模型，并将该模型转化成 ANSYS 可识别的分析模型并导入 ANSYS 中。由于模型形状较为复杂，选择 SOLID185 单元对该实体模型进行自由网格划分，并利用 CONTACT174 接触单元进行接触对建立。

　　阀板在开启过程中，为便于准确分析阀板在不同开启角度时的应力应变情况，将阀板开启角度每隔 5° 作为一个分析状态，对其应力应变情况进行仿真分析。阀板与阀座材料均为某高温镍基合金，在 120℃ 的环境温度下，其材料的弹性模量为 192GPa，泊松比为 0.27，屈服极限为 1100MPa。约束与载荷：在模型对称剖面上施加对称约束，对阀座及销轴施加固定约束，将流体动力学压力分析结果映射到 ANSYS 中相应的有限元模型上作为压力载荷进行准静态应力分析。经过计算可以得出阀板应力云图，如图 4-15 所示。

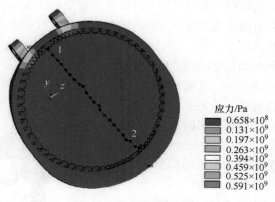

应力/Pa
0.658×10⁸
0.131×10⁹
0.197×10⁹
0.263×10⁹
0.394×10⁹
0.459×10⁹
0.525×10⁹
0.591×10⁹

图 4-15　阀板应力云图

　　在阀板开启角度为 5° 时，阀板上产生的最大应力值为 591MPa，位于销轴与阀板的过渡圆弧角处，其应力值小于阀板材料的屈服极限 1100MPa，安全系数为 1.86，满足强度的设计要求。为研究在不同开启角度下阀板各部位应力变化的情况，在阀板上定义应力映射路径。图 4-15 中数字 1 处为起点，阀板前缘中间位置 2 为终点，从起点到终点的连线定义为映射路径，将阀板上沿这一路径的计算结果映射到该路径上。可以得到阀板应力最大值出现在销轴连接处与阀板连接的过渡圆弧处，其最大应力值为 591MPa，均小于阀板材料的屈服极限，满足强度设计要求。阀板开启时，应力最大值出现在销轴连接处与阀板连接的过渡圆弧处，且随着阀板开启角度增大，阀板应力最大值逐渐减小。因此，在安全阀结构设计中，应避免在最大应力处出现应力集中，以提高阀板的强度。

　　阀门作为压力容器要保证其不会因为高温高压而失效，虽然对于个别单件生产的特殊阀门可以通过超精细加工、材料特殊处理或使用更高强度材料、过安全设计等方式来满足需求，但对于批量生产并且启闭频繁的通用阀门，受加工条件和成本的限制，以及阀门整体尺寸结构的限制，需要从结构上应力集中部位进行优化，通过 CAE 等软件对阀门进行静力学分析能够为阀门优化提供数据支撑，从而极大节约物料成本和时间成本。

2. 磨损

随着工业系统的发展，大型化、一阀多用化是未来阀门行业的发展趋势，因此要求阀门必须要有足够的安全使用寿命和功能多样性。在涉及固液两相流体流动的工业领域中，如机械、能源、化工、环境工程等，固体颗粒对阀门的冲蚀磨损一直是影响阀门使用寿命及性能的重要因素之一。在阀门的实际使用中，由于实际工况的复杂性和阀门频繁启闭等原因，固液两相流中的固相颗粒不仅会影响到阀门的流阻特性和流场变化，还会对阀体及管道造成冲蚀磨损，导致阀门及管道受到严重损害，造成阀体表面材料的脱落，降低阀门的密封效果，污染输送物质的纯度，进而影响工业系统的安全性和稳定性。数值模拟技术可以对阀门的磨损程度进行一定的预测，为设计者优化阀门结构提供参考。

下面以蝶阀为例介绍如何运用数值模拟技术预测磨损区域以及给出优化建议。蝶阀的三维结构如图 4-16 所示，主要由阀体、阀杆、蝶板、手轮和传动机构组成，制造蝶阀的常用材料包括铸铁、铸钢和不锈钢，不锈钢材质的蝶阀能够适应更恶劣的工况，硬度更高，耐磨性较好。

由于分析模型为固液两相流动模型，蝶阀的边界条件设置需要分为两块：

（1）流体进出口边界条件　液相流体为常温下的水，液体密度 $\rho = 1000 \text{kg/m}^3$，黏度 $\mu = 1.01 \times 10^{-3} \text{Pa} \cdot \text{s}$。液体进口边界条件为速度进口，并且认为进口液体流动已处于充分发展的流动状态。进口的湍流通过湍流强度（I）和水力直径（H_D）来描述，进口湍流强度设置为 5%，同时由于进口为圆形管道，因此水力直径为管道内径，即 100mm。流体出口边界条件设置为压力出口，压力值为大气压。出口流体的湍流采用与进口相同的湍流强度和水力直径来描述。

图 4-16　蝶阀的三维结构

传动机构
手轮
阀杆
蝶板
阀体

（2）颗粒进出口边界条件　在颗粒进出口边界条件设置时，进口固体颗粒的质量流设置为 0.1kg/s，固相颗粒为石英颗粒，密度为 2700kg/m³。同时，认为固体颗粒相与液体相之间不存在速度滑移，即颗粒的进口速度与液相相同，颗粒相射流源以面源的方式进入流场，假设固相颗粒均匀地分布在阀门进口截面的网格中心处。

为研究开度对蝶阀冲蚀磨损的影响，以入口速度为 3m/s，固相颗粒直径为 100μm 的蝶阀为研究对象，模拟了蝶阀在不同开度下的磨损状况，其主要磨损面为蝶板及蝶阀下游管道。图 4-17a、b 分别为不同开度下蝶板正面、蝶板背面磨损云图，单位为 kg/（m² · s），表示单位时间单位面积损失的质量。

磨损速率/[kg/(m²·s)]

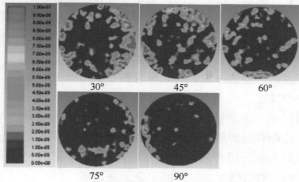

a) 不同开度下蝶板正面磨损云图

磨损速率/[kg/(m²·s)]

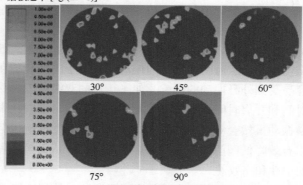

b) 不同开度下蝶板背面磨损云图

磨损速率/[kg/(m²·s)]

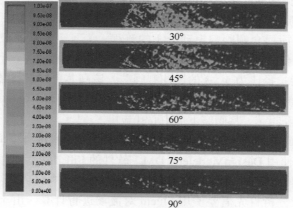

c) 不同开度下蝶阀管道壁面磨损云图

图 4-17　蝶阀磨损云图

从不同开度下蝶阀的冲蚀磨损云图可以看出，蝶阀开度变化对冲蚀磨损的分布和大小均有重要影响。随着开度的增加，无论是蝶板还是管道壁面受到的最大磨损量和磨损范围都有明显减小，其质量损失也明显减小。30°开度时，蝶板正面主要区域的磨损速率约为 $8.5 \times 10^{-8} kg/(m^2 \cdot s)$，蝶板背面主要区域的磨损速率约为 $4 \times 10^{-8} kg/(m^2 \cdot s)$，管道壁面主要区域的磨损速率约为 $5.5 \times 10^{-8} kg/(m^2 \cdot s)$。从磨损速率可以看出，蝶板正面受到的磨损速率大约是蝶板背面和管道壁面的2倍，蝶板背面与管道壁面受到的磨损速率接近。

固体颗粒对材料壁面的磨损是影响设备使用性能及使用寿命的一个重要因素，蝶阀流体中混有的固体颗粒对蝶阀的冲蚀磨损是导致蝶阀失效的主要原因之一，蝶阀的磨损不仅会影响设备寿命，还会造成严重的安全事故。了解不同工况下蝶阀受到的冲蚀磨损程度及磨损范围对保障工业生产的安全十分重要。

3. 振动分析

特种阀门在不同的应用场合中，工作条件与结构形式有很大的差别，其振动产生的机理也有所不同，主要可分为外激振动与流激振动两大类。

1）外激振动是指阀门所在系统或系统中其他部件处于振动状态时，振动通过管线等连接件传递至调节阀，从而引发阀门的振动。应用于国防装备和工程机械领域的阀门在工作时最容易受到外激振动的影响，如飞行器的双级溢流阀受到振动时会延长阀门的压力稳定时间和开启时间，液体火箭发动机的电磁自锁阀在飞行途中副阀易受到振动影响。外激振动虽然会对阀门的工作性能产生显著的影响，但通过数值模拟方法进行优化，可以有效降低阀门受外激振动影响的程度，从而最大程度保证阀门运行过程的稳定性、安全性和高效性。

2）流激振动是指由阀内流体流动引发的阀门振动，是阀门振动研究中的焦点问题之一。根据流激振动的产生原因可以分为涡激振动、声腔共振、空化振动、不稳定流动导致的振动和流体弹性不稳定导致的振动5个小类。

以控制阀为例简要介绍阀门振动分析的流程，为了更好地研究控制阀阀芯的流激振动特性，此处仅针对阀芯和阀座进行建模，阀芯和阀座的尺寸与结构示意图如图4-18所示。采用长径比为5:3的椭球型阀芯，该阀芯更接近长条形结构，因此振动特性更加明显。流体介质为20℃的水，水流从上部圆环状间隙（阀芯上部压盖与阀座构成）流入，流经阀芯，从阀座下部中心孔流出。

通过 Workbench 软件对椭球型阀芯的振动特性进行流固耦合模拟。建立好阀芯阀座结构模型之后，使用 DesignModeler（DM）软件的 Fill 功能，抽取出流道模型，流体域网格划分示意图如图4-19所示。

双向流固耦合分析首先需要使用 Fluent 对流场进行计算。由于流场和结构场相互影响，且流场随着时间不断变化，需要进行瞬态模拟（transient）。使用 Realizable k-ε 湍流模型，采用速度入口和压力出口作为边界条件。另外，由于模型拥有完全的对称性而不同于现实中的阀芯，因此需要增加不对称因素，将入口处的速度设定为波动形式，从而使固体产生振动。

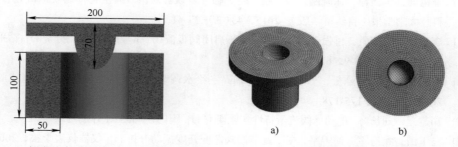

图 4-18　阀芯和阀座的尺寸与结构示意图　　　　图 4-19　流体域网格划分示意图

双向流固耦合计算中流场设置的重点是动网格。由于流场会随着固体的振动发生变化，因此需要对流场网格进行动网格设置。动网格方法选择光顺方法和网格重构方法。其中光顺方法是最基础的动网格方法，此方法适用于小变形且变形过程中网格节点拓扑关系不会发生变化的场合（小幅运动）。网格重构方法是除重叠网格之外的能解决任意运动的动网格方法。

双向流固耦合的固体分析选择 Transient Structural（结构瞬态动力学）模块，将阀芯阀座视为弹性体，并进行网格划分，在 Mesh（网格划分）里的物理场参照类型（Physics Preference，物理环境）选择 Mechanical（结构场），为结构及热力学有限元分析提供离散化网格。阀芯和阀座分别使用四面体单元和六面体单元进行网格划分（见图 4-20）。然后对结构模型进行瞬态动力学设置，对阀芯压盖周边环面进行固定约束，将压盖底面和椭球型阀芯表面设置为流固耦合面。

在求解器设置上，固体结构表面输入的是流场力，输出的是增量位移；流场表面输入的是位移，输出的是流场力。由于流场入口速度的周期性变化，流场中产生涡激振动，流场力作用在阀芯表面，使阀芯产生

图 4-20　结构模型网格划分示意图

振动，阀芯振动对流场造成影响，使流场的范围发生改变，进一步影响了涡激振动的产生。

流固耦合计算结果经分析后可得到控制阀阀芯振动的固有频率及椭球型阀芯受流体力和位移随时间的变化趋势。结果表明，该结构的 2、3 阶自振频率以及 4、5 阶自振频率基本相似；振动幅度整体上很小，但阀芯底部顶点的轴向振动比水平方向的振动剧烈很多；不同方向上的振动位移最大值、最小值出现在压盖的不同位置；椭球型阀芯及其压盖受力情况非常不均匀，中间阀芯部分受力最小，压盖环面约束处受力最大，两者数值约差 3 个数量级。

参考文献

[1] 李树勋，丁强伟，徐晓刚，等 . 超（超）临界多级套筒调节阀空化抑制模拟研究 [J]. 华中科技大学学报（自然科学版），2015，43（3）：37-41.

[2] 李英松，董社霞，付强，等 . 井下安全阀启闭阀板流场及应力场有限元分析 [J]. 钻采工艺，2017，40（1）：8-9，61-64.

[3] 何庆中，刘怡，陈玺，等 . 超（超）临界主给水调节阀流场特性分析 [J]. 水电能源科学，2018，36（6）：175-178.

[4] 郑建光，刘长海 . 电动球阀流量特性实验研究 [J]. 阀门，2005（1）：17-19.

[5] 马玉山，相海军，傅卫平，等 . 调节阀阀芯变开度振动分析 [J]. 仪器仪表学报，2007（6）：1087-1092.

[6] 陈修高，张希恒，王世鹏，等 . 调节阀空化噪声数值分析 [J]. 噪声与振动控制，2018，38（6）：52-57.

[7] 曾立飞，刘观伟，毛靖儒，等 . 调节阀振动对阀内流场影响的数值模拟 [J]. 中国电机工程学报，2015，35（8）：1977-1982.

[8] 钱锦远，杨佳明，吴嘉懿，等 . 阀门流固耦合的研究进展 [J]. 流体机械，2021，49（2）：57-65.

[9] 翟霄 . 阀体的应力分类与强度评定 [D]. 兰州：兰州理工大学，2010.

[10] 李国君，马晓永，李军 . 非轴对称端壁成型及其对叶栅损失影响的数值研究 [J]. 西安交通大学学报，2005（11）：9-12.

[11] 徐毅翔，钱锦远，陈立龙，等 . 减温减压装置的过去、现在与未来 [J]. 机电工程，2021，38（9）：1081-1090.

[12] 周徽 . 减压阀的流场模拟和仿真研究 [D]. 苏州：苏州大学，2014.

[13] 陈富强，王飞，魏琳，等 . 减压阀噪声研究进展 [J]. 排灌机械工程学报，2019，37（1）：49-57.

[14] 孙长周，于新海，宗新，等 . 内部湍流作用下调节阀外噪声的预测 [J]. 工程热物理学报，2017，38（9）：1866-1871.

[15] 何建孟 . 球阀和闸阀结构强度的阀门设计与有限元分析 [D]. 大连：大连理工大学，2016.

[16] 张璐，朱满林，张言禾，等 . 先导式安全泄压阀阀门阻力系数实验研究 [J]. 管道技术与设备，2012（2）：24-26.

第 5 章

特种阀门优化设计

5.1 特种阀门拓扑优化设计

在传统的特种阀门设计过程中，设计人员仅通过力学公式计算或仿真，估算阀体的受力情况，进而确定结构尺寸，这种方法显然缺乏准确性与可靠性。近年来，随着数值仿真技术、人工智能技术及优化算法在工业工程领域的应用日益增加，越来越多设计单位和研究者开始通过数字化的方法对阀门的拓扑结构进行优化。

数值仿真技术可以更加准确地分析阀体受力，模拟阀体在特定工况下发生冲蚀、磨损、空化等危险现象的概率、严重程度等；针对模拟结果可采用深度学习等人工智能技术，对阀门拓扑结构进行智能化设计；同时利用优化算法对阀门拓扑结构进行优化，以求得最优的性能指标。由此可有效延长阀门寿命并提高阀门的安全性，除此之外，在优化设计过程中往往还兼顾了轻量化的设计理念，使阀门整体质量更低，需要的制造物料更少，制造成本和运输成本都会降低。相对于需要大量计算的传统设计过程，使用数字优化设计技术可以极大节约人力成本和时间成本，设计周期更短，设计成本更低。对于一些简单的阀门而言，可以直接在阀门数字化设计平台中建立数据库，需要的时候直接调取与需求对应的阀门。对于复杂的阀门，由于涉及大量设计部门的协同，优化设计的结果也可通过数据文件的方式共享给所有的参与单位，降低沟通成本，减少可能出现的错误。

5.1.1 特种阀门拓扑优化概述

流固耦合与试验设计（design of experiment，DOE）协同分析特种阀门受力是一种应用比较广泛的特种阀门拓扑优化方法。DOE 是一种安排试验和分析试验数据的数理统计方法；试验设计需要对试验进行合理安排，以较小的试验规模（试验次数）、较短的试验周期和较低的试验成本，获得理想的试验结果和准确的科学结论。阀门结构优化的试验可以在软件内完成，只要选定参数和给出初始条件进行迭代即可，由此实现数字化的阀门优化设计。

流固耦合的部分具体参照第 4 章，此处不展开介绍。首先建立仿真对象即特种阀门的物理模型，并建立描述流动的数学模型，划分网格后在数值仿真软件中获得流体域的速度矢量和耦合面压力分布情况。

随后需要将得到的流场数据以及设计者给出的初步优化方案代入轻量化模型中进行迭代优化，由 DOE 软件给出最优优化方案，在这一过程中需要确定试验设计方法和代理模型。为了验证经过优化的阀体的安全性，一般还会对优化后的特种阀门进行静力学分析，校验最大应力是否小于材料的许用应力。

由于阀门数值模拟得到的流场数据是离散分布的，不能直接应用到阀门轻量化模型中，因此需要提出一种数据处理方法来实现对有限元仿真结果的近似代替，将数值仿真得到的流场数据拟合为显式数学函数。代理模型作为一种用数学函数来代替有限元模拟结果大致趋势的有效方法，其基本思想是通过适当的试验设计方法来得到样本数据，继而构造代理模型，将原本面对的问题转移到求解代理模型上来，使得优化进程加快且能得到结构响应的最佳值。代理模型基本架构如图 5-1 所示。构建代理模型的流程如图 5-2 所示。

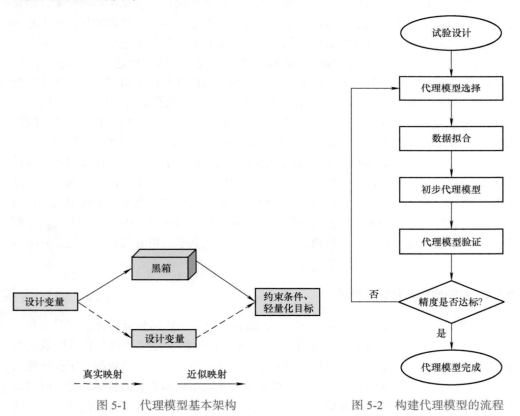

图 5-1　代理模型基本架构　　　　图 5-2　构建代理模型的流程

选择合理的试验设计方法获取数据点是决定上述代理模型准确度的重要步骤。若选取的样本数量不够或者均匀性差，那么基于这些数据构造的模型会与实际情况不符。若选取的样本数量过多，则所构建的模型将会出现过拟合的问题，与实际要解决的问题差距较大。正交设计、均匀设计、拉丁超立方设计这 3 种方法在实际情况中的应用较为普遍。

根据构造的代理模型的不同，应用较为普及的代理模型构造方法有响应面法（response surface method，RSM）、BP 神经网络（back propagation neural network，BPNN）和 Kfiging 模型等。

特种阀门通过流固耦合与 DOE 协同分析方法进行迭代优化，可以做到特种阀门轻量化、强化特种阀门结构（加强筋）、改善特种阀门内流动情况等。

5.1.2　特种阀门的轻量化

大多数特种阀门的轻量化都是通过减小壁厚尺寸来实现的，在阀体内腔施加压力来分析计算其等效应力，根据等效应力确定最小壁厚，这样计算得到的等效应力是阀体会出现的最大应力。事实上阀体上的应力分布是不均匀的，阀体上很多区域的应力是小于最大应力的，这部分的壁厚没有必要根据最大应力设计，因此会出现大量壁厚冗余，可以通过削减这些壁厚冗余来达到特种阀门轻量化的目的。此外也可以通过仿真技术中的静力学分析，验证冗余壁厚的削减并不会导致最大应力超过材料的许用应力，能够在保证特种阀门安全性的前提下，采取优化方案降低阀门质量，节约设计成本和降低制造成本。

对于某些特大型的阀门如核电站的主蒸汽阀，火电厂高参数、大容量的超临界煤炭发电机组使用的超临界电动闸阀等，应用广泛但工况复杂，介质常常为高压高温的流体，在设计时往往为了安全而留有很大的安全裕量，但这种大型阀门本身体积就非常巨大，壁厚稍微增加就会导致原材料成本和运输成本大幅提升，质量也会增加许多，给安装造成很大困难，造成巨大的材料浪费与经济损失。

国内外阀门生产企业很少会开展针对特大型阀门的轻量化试验和优化改造，这是由于针对大型、特大型特种阀门进行轻量化研究的试验平台还较为少见，原因主要包括以下两点：

1）试验周期过长。由于大型、特大型特种阀门的配套设备体型都较为巨大，在搭建试验平台时就需要耗费许多的时间与精力。此外，流体介质对阀门的耦合作用也不是一蹴而就的，这需要较长时间的反应，待阀内流体稳定后才能进行下一步的研究。

2）经济成本过大。经济成本是阀门企业较为关心的问题，开展大型、特大型特种阀门轻量化研究的相关试验设备昂贵，且大多数依赖进口。此外，试验过程中由于各种原因会造成大量的材料损耗。

通过 CAE 技术进行数值仿真试验可以解决以上两个缺点，具有效率高和成本小的优势。在满足产品性能要求的基础上，通过有限元仿真手段来进行闸阀结构的轻量化设计，能够大幅度提高材料利用率，并降低产品生产制造能耗，减少环境污染。已经有相关研究证明了，在这类大型特种阀门中使用数值仿真试验得到的优化方案是行之有效的。

例如，某超临界火电机组的超临界电动闸阀经过热流固耦合数值仿真，发现阀内流体介质处于稳定状态时的最大静压力为 16.47MPa，闸阀阀体主流道流体速度较快，中心轴线位置流速达到 114.2m/s。单温度载荷作用下的闸阀热变形分布云图如图 5-3 所示，结合热弹性力学计算可以得到超临界电动闸阀的在闸阀顶端部位受到较大的热影响，且温度梯度明显，该部位最大变形量为 0.3173mm；而闸阀绝大部分区域的热应力数值较小，竖直方向上闸阀应力在 17MPa 以下，闸阀整体的最大热应力只有 71.948MPa。

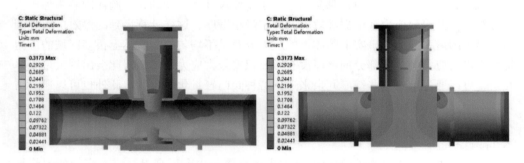

图 5-3　单温度载荷作用下的闸阀热变形分布云图

阀体结构的轻量化完成后，最终所得到的设计变量参数是圆整过的，并不是直接输出的结果。为进一步检验轻量化后的闸阀强度刚度是否符合规定要求，需要对其进行有限元仿真验证。修改闸阀三维模型中对应部件的参数，再次进行超（超）临界电动闸阀的热流固多场耦合仿真分析，轻量化后的闸阀变形量云图如图 5-4 所示。热流固多场耦合作用下，轻量化后的超临界电动闸阀最大等效应力为 292.83MPa，相比于轻量化前增加了 53.45MPa。根据应力校核规则，该闸阀最大等效应力未超过强度校核值 306.21MPa，可认为该闸阀强度能够满足要求。轻量化后的闸阀最大变形量为 0.419mm，比轻量化前增加了 0.6695mm，轻量化后的闸阀变形量仍在允许的安全范围内，故闸阀刚度也满足要求。结果显示，阀体总质量减少了 446.62kg，约减轻 10.27%，达到了对闸阀进行轻量化设计的目的。为验证闸阀的强度和刚度是否符合要求，将轻量化得到的闸阀再次进行热流固多场耦合仿真验证。结果表明闸阀结构最大等效应力和最大变形量均未超出规定范围，闸阀性能较好，符合安全使用的要求。

另外，对于应用早一些、对空间大小要求严格的阀门，阀门轻量化设计可以有效减少阀门占据的空间，使得整机系统设计更加紧凑，排布更加合理，有利于整个系统的小型化。如应用在大型商用空调及中央空调机组的某大容量四通阀，由于室内空间有限，且为了满足美观需求，中央空调的附属往往需要隐蔽在人们的视线之外，因此大容量四通阀轻量化可以大大拓展其应用场景，而不会受到空间大小的限制。此外，轻量化带来的质量削减对机组的工作运行、现场安装及检修拆装有很大影响，其壁厚减薄可以在很大程度上节约钢材并且提高焊接效率。

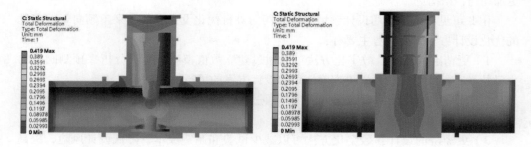

图 5-4　轻量化后的闸阀变形量云图

大容量四通阀的主体结构如图 5-5 所示，包括筒体、法兰、螺栓组件、两组进气管和内部活塞组件，以及外部先导电磁阀组件。通过电磁线圈通断电转换，引导阀体两端高低压气体的改变来推动活塞，改变活塞流口方向，从而实现制冷剂流向的改变，使空调机组在不增加其他发热元件的情况下，达到夏天制冷、冬天制热的目的。

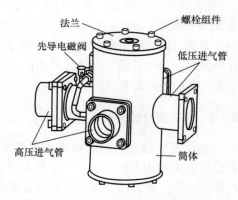

图 5-5　大容量四通阀的主体结构

经过对大容量四通阀的数值模拟分析可知四通阀在爆破压力作用下应力分布并不均匀，法兰及螺栓等处局部应力集中，螺栓的应力达到高强度螺栓屈服强度900MPa，产生塑性变形，使法兰密封面处密封不严而产生泄漏，说明耐压强度失效是由于螺栓达到屈服强度、发生塑性变形导致法兰结合面处产生泄漏，而筒体由于壁厚较厚应力较低，很难失效。通过试验和仿真结果对比分析可知四通阀有限元模型的正确性。同时，由有限元分析结果可知四通阀的强度、刚度分布不均匀，法兰和筒体的壁厚存在优化空间。

通过 8 次 DOE 迭代计算给出了优化方案，优化后的四通阀的应力分布得到改善，法兰、筒体及螺栓组件的应力均不同程度地减少，四通阀的法兰及筒体强度得到充分发挥。根据优化结果，螺栓的应力及位移变形由优化前的 991.17MPa、0.649mm 分别变为812.24MPa、0.360mm；法兰的最大应力及位移变形由优化前的 355.1MPa、0.438mm 分别变为 298.61MPa、0.247mm；筒体的最大应力和位移由优化前的 289.74MPa、0.414mm 分别变为 268.59MPa、0.297mm。四通阀的螺栓、法兰及筒体的应力明显降低，分布趋于均匀，筒体的应力仍然较低。这主要是由于螺栓直径、垫圈宽度的要求而使筒体必须有最低厚度保证约束的缘故。优化后四通阀的质量明显减小，同时应力和位移变形分布更加均匀，结构更加合理。

　　由此可见，未来阀门设计领域对特种阀门进行优化设计时会越来越倾向于数字化的优化设计方法，其优势主要有：

　　1）更精准的设计：数字化方法可以通过建立数值模型和仿真分析来预测阀门的力学特性和性能表现，可以更准确地评估设计方案的可行性和效果。

　　2）更高效的设计：数字化方法可以通过快速迭代设计和仿真验证来加速设计流程，缩短产品开发周期，提高设计效率。

　　3）更经济的设计：数字化方法可以减少试验和制造成本，降低设计风险，提高设计成功率，从而降低产品开发成本。

　　4）更灵活的设计：数字化方法可以对设计方案进行多角度分析和优化，为设计师提供更灵活的设计空间和更多的创新思路，有助于获得实现阀门轻量化的最佳方案。

　　5）更可靠的设计：数字化方法可以对设计方案进行多次模拟和验证，预测设计方案的可靠性和寿命，降低产品故障率和维修成本。

　　总之，使用数字化的方法进行阀门轻量化设计可以提高设计精度、设计效率、设计经济性、设计灵活性和设计可靠性，为阀门设计提供更全面、更科学的支持，有助于提高阀门的性能和市场竞争力。

5.1.3　阀芯拓扑结构优化

　　阀门需要借助阀芯的移动来实现方向控制、压力控制或流量控制，阀芯是阀门控制管路中流体介质压力、流量和液位等关键参数，以及安全有效控制管路系统功能的核心部件。阀芯作为调节阀控制管道流量最重要的部件，其阀芯型面的合理设计决定了整个调节阀的质量和工作效率。目前，国内调节阀的设计大都采用流量试验结合反复修型的方法，其开发周期长、效率低、成本高，且易导致系统的控制能力不够精准，能耗偏大，无法满足高性能调节阀的功能需求。将流场仿真和正交试验等数字化方法运用到阀芯拓扑结构优化设计中，并对优化后调节阀的流场特性进行分析和验证，可以大幅提高阀芯拓扑造型设计和优化的时间，提高整个阀门的设计效率。

　　当前，国内阀门生产企业普遍采用传统的阀芯型面设计方法，并不能很好满足目前高性能调节阀的需求。因而，运用数字化技术参与或主导阀芯型面设计、提高阀芯设计的精确度和效率是行业的主流发展趋势。传统设计方法也被称为经验法，具体来说就是根据研究对象所需要达到的性能要求，通过"设计—试验—调整"反复循环操作，需要经历多次才能达到指定性能要求，且无法保证产品的精度。相对而言，数字化技术可以说是革命性的技术，通过运用该技术，产品性能与精度得到了大幅度提高，极大缩短了产品设计周期，降低了研发成本，特别是在复杂零部件的设计过程中更能凸显这一优势，符合国家对制造业生产制造低碳绿色的要求。

实际上，数值模拟技术及优化技术已经应用在了很多控制调节阀的阀芯设计上，调节阀作为阀门中最具代表性的种类，在化工、热工、石油和核电等行业得到了广泛的应用。调节阀被称为工业自动化过程控制中的"手脚"，通过对管路中流体介质压力、流量和液位等关键参数实施自动控制，实现安全有效控制管路系统的功能。同时，由于工业生产技术的不断提高，对具有耐高温高压、耐腐蚀且精密程度好的高端调节阀需求显得尤为迫切。传统的经验法已经无法胜任这类高精尖调节阀的设计工作，只有利用计算机辅助的智能数字化设计才能更好地完成性能要求。

一个完整的调节阀主要由本体、定位器、执行器组成（见图 5-6a）。执行器接受控制信号来控制阀杆带动阀芯上下移动，从而改变被控介质的流量，将调节阀开度维持在要求的范围之内。当调节阀工作时，阀杆的上下移动通过机械装置反馈到定位器中，对调节阀开度进行精准控制，阀门定位器可以减小调节信号在传递过程中的延迟，增加阀杆移动速度和提高阀门线性度，从而保证调节阀快速准确地定位。而在研究调节阀流场特性时，主要考虑其三大内构件：阀体、阀座、阀芯（见图 5-6b）。在阀体空间内，流体从左侧流道流入，经过阀芯与阀座之间流通截面，由右侧流道流出，通过阀杆带动阀芯上下移动改变流通面积，形成不同开度，从而达到控制流量的目的。

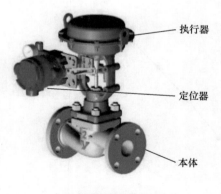

a) 调节阀整体结构

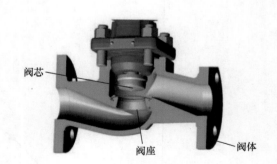

b) 调节阀内部结构

图 5-6　调节阀的结构示意图

图 5-7 所示为对称面上的速度云图。设置的进出口压差为 50kPa。从压力云图能够看出，管道进出口压力分布比较均匀，进出口位置压力大小分别为 93.3kPa 和 54.6kPa 左右。从速度云图中能够看出，进口处的流速较为均匀，而出口处的流速存

在波动。通过分析压力和速度云图可以得出，流体在通过阀芯和阀座中间的节流口时，压力快速降低，此时速度达到最大值；流过节流口后，压力快速上升而速度降低。

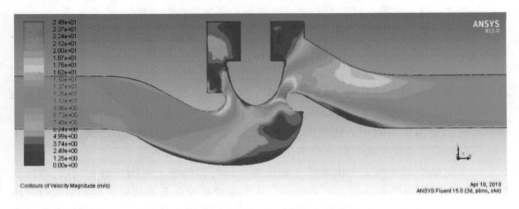

图 5-7　对称面上的速度云图

　　绘制的流量系数、流阻系数随开度变化的曲线分别如图 5-8 和图 5-9 所示。该调节阀阀芯型面基本满足线性流量特性，且与试验数据较为吻合，表明模拟方法准确可靠。但流量系数在某些点处存在偏差，最大流量系数和最大流阻系数未达到理想要求，仍存在优化的空间。

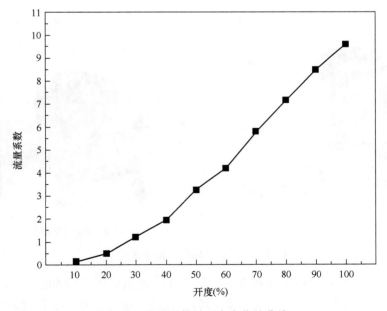

图 5-8　流量系数随开度变化的曲线

　　选择最大流通面积 A、阀芯长度 L、阀座通道孔直径 D、可调比 R 这四个参数描述阀芯的拓扑结构，对这四个参数进行 DOE 优化设计迭代，利用曲线包络的方法对型面进行曲线拟合，所得的新型面曲线和旧型面曲线对比如图 5-10 所示。从图中可直观看出优化后的新型面曲线更加平滑，有利于流体流通。

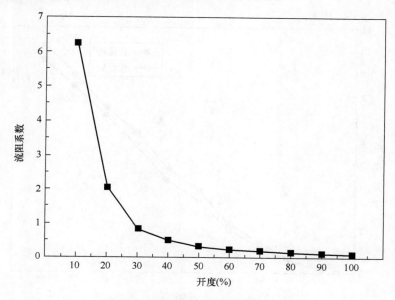

图 5-9　流阻系数随开度变化的曲线

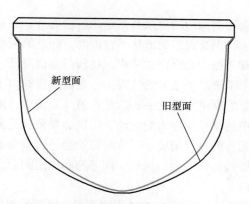

图 5-10　新型面曲线和旧型面曲线的对比

　　优化前后调节阀在不同开度下的流量系数如图 5-11 所示。优化后流量系数与开度基本呈线性关系，表明优化并未改变其固有流量特性，优化过程合理。同时，流量系数明显提高。与优化前数据对比可以看出，最大流量系数由 9.59 变为 10.26，增幅约为 7.0%。另外，最大流阻系数由 6.62 变为 5.4，降幅约为 18.4%。分析其原因，改进后的阀芯能够更好地让流体沿着曲线平稳地向前流动。这能够在阀门的开启过程中减小流体对阀芯的冲刷，起到保护阀芯的作用，从而延长阀门的使用寿命。数据表明新的阀芯型面的流阻系数比优化前下降明显，能够有效降低进出口压降。

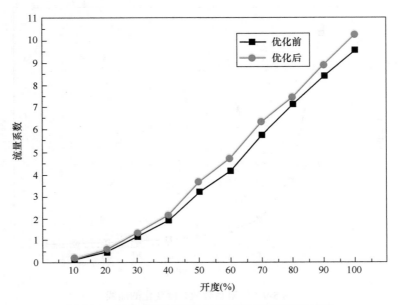

图 5-11　优化前后调节阀在不同开度下的流量系数

　　阀芯的形状除了会影响阀门的流阻和流量调节能力外，在一些特殊工况下，阀芯的振动是不可忽视的。特别是阀芯的形状不合理时，阀芯的振动会引起整个阀门乃至整个管路共振；另外阀芯振动也会产生噪声，使阀门寿命降低，危害人员健康。液压阀阀芯的振动会对整个系统产生很大的危害：一是液压锥阀由于高频振动所产生的噪声是整个液压系统主要的噪声来源之一；二是在液压系统中，液压锥阀阀芯的轴向和径向振动会引起系统中的流量与压力的波动，可能会导致执行元件的速度和位移产生波动，直接影响执行元件的执行精度，严重时可能会导致整个工程作业的失败；三是在低压工况下，液压锥阀的阀芯剧烈振动，阀芯与阀座之间会发生碰撞，会影响阀门的密封程度和使用寿命。

　　以硬岩掘进机（TBM）液压系统中负责调节掘进速度的比例调速阀为例，比例调速阀是 TBM 推进液压系统中重要的流量调节装置，其动态特性在一定程度上决定了 TBM 掘进的高效性和围岩的稳定性。根据现场调研结果可知，比例调速阀、比例溢流阀和压力表是推进液压系统中时常损坏的液压元件。比例调速阀在强振动环境下工作时，其一，受外界基础振动的影响，阀芯将会做强迫振动而造成阀口开度的变化，引起流量的不连续；其二，受外界突变载荷的影响，阀腔内的压力会瞬时突变，从而引起流量的波动。因此，比例调速阀的工作性能会经常失效，不能对流量进行准确的调控，从而造成液压执行机构推进速度和推进力的不平稳。因此，抑制阀芯振动对于保证 TBM 比例调速阀在强振动环境下的工作稳定性有重大意义。

图 5-12 所示为直动式比例调速阀结构原理图，通过定差减压阀的压差补偿作用保持节流阀口前后的压差恒定，通过输入相应的电信号控制节流阀口的开度，从而实现对流量的比例连续控制。直动式比例调速阀的主要优点是结构简单、体积小，其节流阀芯直接由比例电磁铁控制，在低压和小流量的情况下具有较高的调控精度。主要缺点是在高压大流量的情况下，受液动力的影响，阀芯运动受阻，动态响应减慢，同时在外载荷阶跃变化时，具有较高的超调量和较长的调整时间。

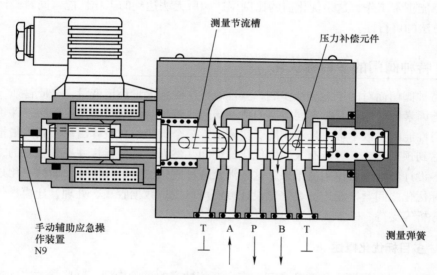

图 5-12　直动式比例调速阀结构原理图

注：A、B 为工作油口，P 为进油口，T 为出油口。

常见的抑制阀芯振动的方法是增加弹簧，在无基础振动的情况下，TBM 比例调速的动态特性主要由负载的阶跃响应和流量的调节特性来描述。液压系统在工作时，外界的负载会发生突变，TBM 在掘进过程中，刀盘与岩石的碰撞会产生强烈的振动，载荷突变尤为显著。同时，针对不同的地质条件，要适时地调整掘进速度。因此，刚性阀芯的质量和弹簧的弹性系数是影响整个系统的响应特性的主要因素，由于同时涉及流体仿真和控制分析，因此可以通过 AMESim 进行仿真分析。

AMESim 是一个图形化的仿真平台，主要用于流体动力、机械和控制系统动态性能的分析。AMESim 的简便之处在于它采用直观图形界面的物理建模方式，使得用户从复杂数学公式中解放出来。用户可以选择应用库中已有的模块搭建系统仿真模型，也可以根据液压元件的工作原理和实际要求采用 HCD（液压元件设计）库中的模块搭建仿真模型。AMESim 求解器具有强大的算法功能和对数据不连续处理的能力，可以根据数学模型的特性自动选择合适的算法，根据仿真的需求动态调整时间步长，从而保证仿真结果的准确性。

为了获得抑制振动效果最好的弹簧—阀芯组合，进行多指标正交试验，并结合不同流动参数建立综合评分体系，可以得到比例调速阀结构参数的最优组合。比例调速阀结构参数优化后稳定工作域明显增大。优化前，基础振动幅值为 1～2mm 时，只有在基础振动频率小于 50Hz 时，比例调速阀才能正常工作。而优化后，基础振动频率小于 80Hz 时，比例调速阀在 1～2mm 振动幅值段都能正常工作，比例调速阀的正常工作频率段拓宽了 30Hz。且振动幅值为 1～1.3mm 时，在 20～100Hz 频率段，比例调速阀都能正常工作，这是优化前的比例调速阀所无法达到的工作性能，同时验证了该优化方法的可行性。

5.2   特种阀门的多目标优化

特种阀门面对的工况复杂多变，其性能往往受到大量环境变量、介质性质、阀门机构等因素的影响，同时不同类型的特种阀门或特种阀门面对不同工况时，评价该特种阀门性能的参数不唯一且不相同。实际上，一个阀门最初设计出来，其大量指标并不能达到预期，或者可能有大幅度优化的空间。然而，这些指标并不是独立的，而是阀门各设计参数综合作用的结果，这就涉及特种阀门的多目标优化。而数字化技术和多目标优化之间紧密相连，数字化设计方法可以提供数据收集、处理、建模、仿真和数据分析等支持，以实现阀门的多目标优化。

5.2.1   多目标优化概述

多目标优化问题中通常都会存在多个互相冲突的试验指标，这些参数之间通常会有一定的相关关系，提高一个目标的性能会对另一个或多个目标性能产生影响，这与单目标优化有很大区别。因此，在多目标优化的过程中，解往往并不是单一的，而是存在一个表示各个目标不同性能的点的集合，每一个点都代表一种可能性，对应一种试验方案。通过对目标性能的要求得到合适的解，则这种解所组成的集合就是帕累托最优解集。

多目标问题的一个求解思路是利用单目标的有效方法进行求解，因此首先需要将其转换成单目标问题（一个或多个）。线性加权方法就是多目标规划问题中求解使用最为广泛的方法之一。它给各个目标函数赋予一定的权重，然后采用线性加权的方式，将多个目标转换成单个目标的优化问题进行求解。不同的目标权重，可以得到不同的解，从而形成多目标优化问题的非劣解集。它的优点显而易见，就是可以利用求解单目标优化问题的方法进行有效的求解，而缺点则是求解前必须先给定各个目标的权重值。

DOE 是现行解决多目标问题的主流手段，因为不可能将所有结构进行仿真分析，所以为了使优化结构更为准确，寻找出所有可能对结果有影响的结构，在优化设计阶段先采用 DOE 方法较全面地找出影响最大的参数。DOE 是集合了试验结果与分析方法的一种方法，其目的是通过改变一个输入来观察输出的改变情况。DOE 过程示意图如图 5-13 所示。

5.2.2　DOE 的设计流程

1. 确定优化目标

DOE 常常是一个多目标优化过程（优化目标在两个或两个以上），需要在 DOE 之初就确定优化目标，寻找相关的影响因子，基于此编写优化算法，选取优化目标作为响应变量。

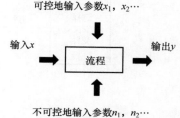

图 5-13　DOE 过程示意图

2. 选定主要影响参数

选取可能对特种阀门性能有较大影响的参数，将选定的参数作为输入参数（input parameters），将响应变量作为输出参数（simple output parameters）与优化目标作为复合输出参数（compound output parameters）输入到导出参数对话框中而后进行计算。

3. 计算及结果分析

将输入变量与响应变量写入参数设置，导入模型中，然后打开 AMESim 的优化工具箱给参数输入上、下限值。在 DOE 的计算方法中选择的是全因子试验方法（full factorial），其目的是不仅能看到各个因子对响应变量的单独影响，还可以看到各因子间的交互作用，即每个水平组合（同一试验中各因素不同水平的组合）之间有怎样的交互影响。

5.2.3　特种阀门的优化设计算法

软件 AMESim 的设计与开发模块能提供一系列技术允许自行开发、设计空间，是常用的 DOE 实现平台。AMESim 提供遗传算法等算法进行特种阀门优化设计。目前比较常用的参数优化方法大都是一些受生物行为启发而设计的应用算法，例如粒子群算法、鸟群算法、蚁群算法和遗传算法分别是受到蜂群、鸟群觅食中的迁移和群聚，蚁群的觅食路径，以及基因编码等真实生物学行为的启发而设计出来解决问题的。

遗传算法（genetic algorithm）是科学家通过生物界"适者生存，优胜劣汰"的进化规律所研究出的一种随机化搜索方法。它其实模拟的是一个人工种群的进化过程，经过选择、交叉及变异等机制，在每一次的迭代中都保留下一组候选个体，再重复此迭代过程，经过若干迭代进化后，留下来的都是适应度较高的个体，按生物学来说就是物种的适应能力达到设定范围的状态。遗传算法的流程图如图 5-14 所示。

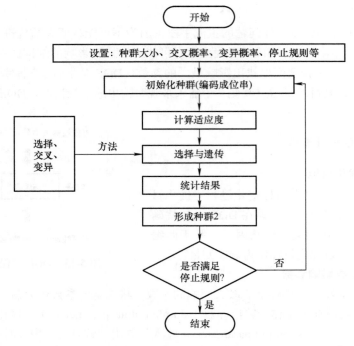

图 5-14　遗传算法的流程图

　　打开 AMESim 设计与开发模块，将影响因子和水平输入到模型中，并导入期望曲线，设置优化目标函数；此外，除设置变量及响应变量，将上述介绍的遗传算法中的参数进行设置，然后开始计算。

　　由于此优化计算过程不可能一次就达到比较完美的效果，所以须进行多次的优化计算，这些参数都是可改变的，可根据经验和每次优化后曲线的吻合度进行设置。设置好因子、目标及遗传参数等，后台开始计算。每次优化在前一次优化结果的基础上更改遗传参数，例如更改种子大小而产生不同的初始种群等，不断地反复迭代，最终将得到的优化结果进行圆整。

5.3　特种阀门多学科优化

　　特种阀门的设计优化是一项系统工程，包括多个领域、多个学科、多个目标，是一项综合性能优化的复杂问题。前文已经探讨了特种阀门多目标优化和拓扑优化的实际应用，在特种阀门的各个零件中，都有自身重要的性能评价指标，需要进行统筹考虑。如果仍采用传统的串行设计优化方法，将特种阀门零件各个性能目标或者学科逐一分割开来进行设计优化，那么不仅设计优化过程周期长，而且计算规模大，经济成本也会大大增加，最终无法获得特种阀门的最优构型设计方案。近几年多学科设计优化（multi-disciplinary design optimization，MDO）理念已经被广泛应用于航空航天、汽车、船舶、电力等各个方面，并且取得了丰硕的研究成果。多学科设计优化相比传统串行设计方法的优化效率大大提升，统筹考虑了各个子学科子目标，优化方案的可靠性可以大幅度提升。

特种阀门在设计优化制造的过程中，受外部环境、技术条件、测量精度及人为因素等影响，会产生很多不确定性。传统的确定性设计优化理念在设计过程中忽略了这些不确定性因素对系统的影响，最终获得的优化结果会和实际的效果差距较大，使可靠性降低，甚至会导致整个设计方案的失败，如果应用在生产实际中，可能会产生不可挽回的后果。因此，在特种阀门概念设计阶段，就应当考虑这些不确定性因素，避免因不确定性造成设计结果不可靠或者失效的情况。

5.3.1　特种阀门数字化成形工艺

特种阀门对安全性的要求极高，以现在的数值模拟技术得出的模拟结果无法完全取代试验，多数时候设计者还是采用数值模拟与试验设计结合的设计模式。过去阀门的制造工艺只有铸造成形，数值模拟给出的优化方案只能是对之前方案阀体的削减，即只能通过减材制造优化阀体进行优化验证试验，如果优化方案提出需要增加壁厚、在阀门内部削减壁厚等难以直接通过机械切削实现的优化措施，那么就需要重新铸造阀门，造成大量材料和时间的浪费，并且会拖延设计周期。随着 3D 打印技术的不断发展，数字化成形技术在工业制造领域的应用成为可能。数字化成形工艺包括增材制造技术和减材制造技术。

增材制造技术（additive manufacturing，AM）即 3D 打印（3D printing）技术、快速成形（rapid prototyping，RP）技术或者分层制造（layered manufacturing）等，是一种新型制造技术，是以三维立体模型文件为基础，通过加热、使用黏结剂等方法，将液体、粉末、丝、片等材料逐层堆积成形。相对于传统的加工技术（如车、铣、刨、磨等），增材制造是一种自下而上材料逐层叠加的制造工艺。增材制造技术是快速成形领域的一种新兴技术，该技术不再需要传统的道具、夹具和机床，在生产制造产品的过程中，可以用以生产很多结构复杂且传统方法无法加工的产品。增材制造技术通过计算机生成模型的三维数据，再经过一些增材制造的设备对该三维模型进行打印成形，最终形成三维实体模型。目前，增材制造技术发展得十分迅速，不仅使生产方式变得更加简便，而且在节能环保方面也有很大提升，使用该技术可以使产品的生产率与精度得到提高。同时，由于成形方式改变，也会节省生产成本。增材制造技术目前在建筑、医学、汽车制造以及航天技术中已有应用。

增材制造技术包括了机械、电子、材料及软件等多学科知识，是一种多学科融合集成的先进制造技术。图 5-15 所示为增减材制造的原理。增材制造技术是一项划时代的发明。实验室通常无法完成阀门的制造，需要委托企业制造试验样件，进而进行试验验证优化后特种阀门的可靠性和安全性等性能。增减材制造技术使得实验室具备了一定的阀门部分零件制造能力，简化了优化设计流程。下面简要介绍一些常用的增材制造技术在阀门优化设计领域的应用。

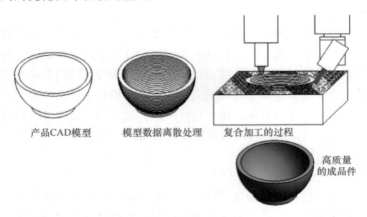

产品CAD模型　　　模型数据离散处理　　　复合加工的过程

高质量
的成品件

图 5-15　增减材制造的原理

（1）光固化成形　光固化成形原理是：使用拥有特定波长与强度的激光照射到树脂槽中的材料表面，受到激光照射的树脂材料则由点到线，再由线到面进行凝固，从而完成激光束在这一层面的路径图，即完成了这一层面的绘图；此时负责托举零件的平台会下降一个层厚的高度，然后激光进行该层面图形的固化；依次重复叠加该过程，直到完成该零件的所有层的固化，则该零件的三维模型打印完毕。光固化打印机和固化箱如图 5-16 所示。

图 5-16　光固化打印机和固化箱

某研究针对液压阀块中复杂的管道结构进行数值模拟优化，并使用增材制造技术制造正交试验需要的试样，对原正交管道结构与优化后的管道结构的出入口压降值进行了对比分析。增材制造技术得到的一组试样如图 5-17 所示。搭建试验平台对打印的这组试样进行试验，测量进出口压力降可以确定最佳设计参数，可得出原正交管道与优化设计管道分别在 3L/min、4L/min、5L/min 的流量时，各管道在进行数值模拟与液压试验时的压降值减少率。总体而言，数值模拟的结果与液压试验的结果是一致的，证明提出的优化设计方法是真实有效的。运用该优化设计方法可有效降低管道出入口压降值，提升液压系统中液流的能量利用率。

a) 原正交管道　　　　　　　　　　　b) 优化后设计的管道

图 5-17　增材制造技术得到的一组试样

（2）激光选区熔化（SLM）　SLM 是利用高能量激光束完全熔化固态金属粉末，并经冷却凝固而成形零件的一种技术。该技术基于离散—堆积原理，首先通过计算机将设计好的三维模型进行切片分层，运用高能量密度激光能量束按照设定的激光扫描路径逐层打印。当完成一层扫描后，基板所在工作台下降，铺粉刷将粉末均匀地平铺在基板上，如此往复，最后冷却凝固，直至打印完成。

零件设计与 SLM 成形过程如图 5-18 所示。

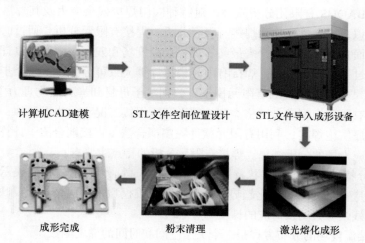

计算机CAD建模　　　STL文件空间位置设计　　　STL文件导入成形设备

成形完成　　　　　　粉末清理　　　　　　激光熔化成形

图 5-18　零件设计与 SLM 成形过程

5.3.2　特种阀门力学性能优化

特种阀门制造过程中，需要经历铸造、焊接等多道工序。焊接时由于在零件局部施加高流量密度的热源后冷却，焊接完成后会存在较大的焊接残余应力，严重影响了特种阀门在复杂工况下的使用性能。因此，往往需要进行焊后热处理消除残余热应力，改善特种阀门合金组织，强化材料的力学性能。另外，也会采用在易磨损区域增加抗磨镀层的方法，间接改善特种阀门接触流体介质表面的组织性能，增强特种阀门抗磨特性，进而延长阀门寿命和增加阀门使用的安全性。使用 ABAQUS 软件可以对合金的力学性能进行分析。ABAQUS 软件功能强大，可以提供多领域分析过程，其应用领域如图 5-19 所示。

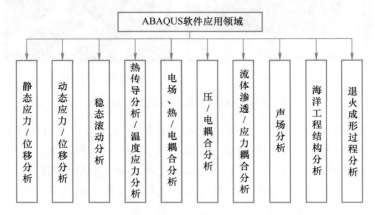

图 5-19　ABAQUS 软件应用领域

采用 ABAQUS 有限元分析软件，对特种阀门焊接残余应力及其焊后热处理过程进行数值模拟，这个过程称为焊接有限元分析。焊接有限元分析是通过时间、温度和应力三个方面相结合的方法，来最终实现焊接温度场和残余应力场仿真计算的一种有效途径。通过上述分析思路，焊接有限元模拟计算大致可分为以下几个步骤：根据实际焊件模型尺寸建立相应的有限元模型，分别赋予母材和焊料热物理力学性能参数；根据建立的有限元模型定义网格类型，定义实际焊接工况下的边界条件；加载二次开发热源子程序实施焊接；利用有限元软件顺序耦合法（直接耦合法）计算得到焊接温度场和残余应力场的分析结果。焊接有限元分析的特点主要有：

1）部分特种阀门焊件形状特殊，对精度要求高。为了能够精确表示出其焊接温度场和残余应力场的分布变化趋势，需要建立三维模型来全面精准地反映特种阀门内外温度场和残余应力场及对应的梯度趋势。

2）焊接温度场的分布方程是一个关于空间和时间的梯度函数。

3）母材及焊料的材料不一致，为提高模拟结果的准确性，充分考虑了材料的力学性能参数与温度的相关性。

由于焊接瞬时热输入能量高度集中，在焊接过程中和焊后产生的局部应力集中将会很大。焊接应力的计算分析是以温度场分析为前提的，并考虑了焊接过程中焊接接头组织转变对应力场的影响。现阶段研究焊接应力和变形的数值方法主要有热 - 弹 -

塑性有限元法、固有应变法、弹 - 黏 - 塑性有限元法等。

焊接过程存在着大量的几何非线性以及材料非线性等问题。焊接热应力计算过程极其复杂，为了提高模拟计算的精确性，把焊接热应力场简化成材料非线性瞬态过程。在热 - 弹 - 塑性分析的基础上，利用弹塑性力学模型中的增量理论进行如下假设：

1）材料在屈服时服从米泽斯屈服准则。

2）材料在塑性区内服从硬化法则和流动法则。

3）塑性应变、弹性应变以及温度应变相互独立可分离。

4）在微小时间增量内，与温度有关的应力应变和力学性能呈线性变化。

参考文献

[1] 蒋乔，曾云，胡瑞海，等 . DOE（试验设计）在提升 30CrNiMo 钢调质棒材冲击功的应用 [J]. 特殊钢，2022，43（5）：82-85.

[2] 曹建学 . DOE 试验设计在量化高炉炉温控制中的应用 [J]. 山西冶金，2020，43（1）：76-77.

[3] 袁坚 . TBM 比例调速阀动态特性及结构优化研究 [D]. 长沙：中南大学，2013.

[4] 马小妹，李宇龙，严浪 . 传统多目标优化方法和多目标遗传算法的比较综述 [J]. 电气传动自动化，2010，32（3）：48-50.

[5] 王长周，姚顺宇，曹钧凯，等 . 大型电渣重熔设备给料系统优化与控制 [J]. 东北大学学报（自然科学版），2011，32（9）：1312-1314.

[6] 王文胜 . 复杂结构动力模型降阶方法研究 [J]. 力学与实践，2015，37（2）：171-181.

[7] 杨忠炯，蔡岳林，周立强，等 . 基础振动下插装阀组抗振特性分析 [J]. 制造业自动化，2018，40（8）：19-24.

[8] 张玲，于进文，李云华 . 基于 Matlab 的双参数最优设计方法研究 [J]. 内燃机与动力装置，2018，35（2）：73-76.

[9] 赵玲玲，樊树海，吕庆文，等 . 基于 Minitab/TURN5DOE 的试验设计在质量管理的应用 [J]. 机床与液压，2021，49（13）：25-28.

[10] 刘慧慧 . 基于多种群协同的多目标粒子群优化算法研究 [D]. 南京：南京邮电大学，2014.

[11] 柳雄，赵刚，张娜，等 . 基于流固耦合与 DOE 的电动闸阀轻量化设计 [J]. 组合机床与自动化加工技术，2020（10）：40-43.

[12] 杨忠炯，包捷，周剑奇，等 . 振动对格莱圈密封性能的影响 [J]. 流体机械，2017，45（6）：38-43.

[13] 许寒飞，何煦，李扬，等 . 正交试验设计（DOE）对熔融混炼工艺参数的优化研究 [J]. 信息记录材料，2021，22（11）：10-12.

[14] 马士良，王相兵 . 制冷用大容量四通阀轻量化设计技术研究 [J]. 机床与液压，2018，46（22）：45-50.

第 6 章

智能制造与特种阀门制造

6.1 智能制造技术概述

　　智能制造（intelligent manufacturing，IM）是一种人机一体化智能系统，它以新兴科技为依托，配合新工艺、新能源及新材料等各个要素进行智慧化集成，精确控制各个模块，是各模块功能实现智能化的总称，智能制造的概述图如图 6-1 所示。在阀门的生产过程中进行诸如分析、推理、判断、构思和决策等智能活动。通过智能化的自动化设备和传感器，智能制造技术可以实时监控和调整阀门生产过程，优化产品设计和工艺流程，提高生产率和产品质量。同时，智能制造技术可以实现阀门生产的柔性化、智能化和高度集成化，将各个环节进行整合和横向集成，实现产品质量的极大提高、生产率的极大提升，同时实现绿色环保、节能减排的目的。综上所述，智能制造技术是特种阀门生产的关键，它可以为特种阀门产业的发展提供强有力的支撑和推动。

图 6-1　智能制造的概述图

在制造过程的各个环节几乎都应用了人工智能技术，尤其适合解决特别复杂和不确定的问题。网络系统技术可以用于工程设计、工艺过程设计、生产调度、故障诊断等，也可以将神经网络和模糊控制技术等先进的计算机智能方法应用于产品配方、生产调度等，实现制造过程智能化。

智能制造是制造业的一场新革命，是各国在新一轮工业技术革新中占据制高点的关键所在。以工业互联网为总括，物联网为数据渠道，大数据分析为思考工具，人工智能为决策手段的技术框架是实现智能制造的前提，具有重要的研究意义。通过对这些关键技术的内涵、层次、应用范围的研究，可以实现制造行业的智能化与信息化，推动我国制造业的转型发展，到达工业 4.0 时代（利用信息化技术促进产业变革的时代）。本节主要通过介绍工业 4.0 的内涵、概念和核心内容，工业互联网的网络体系和特征，以及中国智能制造的内涵、特征和发展历史来介绍智能制造技术。

6.1.1　工业 4.0 的内涵

工业 4.0 是基于工业发展的不同阶段做出的划分，按照目前的共识，工业 1.0 是蒸汽机时代，工业 2.0 是电气化时代，工业 3.0 是信息化时代，工业 4.0 则是利用信息化技术促进产业变革的时代，也就是智能化时代。这个概念最早出现在德国，在 2013 年的汉诺威工业博览会上正式推出，其核心目的是提高德国工业的竞争力，在新一轮工业革命中占领先机。随后由德国政府列入《德国 2020 高技术战略》中所提出的十大未来项目之一。旨在提升制造业的智能化水平，建立具有适应性、资源效率及基因工程学的智能工厂，在商业流程及价值流程中整合客户及商业伙伴，其技术基础是网络实体系统及物联网。

工业 4.0 意味着在产品生命周期内整个价值创造链的组织和控制迈上新台阶，意味着从创意、订单，到研发、生产、终端客户产品交付，再到废物循环利用，包括与之紧密联系的各服务行业，在各个阶段都能更好地满足日益个性化的客户需求。所有参与价值创造的相关实体形成网络，获得随时从数据中创造最大价值流的能力，从而实现所有相关信息的实时共享。以此为基础，通过人、物和系统的连接，实现企业价值网络的动态建立、实时优化和自组织，根据不同的标准对成本、效率和能耗进行优化。工业 4.0 的核心是建立信息物理系统（CPS），聚焦于智能工厂和智能生产两个主题，实现领先的供应商战略与领先的市场战略，实现横向集成、纵向集成与端对端的集成。工业 4.0 的关键是智能制造，精髓是智能工厂。精益生产是智能制造的基石，工业标准化是必要条件，软件和工业大数据是关键大脑。德国“工业 4.0”战略发布后，各大企业积极响应，已经形成了从基础元器件、自动化控制软硬件、系统解决方案到供应商的完整产业链，形成了工业 4.0 的生态系统，如图 6-2 所示。

工业 4.0 核心内容包括建一个网络、三项集成、大数据分析、八项计划和研究两个主题。

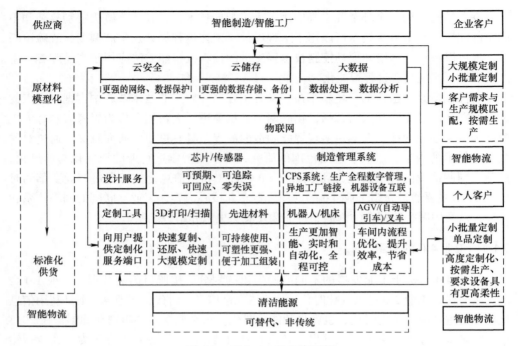

图 6-2　工业 4.0 的生态系统

在工业 4.0 蓝图中建一个网络就是连接一切的信息物理系统网络，是实现智能工厂、智能生产的基础，工业 4.0 蓝图给了一个 CPS 网络的概念模型包括传感器服务、控制服务、通信服务、校验服务、信息服务等，所有的服务形成了一个服务库，每个服务完成不同的功能，服务与服务之间相互连接，构成一个柔性的智能生产网络，每个服务来自不同的系统，产品信息服务也许来自 PDM 系统、生产计划服务来自 ERP、订单服务来自 DMS（汽车经销商管理系统），生产装配指令服务来自 MES、生产加工服务由设备完成，因此整个 CPS 网络就是一个服务连接的网络，即是"务联网"的概念，通过"服务"的抽象，屏蔽了各个信息系统及物理设备的差异性，在服务层面具有共通性，因而容易建立起连接。

工业 4.0 中的三项集成包括：横向集成、纵向集成与端对端的集成。工业 4.0 将无处不在的传感器、嵌入式终端系统、智能控制系统、通信设施通过 CPS 形成一个智能网络，使人与人、人与机器、机器与机器以及服务与服务之间能够互联，从而实现横向、纵向和端对端的高度集成，集成是实现工业 4.0 的重点也是难点。

工业 4.0 时代，大数据分析是一项很重要的技术，制造企业的数据将会呈现爆炸式增长态势。随着信息物理系统的推广、智能装备和终端的普及，以及各种各样传感器的使用，将会带来无所不在的感知和无所不在的连接，所有的生产装备、感知设备、联网终端，包括生产者本身都在源源不断地产生数据，这些数据将会渗透到企业运营、价值链乃至产品的整个生命周期，是工业 4.0 和制造革命的基石。

八项计划是一个比较宏观的指导意见，具体包括：①标准化和参考架构；②管理复杂系统；③一套综合的工业宽带基础设施；④安全和保障；⑤工作的组织和设计；⑥培训和持续的职业发展；⑦监管框架；⑧资源利用效率，具体实施需要国家、产业、企业每一个层面去落实和实践，设计出可操作的行动计划才具备可行性。

工业 4.0 的两个主题分别是智能工厂和智能生产，智能工厂是未来智能基础设施的关键组成部分，重点研究智能化生产系统、过程及网络化分布生产设施的实现；智能生产的侧重点在于将人机互动、智能物流管理、3D 打印等先进技术应用于整个工业生产过程，从而形成高度灵活、个性化、网络化的产业链。

目前，很多企业处于工业 2.0、工业 3.0、工业 4.0 并存的状态，有老式的非智能的生产设备，也有最先进的智能化设备在同时使用，不能一下子把老式的设备都淘汰掉，需要对老设备进行技术改造，保留其基础加工能力。SOA（面向服务的架构）是工业 4.0 目标实现的一种最佳技术手段，工业 4.0 战略目标中需要实现的 CPS、三项集成与 SOA 实践的一些实际应用案例及思想有异曲同工之处。这样就能把老式设备改造成一个加工服务单元，集成到信息网络中，与智能的新设备一起提供一个组合式的服务，各种设备之间的服务相互连接和协作，并与管理信息网络互通，从而形成一个智能化的生产线、智能化的工厂，这就是 SOA 思想在工业 4.0 中的体现。

SOA 是面向服务的架构，核心思想是组件化、标准化、碎片化、服务化，通过组件以及组件之间的组合来灵活地满足各种应用需求，又不失原有的整体性，它的典型结构包括 I/O（输入 / 输出）处理、流程管理器等（见图 6-3）。

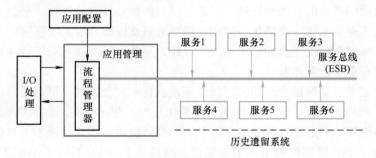

图 6-3　典型的 SOA 结构

SOA 核心架构包含三个层面：界面、流程和数据。门户是用户接入的端口，解决信息访问接入的问题，提供多种设备接入的协议，包括手机、平板计算机、个人计算机等终端设备，是信息集聚、人员集聚、流程集聚的协作平台。门户可以为工业 4.0 蓝图目标提供对内对外的协作平台。BPM 流程平台可以为工业 4.0 蓝图中的三个集成提供纵向集成、横向集成和端到端集成目标的流程驱动。ESB（企业服务总线）解决异构系统、设备的接入问题，提供各种适配器连接设备及系统，进行通信协议的转换，提供数据交换服务，可以为工业 4.0 中的 CPS 解决连通性的问题，从而构建一个可以连接一切的网络。SOA 架构中的核心层门户、BPM、ESB 是实现工业 4.0 的三个集成目标的基础支撑平台，是三个层面的服务组件的容器及承载体，有了这三个平台的支撑，才能实现企业的纵向集成和横向集成，以及端到端的集成。

为了保障工业 4.0 的顺利实现，德国把标准化排在八项行动中的第一位。可以说，标准先行是"工业 4.0"战略的突出特点。为此，在推进信息网络技术与工业企业深度融合的具体实践中，也应高度重视并发挥标准化工作在产业发展中的引领作用，及时制定出台"两化深度融合"标准化路线图，引导企业推进信息化建设。工业 4.0 落地中国企业，工业大数据是一项重要抓手。利用工业大数据分析，可以找出隐性的问题并预测未知情况的发生，有助于及时地做好预防，避免故障和偏差。

近期，随着工业 4.0 的概念在网络上越炒越热，我国也推出了"中国制造 2025"战略。在国家战略需求的驱动下，中国距离实现从制造大国向制造强国迈进的目标也越来越近，这将打通中国制造转型升级的主动脉。

6.1.2　工业互联网的内涵

工业互联网（industrial internet）是新一代信息通信技术与工业经济深度融合的新型基础设施、应用模式和工业生态，它将人、机、物、系统等全面连接起来，构建起覆盖全产业链、全价值链的全新制造和服务体系。在阀门生产中，工业互联网技术可以实现智能化监控并优化生产过程，精准定位生产瓶颈和质量问题。同时，工业互联网还可以实现阀门生产的数字化、网络化和智能化转型，重塑企业形态、供应链和产业链，推动阀门产业的升级和发展。工业互联网的核心要素是网络、平台、数据和安全，这既是工业数字化、网络化、智能化转型的基础设施，也是互联网、大数据、人工智能与实体经济深度融合的应用模式。因此，工业互联网技术对于特种阀门产业的未来发展具有重要意义和影响。

当前，工业互联网融合应用向国民经济重点行业广泛拓展，形成平台化设计、智能化制造、网络化协同、个性化定制、服务化延伸、数字化管理六大新模式，赋能、赋智、赋值作用不断显现，有力地促进了实体经济提质、增效、降本、绿色、安全发展。我国的工业互联网架构也在不断完善、改进。架构 1.0 明确了工业互联网网络、数据、安全三大体系；架构 2.0 在继承架构 1.0 核心理念、要素和功能体系的基础上，从业务、功能、实施等三个角度重新定义了工业互联网的参考架构，扩展形成集业务视图、功能架构、实施框架、技术体系于一体的更全面的架构（见图 6-4 和图 6-5）。

工业互联网最重要的基础是网络体系。网络体系包括网络互联、数据互通和标识解析体系三部分。

1）网络互联实现要素之间的数据传输，包括企业外网、企业内网。其典型技术包括传统的工业总线、工业以太网、创新的时间敏感网络（TSN）、确定性网络、5G

等技术。企业外网根据工业高性能、高可靠、高灵活、高安全网络需求进行建设，用于连接企业各地机构、上下游企业、用户和产品。企业内网用于连接企业内人员、机器、材料、环境、系统，主要包含信息（IT）网络和控制（OT）网络。当前，内网技术发展呈现三个特征：IT 和 OT 正走向融合，工业现场总线向工业以太网演进，工业无线技术加速发展。

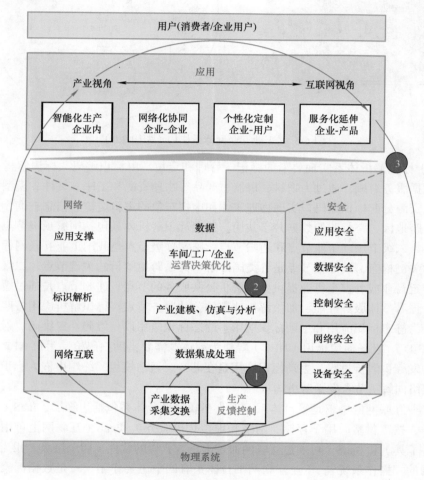

图 6-4 《工业互联网体系架构（架构 1.0）》

2）数据互通是通过对数据进行标准化描述和统一建模，实现要素之间传输信息的相互理解，数据互通涉及数据传输、数据语义语法等不同层面。其中，数据传输的典型技术包括嵌入式过程控制统一架构（OPC UA）、消息队列遥测传输（MQTT）、数据分发服务（DDS）等；数据语义语法主要指信息模型，其典型技术包括语义字典、自动化标记语言（automation ML）、仪表标记语言（instrument ML）等。

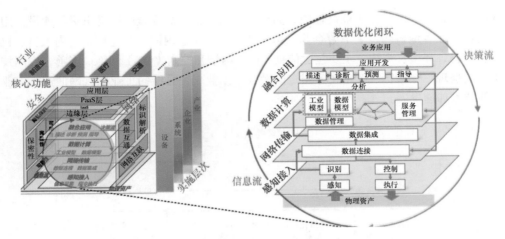

图 6-5 《工业互联网体系架构（架构 2.0）》

3）标识解析体系实现要素的标记、管理和定位，由标识编码、标识解析系统和标识数据服务组成，通过为物料、机器、产品等物理资源和工序、软件、模型、数据等虚拟资源分配标识编码，实现物理实体和虚拟对象的逻辑定位和信息查询，支撑跨企业、跨地区、跨行业的数据共享共用。我国标识解析体系包括国家顶级节点、国际根节点、二级节点、企业节点和递归节点。国家顶级节点是我国工业互联网标识解析体系的关键枢纽，国际根节点是各类国际解析体系跨境解析的关键节点，二级节点是面向特定行业或者多个行业提供标识解析公共服务的节点，递归节点是通过缓存等技术手段提升整体服务性能、加快解析速率的公共服务节点。标识解析应用按照载体类型可分为静态标识应用和主动标识应用。静态标识应用以一维码、二维码、射频识别码（RFID）、近场通信标识（NFC）等作为载体，需要借助扫码枪、手机 APP 等读写终端触发标识解析过程。主动标识应用是在芯片、通信模组、终端中嵌入标识，主动通过网络向解析节点发送解析请求。

工业互联网的中枢是平台体系。工业互联网平台体系包括边缘层、IaaS（基于云的服务，按需付费，用于存储、网络和虚拟化等服务）、PaaS（互联网上可用的硬件和软件工具）和 SaaS（可通过互联网通过第三方获得的软件）四个层级，相当于工业互联网的"操作系统"。工业互联网平台体系有四个主要作用，一是数据汇聚：网络层面采集的多源、异构、海量数据，传输至工业互联网平台，为深度分析和应用提供基础；二是建模分析：提供大数据、人工智能分析的算法模型和物理、化学等各类仿真工具，结合数字孪生、工业智能等技术，对海量数据挖掘分析，实现数据驱动的科学决策和智能应用；三是知识复用：将工业经验知识转化为平台上的模型库、知识库，方便二次开发和重复调用，加速共性能力沉淀和普及；四是应用创新：面向研发设计、设备管理、企业运营、资源调度等场景，提供各类工业 APP、云化软件，帮助企业提质增效。

工业互联网的要素是数据体系，数据有三个特性，一是重要性：数据是实现数字化、网络化、智能化的基础，没有数据的采集、流通、汇聚、计算、分析，各类新模式就是无源之水，数字化转型也就成为无本之木。二是专业性：工业互联网数据的价值在于分析利用，分析利用的途径必须依赖行业知识和工业机理。制造业千行百业、千差万别，每个模型、算法背后都需要长期积累和专业队伍，只有深耕细作才能发挥数据价值。三是复杂性：工业互联网运用的数据来源于"研产供销服"各环节，"人机料法环"各要素，ERP、MES、PLC 等各系统，维度和复杂度远超消费互联网，面临采集困难、格式各异、分析复杂等挑战。

工业互联网的保障是安全体系。工业互联网安全体系涉及设备、控制、网络、平台、工业 APP、数据等多方面网络安全问题，其核心任务就是要通过监测预警、应急响应、检测评估、功能测试等手段确保工业互联网健康有序发展。与传统互联网安全相比，工业互联网安全具有三大特点，一是涉及范围广：工业互联网打破了传统工业相对封闭可信的环境，网络攻击可直达生产一线。联网设备的爆发式增长和工业互联网平台的广泛应用，使网络攻击面持续扩大。二是造成影响大：工业互联网涵盖制造业、能源等实体经济领域，一旦发生网络攻击、破坏行为，安全事件影响严重。三是企业防护基础弱：目前我国广大工业企业安全意识、防护能力仍然薄弱，整体安全保障能力有待进一步提升。

6.1.3 中国智能制造的内涵

18 世纪中叶开启工业文明以来，世界大国的兴衰史、中华民族的屈辱史和奋斗史都一再证明，没有强大的制造业，就不可能成为世界强国。坚持打造强大自主的制造业，是我国提升综合国力、保障国家安全、建设世界强国的必由之路。据世界银行的数据：2010 年我国制造业增加值首次超过美国，之后连续多年稳居世界第一；2020 年我国制造业增加值占世界的份额达 28.5%，较 2012 年提升 6.2 个百分点，在全球工业经济增长中的驱动作用进一步增强（见图 6-6）。

我国在国际分工中尚处于技术含量和附加值较低的"制造—加工—组装"环节，在附加值较高的研发、设

图 6-6　2020 年我国制造业产值占世界的份额

计、工程承包、营销、售后服务等环节缺乏竞争力。我国所需的芯片 80% 以上依赖进口，高铁装备所需的核心零部件/元器件 80% 以上需进口。不仅利润很少，在制造过程中产品质量也有很大的问题。国家监督抽查产品质量不合格率高达 10%，制造业每年直接质量损失超过 2000 亿元，间接损失超过万亿元。目前，我国制造业的总体规模巨大，部分产业产能过剩和重复建设问题突出，资源、能源、环境和市场的约束成为我国制造业发展的主要制约因素。我国制造业已跨入了由制造大国向制造强国迈进的新的历史发展阶段。发达国家以数字化智能化制造技术应用为重点，力图依靠科技创新，抢占国际产业竞争制高点、谋求未来发展的主动权。另外，新工业革命与我国加快建设制造强国形成历史性交汇，这是极大的机遇。紧紧抓住这一难得的机遇，将大大加快我国工业化和建设制造强国的进程。

20 世纪 90 年代，我国开始研究智能制造，中国机械工程学会监事宋天虎（1999年）认为智能制造在未来应该能对工作环境自动识别和判断，对现实工况做出快速反应，实现与人和社会的相互交流。华中科技大学的杨叔子和吴波（2003 年）认为智能制造系统通过智能化和集成化的手段来增强制造系统的柔性和自组织能力，提高快速响应市场需求变化的能力。华中科技大学的熊有伦等（2008 年）认为智能制造的本质是应用人工智能理论和技术解决制造中的问题，智能制造的支撑理论是制造知识和技能的表示、获取、推理，而如何挖掘、保存、传递、利用制造过程中长期积累下来的大量经验、技能和知识是现代企业急需解决的问题。中国机械工程学会在 2011 年出版的《中国机械工程技术路线图》书中提出，智能制造是研究制造活动中的信息感知与分析、知识表达与学习、智能决策与执行的一门综合交叉技术，是实现知识属性和功能的必然手段。西安交通大学的卢秉恒和李涤尘（2013 年）认为智能制造应具有感知、分析、推理、决策、控制等功能，是制造技术、信息技术和智能技术的深度融合。中国机械工业集团有限公司中央研究院副总工程师、中国机器人产业联盟专家委员会副主任郝玉成认为智能制造是能够自动感知和分析制造过程及其制造装备的信息流与物流，能以先进的制造方式，自主控制制造过程的信息流和物流，实现制造过程自主优化运行，满足客户个性化需求的现代制造系统。智能制造的基本属性有三个，即对信息流与物流的自动感知和分析，对制造过程信息流和物流的自主控制，对制造过程的自主优化运行。

在 2015 年工信部发布的《2015 年智能制造试点示范专项行动实施方案》中，将智能制造定义为基于新一代信息技术，贯穿设计、生产、管理、服务等制造活动各个环节，具有信息深度自感知、智慧优化自决策、精准控制自执行等功能的先进制造过程、系统与模式的总称。具有以智能工厂为载体，以关键制造环节智能化为核心，以端到端数据流为基础、以网络互联为支撑等特征，可有效缩短产品研制周期、降低运营成本、提高生产率、提升产品质量、降低资源能源消耗。如图 6-7 所示为某飞机制造产业的智能化新模式。

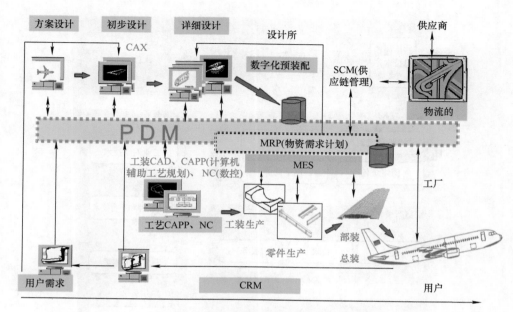

图 6-7　某飞机制造产业的智能化新模式

　　中国智能制造参考架构模型结合智能制造技术架构和产业结构，从系统架构、价值链和产品生命周期三个维度构建了智能制造标准化参考模型，这有利于认识和理解智能制造标准的对象、边界、各部分的层级关系和内在联系（见图 6-8）。参考架构最底层的总体要求包括基础性、安全性、管理性评价性和可靠性，以支撑智能制造急需解决的通用标准和技术。第二个层次是智能装备 / 产品，这一层次的重点不在于装备本身而更侧重于装备的数据格式和接口的统一。第三个层次是工业互联网，包括核心软件和平台技术、工业网络技术、安全保护体系、评测等。第四个层次是智能工厂，包括工厂体系架构、制造系统互操作性、诊断维护与优化、设备及生产管理集成等，依据自动化与 IT 技术的作用范围划分为工业控制和生产经营管理两部分。工业控制包括 DCS（分散式控制系统）、PLC 和 SCADA（监视控制与数据采集系统）等，在各种工业通信协议、设备行规和应用行规的基础上，实现设备及系统的兼容与集成。生产经营管理在 MES 和 ERP 的基础上，将各种数据和资源融入产品生命周期管理，同时实现节能与工艺优化。第五个层次是制造新模式，通过云计算、大数据和电子商务等互联网技术，实现离散型智能制造、流程型智能制造、个性化定制、网络化协调制造与远程运维服务等制造新模式。第六个层次是服务型制造，包括个性化订制、远程服务、网络众包和电子商务等。第七个层次是上述层次技术内容在典型离散制造业和流程工业中的实现与应用。

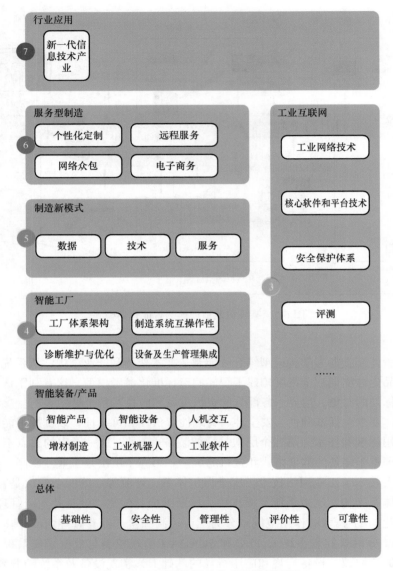

图 6-8 中国智能制造参考构架模型图

6.2 特种阀门制造业发展现况及趋势

当前，全球正在兴起新一轮工业革命，在生产方式上，制造呈现出数字化、网络化、智能化等特征。面对以信息网络技术创新引领的智能制造新趋势，大力推进自动化、智能化深度融合成为阀门制造企业升级的必然选择。阀门行业作为机械装备制造业的一个重要环节，在国民经济发展中起到非常重要的作用。

阀门行业要优化产业结构，加快建立具有自主开发和创新能力的技术发展新体系。从市场格局来看，工业阀门低端市场技术壁垒较低，布局该市场的国产品牌数量众多，市场竞争较为激烈。受低端市场国产化水平不断提升的影响，国内工业阀门整体国产化率正处于不断上升的态势，2021 年其国产化率为 40.5%。工业阀门中高端市场国产化水平较低，高端市场仍由国外企业占据主导地位。未来国内工业阀门高端市场国产化率仍有较大提升空间，行业发展空间广阔。现阶段，国内工业阀门行业正处于由中低端阀门生产向高端阀门定制化生产转变的升级阶段。控制阀产品作为高端产品需求量不断增加，2022 年我国控制阀行业前 50 企业市场占比约为 82.52%。从阀门行业的进口构成分析，我国高端阀门的需求要靠进口来满足，目前轿车、高铁、风电、精密机床主轴配套阀门等场所高端阀门一直是我国阀门行业的软肋，长期依靠进口。我国生产的阀门产品在性价比、高精度、低噪声、长寿命与高可靠性等方面与国外知名企业存在着较大的差距，国产化亟待加速。本节主要介绍阀门行业的发展现况及制约因素、各类问题与短板，以及未来的发展趋势。

6.2.1 阀门行业发展现况及制约因素

阀门作为国民经济中必不可少的工业设备，是各行各业不可缺少的机械设备，在工业企业中，阀门在生产中的潜在作用巨大，阀门质量在某种程度上会给人身与生产安全、产品质量、生产率等带来重要影响，尤其与人民生活密切相关的建筑业、供水、供暖等更有着一定的利害关系。所以，闸阀、球阀、蝶阀、调节阀、截止阀等阀门产品越来越受到社会的关注。阀门产品是发展现代化工业不可缺少的必要设备，同时其产品质量对企业生产发挥着积极作用。阀门行业属于传统制造业，也是通用机械装备制造业的重要组成部分。当前，我国阀门制造行业规模以上企业有 2000 多家，营收近 3000 亿元。我国虽然是阀门制造大国，但行业企业以中小企业为主，市场竞争激烈，面临中低端供给过剩、高端不足和产业集中度低的窘境，全行业亟须加快结构调整，转型升级。

在我国目前的阀门市场上，除了低压阀门已经达到国际市场能接受的水平外，高压阀门仍然要依靠进口。在宏观经济下行，国际贸易形式不明朗的情形下，行业进出口总额有较大的波动，2018 年实现进出口总额 239.52 亿美元；2019 年进出口总额略微下滑，为 233.85 亿美元，同比下滑 2.37%。2012—2019 年，我国阀门行业进口量总体呈波动上升趋势。2018 年和 2019 年这两年由于受到与美国的贸易摩擦影响，行业进口量和增速均下滑，2019 年行业进口量为 102355 万套，同比下滑 1.58%。从进口金额的角度看，2018 年阀门进口金额达到 73.28 亿美元，同比增长 19.95%；2019 年进口金额为 71.54 亿美元，同比下滑 2.37%。2019 年，我国阀门行业出口金额有所回落，为 162.31 亿美元，同比下滑 0.02%。目前，国内阀门生产骨干企业已能按 ISO

国际标准、DIN 德国标准、AWWA 美国标准等设计制造各种阀门，部分厂家的产品达到了国际先进水平。阀门行业的整体水平有了较大的提高。但与国外比较来看，我国产品的质量还不够稳定，如跑、冒、滴、漏现象在国产阀门中经常出现。阀门的配套能力也与发达国家相比尚存在一定的差距。

在宏观经济持续看好的形势下，阀门行业的大部分生产和销售指标都保持了较快的增长，但是由于价格战的影响，行业销售收入和利润都较 2022 年大幅下降。但总体而言，我国泵阀市场产业集中度较低，以生产中低端产品为主。在核心技术方面，我国企业与世界发达国家相比还有一定的差距。

目前，我国阀门行业仍然存在着一些问题，如我国阀门企业主要以低层次、小规模、家庭作坊式企业为主。在产品上，由于重复投资，技术引进不够，我国阀门企业的主导产品仍然是低质量的大众产品。目前，我国企业生产的各种阀门普遍存在着外漏、内漏、外观质量不高、寿命短、操作不灵活，以及阀门电动装置和气动装置不可靠等缺点，部分产品只相当于 20 世纪 80 年代初的国际水平，一些高温高压装置上需要的阀门仍然依赖进口。

我国阀门市场发展虽然存在众多的制约因素，但仍然有广阔的前景，这主要得益于政策的支持和市场环境的改变。

1）国家政策的支持。随着国家加快振兴装备制造业政策逐步推进，通用基础制造业发展将进一步得到重点支持。

2）阀门产品市场的强劲需求。国有经济持续稳定发展，固定资产投资逐步扩大，尤其是几项世纪工程"西气东输""西电东送""南水北调"等项目的开工需要大量的阀门产品配套；另外，我国正面临着工业化时代的到来，石化行业、电力部门、冶金部门、化工行业和城市建设等阀门使用大户将增加对阀门产品的需求。

3）随着我国加入 WTO（世界贸易组织），国际贸易门槛降低以及发达国家调整产品结构，我国正逐渐成为世界上最大的加工厂，为阀门产品的加工制作带来了更大的发展空间。

目前，我国阀门行业上下都在开展转型升级、调整产品结构、自主创新、开发新的优势产品，以此适应市场的变化，不仅赢得了市场认可，而且摆脱了"价格战"恶性竞争的泥潭。即使是在外围经济不景气的背景下，企业依然保持了稳健增长的好势头。当前，各阀门生产厂家犹如雨后春笋般亮相市场，为我国制造业注入无限生机，其对国民经济的贡献更是有目共睹。然而想要真正立足市场，阀门生产企业还需深刻剖析产品中存在的问题，并积极找出解决的方案。

随着阀门行业重组步伐的加快，未来将是阀门产品质量安全和产品品牌之间的竞争，产品向高技术、高参数、耐强腐蚀方向发展。我国阀门制造行业在庞大的需求环境下，必将呈现出更好的发展前景。面对国家提出的"中国制造 2025"，阀门行业从业人员要深思熟虑，如何减小与国外高精尖阀门的差距，克服发展中的困难，找准发展的契合点，共同促进阀门产业的振兴与提高。

6.2.2　阀门行业各类问题与短板

面对以新一代信息技术为创新引领的智能制造新趋势，大力推进数字化、智能化深度融合成为阀门制造企业升级的必然选择，当前阀门行业面临数字化挑战，阀门行业"短板"凸显，必须加强数字化管理能力才能在市场中突破重围。目前，阀门行业主要有以下四个问题：

1）产业结构不合理，产能过剩问题严重。阀门产业经过前些年高速发展，工业产能过度扩张，市场环境恶化，虽然总需求逐年增长，但远远赶不上供给能力的增长，比如球阀、闸阀、截止阀这种产品，同质化竞争日趋激烈。产品质量不高、关键核心技术受制于人、工业管理水平落后、知名品牌缺乏、发展方式粗放等矛盾长期制约行业发展，已经使行业转型升级刻不容缓。

2）自主创新能力弱，产品质量不高。例如，国外某企业根据流体力学，在水龙头内安装了一个节流阀，用以控制水的流量，防止水溅到衣服上，但这种创新在国内企业中很难做到。阀门企业应该加强技术创新，从注重数量、规模扩张转向更注重追求质量、效益，促进中国阀门行业的良性发展。

3）缺乏世界知名品牌与跨国企业。现在阀门行业多数产品档次低、品种重复性大，部分企业缺少创新，没有自主知识产权的产品，仍然是照学、照搬、模仿别人的产品。

4）阀门工厂制造水平过低，智能制造尚未普及。国内阀门企业大多加工水平较低，机械加工大多使用万能机床，劳动生产率低，生产周期长，而智能制造能够有效缩短阀门研制周期，提高生产率和产品质量，降低运营成本和资源能源消耗，这一共识已经在全社会基本形成。发展智能制造，无疑对破解我国阀门产业发展不平衡、不充分的问题，能发挥出历史性、革命性的推动作用。

除此以外，国内核电装备制造业中的阀门行业的设计制造水平还远远落后于科技发达国家，各类阀门的可靠性和配套能力与国际水平仍有较大差距，特别是在核电站用阀门的设计和生产能力上与国外先进水平差距很大，重要的核电站阀门技术尚未突破。我国阀门行业已经能够生产核电站用核级闸阀、止回阀、蝶阀、球阀、隔膜阀等系列阀门，但配套阀门档次不高，在技术层次上处于下游水平。而在主蒸汽隔离阀、大口径安全阀（DN200mm）等技术含量高的阀门研制和生产上尚未取得重大突破，核电站阀门总体水平仍然落后于世界先进水平，例如智能型驱动机构目前已较为普遍地应用于国外的阀门行业，但在国内还是空白。具备在线诊断能力的核级闸阀对于核电站的正常运行和故障发现排除具有重要意义，但由于国内自动控制水平的限制，国内尚不能生产。重要的配套装置自动化程度低，可靠性差。对于核电站阀门来说，在事故状态下动作的及时准确非常重要，例如主蒸汽隔离阀按要求打开的时间仅为几秒钟，如果出现动作不及时或误操作都将带来严重的后果，阀门驱动装置的性能和质量非常重要。通用执行机构的控制精度不高，动作不灵敏，与国外同类产品相比还有一定差距，阀门制造工艺落后、管理薄弱。目前，虽然有部分阀门企业得到了国家技术改造投资，加工水平有所提高，但行业整体加工能力依然不高，在核电站阀门领域将面临国际各大知名企业的有力竞争。国外研制和生产核电站阀门已有近50余年的历史，经验丰富、产品种类齐全、技术先进、性能可靠，而且已成功应用于国内外数百个反应堆上，特别是在诸如稳压器先导式安全阀等国内尚未完全具备设计生产能力的阀门方面，国外阀门企业有着很强的优势。

我国的阀门制造行业经过几十年的发展后，已经取得了很大的进步，目前我国的阀门企业数量居全世界第一，阀门产量实现了大幅度增加。但是随着产量的增加，阀门企业管理的难度也增加，因此阀门企业的管理数字化转型至关重要。目前从制造环节来说，阀门企业的管理难点大致包括以下五个问题：

1）多属性：技术属性15～20个，过程中存在边设计、边生产、边修改的情况，如何打通设计、生产、销售等环节，保证信息准确、及时，减少质量事故是关键。

2）设备编号与批次管理：例如，工业阀门属于国家特种设备，对于每台阀门都有严格管控，进入高端市场必须有相应的资质认证。

3）订单分配：一个项目涉及很多产品，设计研发进度各不一样。

4）库位管理：零部件种类多、基础管理薄弱、人员变动频繁，对库存管理提出挑战。

5）外协、采购价格管理：外协购件种类多、价格核算体系复杂、材料成本占比高，控制成本是重点。管理改革外协、采购价格对于阀门企业的升级改造以及未来发展至关重要，未来还有很长的路要走。

6.2.3　阀门行业未来的发展趋势

工业4.0时代下，新一轮科技革命带动了巨大的产业变革，新一代信息技术与现代制造业深度融合，工业的自动化、数字化、智能化已经成为智能制造装备行业重要的发展趋势。流程工业生产过程长、风险点众多，特种阀门作为流程工业的"咽喉"，其数智化水平成为影响我国工业安全和数据安全的重要环节。

目前，我国阀门自主设计能力仍有待提升，特种阀门关键附件高度依赖进口，特种阀门的智能运维系统仍属空白。从长远来看，特种阀门的数智化将体现在两方面，一是在设计和生产环节中，特种阀门的数字化设计、智能制造水平、关键附件的研发能力；二是在工业运行场景中，特种阀门的精准调控、故障诊断和数字化运维将是未来发展的重要趋势。

特种阀门的发展分为以下六大趋势（见图6-9）。

1）从大规模生产发展到个性化定制。今后阀门将向深低温、超高温、大压力、零泄漏等极端化工况方向发展。

2）从初低级加工发展到高品质制造。柔性化、敏捷性、智能化、信息化等已成为阀门制造工艺的发展趋势。目前，业界已逐步开始应用一些先进、精密和高自动化程度的阀门加工设备，如数控仿形铣床等精密高效设备，使阀门加工的精度和表面粗糙度得到了很大的改善。

3）从单一满足型发展到多工况适应型。随着材料、加工精度、设计方法的优化和发展，石油、化工、电站、长输管线、航空等领域所需阀门向多尺寸、高精度、高强度、高可靠性的方向发展，要求部件越来越复杂，阀门形式更加灵活，需适应高低温、高低压等多工况需求。

图 6-9　阀门行业数字化发展六大趋势

4）从经验化设计发展到数字化设计。为实现从初级产品加工到高精尖产品制造的转变，阀门企业需要改变"设计—试制—试验—修改"开发模式，最大限度地利用先进的数字化设计手段，以提高质量、降低成本。

5）从传统型阀门发展到智能型阀门。随着传感器、电子控制技术的飞速发展，阀门产品也从单一机械控制，发展为采用智能伺服放大器、数字化操作器等产品。

6）从信息化孤岛发展到大数据物联。大数据时代带来的是便捷的资源获取和高效的设计效率，阀门企业可通过物联网的创新和大数据分析技术使内外部数据合纵连横，远程服务用户诊断需求、随时随地与用户互动，快速生产和迭代自己的产品。

阀门制造企业根据自身产品类型、规格和供应行业的不同，其基础设备配置也不一样，实现智能制造可以结合自己的实际情况量力而行，原则上先易后难逐步实现数字化、智能化转型升级（见图 6-10）。

在中国制造 2025 行动计划和"十四五"能源领域科技创新等政策引导下，特种阀门的数智化已经成为行业共识，关键工业用户、高校和研究机构、阀门厂家等

图 6-10　阀门企业升级方法

均投入了大量资源进行重点攻关，通过特种阀门的数智化提升，推进工业领域安全、高效、节能运行是大势所向，这部分市场从长远来看将呈现放量发展的态势。因此，在技术和产业研发上，行业企业须积极做好相关储备工作，以在工业 4.0 时代掌控发展先机。

6.3　智能制造共性技术

智能制造是未来制造业的发展方向，其核心是基于信息化和自动化技术的智能化生产模式。在智能制造领域，共性技术是关键支撑，它是指可以被广泛应用于不同行业和领域的技术，具有通用性、可复用性和标准化的特点。

智能制造共性技术主要有数字化、网络化、智能化和柔性化四大方面的特征。其中，数字化是指将制造过程中的各种信息进行数字化处理，包括 CAD/CAM/CAE 等软件技术，能够实现产品设计、制造、测试等全过程数字化管理；网络化是指将各种制造资源进行互联互通，实现生产过程中的信息共享和协同；智能化是指利用先进的人工智能技术，对生产过程进行智能化控制和优化；柔性化是指生产过程具有可伸缩性、可适应性和可定制化等特点，能够适应不同的生产需求。

本节将从工业物联网的构架与关键技术、信息物理生产系统的应用与特性、数字主线的定义与应用、工业大数据的类别与作用、机器学习的类别与流程五个方面来阐述智能制造共性技术。

6.3.1　工业物联网

工业物联网（industrial internet of things，IIoT）是指将物联网（internet of things，IoT）应用于工业领域的技术和方法。它将传感器、物联网、云计算、大数据和人工智能等技术相结合，实现了设备之间的无缝连接和数据共享，从而提高了生产率和质量，降低了成本和风险。

智能化工业物联网的网络构建服务网和物联网是智能化工业物联网的两个重要发展与延伸的方向，其中企业资源计划实现了供应链的推式管理，即以产品为中心，从原材料到市场的过程。然而，随着经济全球化，市场由卖方走向买方，企业的产品必须转化为利润，企业才能得以生存和发展。供应链由市场到产品到采购，企业的管理重心转向外部，促进了以客户为中心的管理系统的发展。ERP、CRM 与生产计划和物流相关，产品生命周期管理与产品设计和技术相关，它们与服务网之间存在着密切的联系。在流程制造行业的企业信息化的建设中，位于底层车间的生产控制是以先进控制、操纵优化为代表的过程控制技术（PCS）。通过控制的优化减少人为因素的影响，提高产品的质量与系统的运行效率；而位于企业上层的治理信息系统（如 ERP），夸大的是企业的计划性。经营管理层与车间执行层无法进行良好的双向信息流交互，使企业对生产情况难以实时反应。因而造成企业经营管理与生产管理严重脱节，产生信息孤岛与断层现象，成为制约经营管理与生产管理进一步集成的瓶颈。为此，将经营计划与制造过程统一起来的制造执行系统应运而生，PCS、MES 功能与制造生产设备和生产线控制、调度相关，其功能通过信息物理系统实现，与工业物联网存在着密切相关的联系。智慧原材料供应、智慧售后服务等，也是实现整个生命周期服务互联互通的重要环节。工业物联网的框架结构如图 6-11 所示。服务网和物联网的强大功能，能够有效促进人与物、人与人、物与物之间的互通互联，CPS 使得服务网与物联网的融合更加紧密。

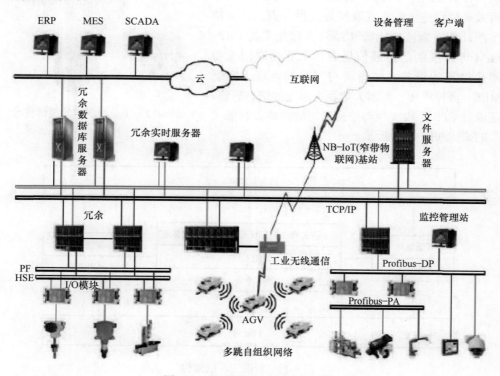

图 6-11　工业物联网的框架结构

智能化工业物联网的工控系统主要包括传感器、AGV（自动导引车）、机床等现场设备和 PLC 控制设备，设备可以通过 CAN（控制域局域网）总线、PROFIBUS（过程现场总线）等现场总线控制网络感知工业环境、下发控制命令，从而满足工业控制需求。通信可靠、组网灵活是工业无线传感器网络（WISN）的主要特点，与总线网络的并存，能够实现工业过程的有效控制。SCADA 由文件服务器、工业数据服务器和实时服务器构成，这也是工业物联网结构与传统物联网结构的不同之处，能够快速响应实时性较高的指令，并在第一时间做出相应决策，低端数据发布到顶端应用层的过程，也可以由数据库服务器来实现，能够更加高效地分析和处理相关数据。工业物联网的关键点是结构顶端应用，优化资源配置和生产流程，可以利用 MES 和 ERP 来完成，需要跟踪设备运行状况，监控整个生产流程，能够不断提升智能制造的生产率，提升资源利用率。

工业物联网的关键技术主要包括五大类，分别是传感器技术、通信技术、网络技术、信息处理技术、安全技术等，如图 6-12 所示。

在智能工厂内部，物联网和服务互联网是两大通信设施，服务互联网连接供应商，并支持生产计划、物流、能源和经营管理相关的 ERP、PLM 等系统的信息通信集成；工业物联网支持制造过程的设备、操作者与产品的互联，实现 MES、数控机床、机器人等物理单元的信息通信，还通过 CPS 手段实现与信息空间的集成，智能工厂的架构如图 6-13 所示。

图 6-12　工业物联网的关键技术

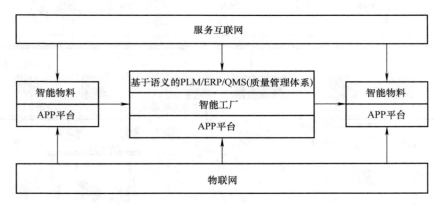

图 6-13　智能工厂的架构

智能制造对物联网的要求有很多，比如自组织网络、工业物联网的实时性、工业物联网智能信息处理与智互联。工业物联网的出现推动了智能制造的发展，促进了工业的转型与升级，但是随着时代的变化和技术的革新，智能制造对工业物联网也提出了越来越高的要求，未来工业物联网的研究方向应该在以下两个方面展开：第一，异构网络融合。针对物联网网络异构性强、承载业务量大的特点，开发统一的物理及 MAC（媒体访问控制）底层及其协议促进多种网络融合是发展趋势。第二，海量信息处理。目前的研究在一定程度上对数据做了有效的处理，但是实时性不高，因此未来对数据处理的研究重点将由上层转移到下层，在感知层中找到数据处理方法是一种新思路。

6.3.2　信息物理生产系统

信息物理系统的概念最早由美国国家基金委员会于 2006 年提出，被认为有望成为继计算机、互联网之后世界信息技术的第三次浪潮。信息物理系统在环境感知的基础上，深度融合了计算、通信和控制能力。可控、可信、可扩展的网络化信息物理系统，通过计算进程和物理进程相互影响的反馈循环机制实现深度融合和实时交换来增加或扩展新的功能，以安全、可靠、高效和实时的方式监测或者控制物理实体，并最终从根本上改变人类构建工程物理系统的方式。信息物理生产系统（cyber physical production system，CPPS）是信息物理系统在生产领域中的一个应用，它是一个多维智能制造技术体系。CPPS 以大数据、网络和云计算为基础，采用智能感知、分析预测、优化协同等技术手段，将计算、通信、控制三者有机地结合起来。CPPS 结合获得的各种信息和对象的物理性能特征，形成虚拟空间与实体空间的深度融合，具有实时交互、相互耦合、及时更新等特性，能够在网络空间构建实体生产系统的虚拟镜像。信息物理生产系统由传感执行层、信息网络层和计算控制层组成。传感执行层负责生产系统的物理执行过程和信息感知过程；信息网络层负责物理数据的采集、数据的预处理、数据的传播和传感执行层与计算控制层之间的信息交互；计算控制层负责对生产系统的大数据进行挖掘和分析，结合人工智能技术将庞杂的数据转化为知识模型，并通过云技术形成云服务，共享于生产系统中，提高各个子系统的协同能力。制造系统的物理功能具体表现在传感执行层，但同时与信息网络层和计算控制层的参与密不可分。制造系统的物理功能分为企业内部和企业外部两部分，企业内部主要进行企业资源计划、生产执行管理和各部门之间的协调管理，企业外部主要进行客户关系管理和供应商关系管理。信息物理生产系统如图 6-14 所示。

信息物理生产系统既在虚拟世界存在，也在现实世界存在，它包含现代控制技术和嵌入式系统，是工业 4.0 的主要推动力。现在的嵌入式系统必须有互联网地址，所有物理世界中的设备都能进行逻辑连接，能够相互交流通信即系统之间能够进行通信。

信息物理系统在加工技术和制造流程中，以功能整合的方式创造更高的价值。信息物理系统基于嵌入式系统，嵌入式系统加入了传感器，通过安装嵌入式软件，让传感器的操作更为智能，成为智能传感器设备。将嵌入式软件整合入执行器，出现了智能执行器。将智能传感器和智能执行器进行组合，这种全智能的系统已经得到了验证，可以适用于不同的电子系统。

现在，新的方法已经出现，将嵌入式系统和互联网技术相结合，建立信息物理系统。信息物理系统具有互联网地址之后，嵌入式系统将具备额外的功能。通过这样的做法定义一个单元，可以把这个单元用于生产体系，在生产设备环境中把这个系统称为信息物理生产系统，或是用于生产设备的物理系统。

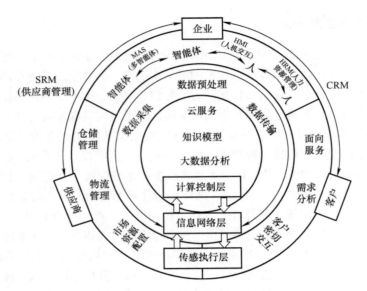

图 6-14　信息物理生产系统

在工业生产制造环境下，机械设备在不停地高强度使用下性能会随着时间衰退甚至发生故障。由于设备的故障和不可靠的生产过程控制，当前大批量生产制造的平均生产率不足 60%。为了及时排查出现故障的机械设备，传统的人工检查方式已经远远不能满足现代大规模生产的需求。信息物理系统为解决这个问题提出了新的解决思路。通过在机械设备中嵌入各种传感器，可以不断地采集能够反映机械设备生产状态的数据，并实时地将这些数据上传到云端的服务器。服务器通过分析过往的机械设备生产数据，判断目前在使用过程中的机械设备发生故障的可能性，及时发出预警，为机器提供预测性维护，从而帮助工厂减少损失。

结合计算机视觉、人工智能等技术，信息物理系统也可以帮助工厂优化生产流程、提高生产率。在工业环境中大量使用的传感器采集海量的数据，可以用来预测生产环节的风险、降低材料浪费和能源消耗。例如，在化工厂安装大量气体传感器，一旦发生有毒气体泄漏，系统会及时发现并发出预警。传统生产线上都是安排大量的检测工人用肉眼进行质量检测。这种人工检测方式不仅容易漏检和误判，更会给质检工人造成疲劳伤害。因此，很多工业产品公司开发使用人工智能的视觉工具，帮助工厂自动检测形态各异的缺陷，从而优化质检流程。

6.3.3　数字主线

数字主线（digital thread）一词起源于航空航天领域，用于对系统从设计、制造、组装到交付的整个过程进行数字化管理。经过一段时期的发展，数字主线被认为是一种改变游戏规则的颠覆性技术。从基础材料、设计、工艺、制造到使用维护的全部环节，集成并驱动以统一的模型为核心的产品设计、制造和保障的数字化数据流。数字主线是由 Kraft 提出的一种可扩展、可配置的企业级别分析框架。在整个安全预防系统生命周期中，通过提供由分散数据转换而来的可操作信息来帮助各个层级的管理者采取合理决策。

数字主线可加速生产管理数据、信息和知识之间的相互作用，提供一个集成的复杂组织体视角，充分利用各类技术数据、信息的无缝交互与集成分析，实现对生产过程存在的固有安全风险进行实时分析与动态评估，有效支持系统生命周期中关键决策点的决策，以及大幅降低复杂系统开发生命周期各阶段迭代的时间。数字主线的特点包括两个方面：首先，定义与建模全部元素、采集与分析全部数据、仿真与利用全部决策，通过数字主线和数字孪生技术实现生产过程安全预防系统的管理评估；其次，能量化并减少系统中的各种不确定性，实现需求的自动跟踪、系统的快速迭代、系统过程的稳定控制和维护的实时管理。

美国数字制造业通过数字主线等技术，研究和识别各环节的沟通需求和相关的信息内容，将这些需求描述格式化，支持这些信息交换和使用相关的标准和工具的开发。这将为智能制造奠定坚实的技术基础，在降低成本的情况下提升产品的设计研发速度。美国是使用数字主线最早的国家，主要使用在美国空军领域。美国空军数字主线的核心是使用响应面方法和现代高性能计算资源，将武器系统设计研发过程中的专用高保真工具的输出转换为高精度的数字代理模型，进行快速性能预测，并结合试验或经验数据以及统计工程来表征系统，量化其裕度和不确定性，指导采办人员在关键决策点进行决策部署，以实现对国防采办工程工作流程的重大改进，进而提高美国空军的敏捷开发和部署能力（见图 6-15）。

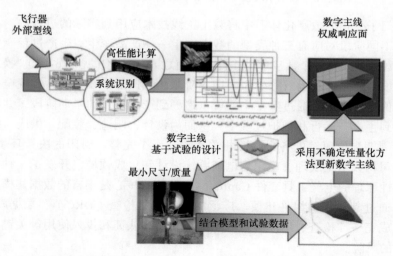

图 6-15　美国空军减少开发测试 / 评估时间和成本的数字主线方法

与此同时，数字系统模型、数字孪生和数字主线之间又有着紧密的联系（见图 6-16）。数字主线将所有数字孪生功能连接在一起，如设计/性能数据、产品数据及供应链数据，数字主线与支撑数字孪生的工具相结合，可以将数字孪生扩展到产品的全生命周期，涵盖了预研、设计、制造、运维等阶段，支持传递设计、性能、可制造性和维修性等所有数据流。举例来说，如果航空航天设备由于系统故障而发生事故，那么数字主线就可以在整个设备生命周期中进行追溯，从而能够快速锁定问题所在。

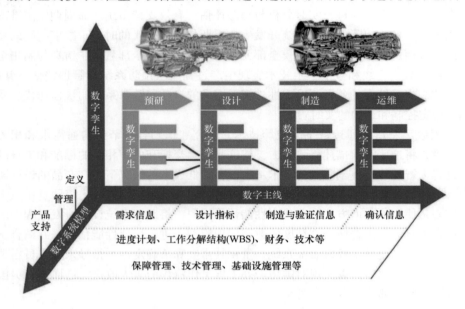

图 6-16　数字系统模型、数字孪生和数字主线的关系示意

在西门子公司的数字化体系中将数字主线技术应用到实际的过程中，在产品生命周期的不同阶段对应有三种类型的数字孪生——产品孪生、生产过程孪生和性能孪生，而数字主线将三个数字孪生连接起来使之同时进化（见图 6-17）。换言之，数字主线将设计、生产和运行等生命周期各阶段的数据汇集在一起，实现全生命周期及整个价值链的反馈，通过数字主线可以追溯到产品设计的早期阶段，并将丰富的数据传播到生产、运行和维护过程中，从而为设计、制造、装配、供应、维护和运营等生命周期和价值链的各个利益相关者创造一个完整、封闭的决策环境。近期，西门子公司将数字主线理念应用到电气系统设计和集成领域，开发了一种基于数字数据连续性原理的电气工具套件 Capital。该软件的核心是丰富的数据建模和数据管理能力，通过其详细的组件建模、广泛的设计规则检查（DRC）和数据库稳定性，降低在集成完备性检查、生产准备状态评审、型号认证和投入使用等关键里程碑阶段所面临的风险。

图 6-17　西门子公司数字孪生与数字主线

　　数字主线技术应用最广泛的就是航空发动机领域，因为航空发动机生命周期中的每一个阶段通常对应了一种工程实践组织形式，各自拥有自身独有的专业知识和基于模型的工具，由此导致各个阶段之间的信息共享产生障碍，上游数据无法对下游工程活动进行支撑，而下游数据也难以流回上游指导优化，导致设计周期长、运行效率低、维护成本高，而数字主线就可以很好地解决这一问题（见图 6-18）。

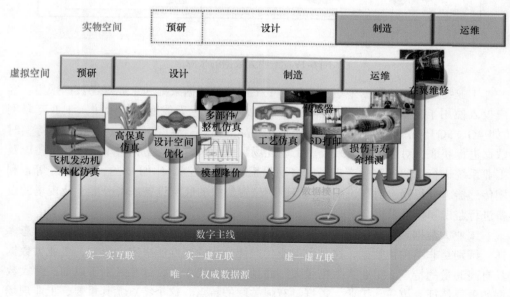

图 6-18　面向航空发动机的数字主线概念示意

6.3.4　工业大数据

工业大数据是指由工业设备产生的大量数据，对应不同时间下的设备状态，是物联网中的信息。其以产品数据为核心，极大延展了传统工业数据范围，同时还包括工业大数据相关技术和应用。工业大数据的主要来源有三类：第一类是企业生产经营的信息化数据，第二类是设备物联数据，第三类是外部的环境及跨界数据。工业大数据覆盖范围广泛，横向跨越产品生命周期的各个环节，包括产品需求、设计、研发、工艺、制造、供应、库存、服务、运维、报废或回收再制造等，纵向涉及企业供应链、价值链和产业链，工业大数据的来源如图 6-19 所示。

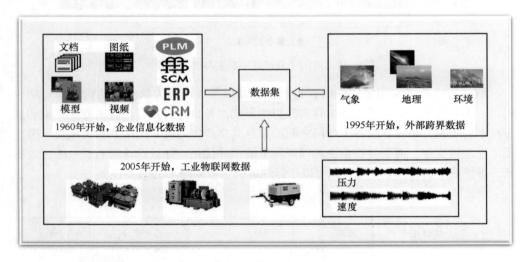

图 6-19　工业大数据的来源

工业物联网中的数据采集主要包含了工业产品数据采集和工业现场数据采集。客户投入使用了工业产品数据装备或者产品以后，通过无线通信技术接入工业互联网（如 4G、5G 等），通过标识、传感器等对产品的信息、温度、电压、工作电流等实时数据进行获取，对数据完成采集。工业现场数据的采集主要是针对现场工业设备以及工业系统进行。通过对生产现场的自动化系统进行控制，比如 DCS、SCADA 等，利用传感器、采集器、射频识别技术等，对位置集中的底层设备或者分散工业现场的设备进行监视和数据采集。

工业大数据具有鲜明的工业特点。第一，工业大数据具有多模态的特点，形态多样，特别是非结构化数据，这是由工业生产社会化的属性所决定。第二，工业大数据具有高通量的特点。工业大数据量大，而且实效性要求高，这是区别于以前工业大数据的重要特征。第三，工业大数据具有强关联的特点。这个特点尤其重要，工业现场的数据在语义层有复杂的显性和隐性强关联，不同物理变量之间的关系既有工业机理方面也有统计分析方面，不能孤立、局部、片面地看待，否则满足不了工业对于严格性、可靠性和安全性方面的要求。

总体上讲，工业大数据的应用分为三个类别：第一类，用于设备级管理。工业作为社会化大规模生产活动，设备是其主要的生产资料之一，重要性非常突出。工业大数据对设备健康管理的意义，不仅在于设备现在的状态怎么样，还包括设备发生故障之后可能出现的连锁反应与后果，最终还需要回归到引发设备健康问题的相关性甚至因果性关系。这是工业知识的范畴，也是工业界长期以来饱受困扰却受限于技术手段和工具发展水平，而没有很好解决的问题。第二类，用于产线和工厂的智能制造。在这一类应用中，研究的对象由独立的设备变成生产线和工厂，抽象层次更高、看待工业颗粒度的级别更加宏观。第三类，用于工业互联的产业链优化场景。

6.3.5　机器学习

机器学习是一门多领域交叉学科，涉及概率论、统计学、逼近论、凸分析、算法复杂度理论等多门学科。专门研究计算机怎样模拟或实现人类的学习行为，以获取新的知识或技能，重新组织已有的知识结构使之不断改善自身的性能。

当前针对机器学习的分类有多种形式，各种分类的标准也都不统一，但是通常意义上将其分为四大类，分别为监督学习、非监督学习、强化学习及整合学习。监督学习是指在给定一组训练实例并且已知其输出结果的情况下，对输入和输出之间存在的特定关系进行学习，从而对新的输入实例可以预测其输出结果。非监督学习则往往面对的是无分类的数据，通过学习可以发现这些数据隐含的共同特征。强化学习是对不同行为进行评价，选择评价高的行为来改进学习策略的一种方法。整合学习，顾名思义，就是将整个学习系统上不同的学习手段整合在一起，不断优化原先的学习系统，扬长避短，坚固学习架构。通俗来说，就是"团结就是力量"型学习手段。不管是人工操作，还是机器自动学习，都是工作开展的基础，独立学习的系统内部有着巨大的能量，但是还是不能与整合后的学习系统相比较，机器学习流程（见图6-20）共分为以下五步：

1）数据获取与清洗：采集数据，并将数据进行清洗分类，区分为训练数据集、验证数据集和测试数据集。

2）构建模型：参考训练数据集构建合理的特征模型。

3）验证模型：在验证数据集上，对构建好的特征模型验证有效性，评估模型的可信度水平。

4）评估模型：在测试数据集上，对验证过的特征模型进行评估测试，并使用新数据对评估完成的特征模型做数据预测。

5）模型调优：采用参数调整、结果优化、调整权重、Bad-case（坏案例）分析等方法来提高算法的性能。

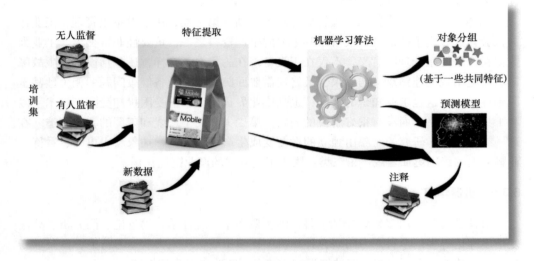

图 6-20　典型的机器学习流程

机器学习的经典性算法有很多，例如决策树算法。它是整体形状为树状结构的预测模型，将实际中的例子从根节点开始排列到叶节点，将实际例子进行科学分类，对应节点是实例的分类。决策树中有分裂属性和剪枝控制树，但是不能合理控制树不平衡现象，可通过创建多分裂器和回归器，科学地提高分类和预测精度。随机森林算法由多决策树组成多个分类器和回归器。人工神经网络算法受生物学启发，以神经元理论为支持组成复杂网络。人工神经网络与其具有相似性，也是由简单的单元密切连接组成，每一单元具有一定实值输入，产生单一实数值输出。

在类脑计算机认识技术支持下，机器学习势必会得到更好的发展，机器学习理论研究将会成为一个新的热点，在认知计算、类脑计算的支撑下将促进机器学习向更高阶段发展，在此基础上将会出现性能更好、结构优化、学习高效、功能强大的机器模型，非监督机器学习将会取得实质性的进展。机器学习的自主学习能力将进一步提高，逐渐跨越弱人工智能阶段，不断提高智能性。机器学习将向人类的学习、认知、理解、思考、推理和预测能力迈进，必将推动人工智能及整个科学技术迈向更高阶段。

随着机器学习与大数据、云计算、物联网的深度融合，将会掀起一场新的数字化技术革命，借助自然语言理解、情感及行为理解将会开启更加友好的人机交互界面，自动驾驶汽车将成为现实，人们的工作、生活中将出现更多的智能机器人，不可否认机器学习将会对社会产生极大的影响。

6.4　特种阀门智能制造战略

随着智能制造领域政策密集出台，我国的阀门产业向智能制造方向转型已是大势所趋，越来越多的企业主动拥抱智能制造。智能制造能够有效缩短阀门研制周期，提高生产率和产品质量，降低运营成本和资源能源消耗，这一共识已经在全社会基本形成。发展智能制造无疑会对破解我国阀门产业发展不平衡、不充分的问题发挥历史性、革命性的推动作用。

6.4.1　智能制造规划

2021 年底，工信部、国家发改委等八部门联合印发《"十四五"智能制造发展规划》，规划建议近 2000 家规模以上企业积极加强自身的数字化和网络化建设，主动而为，着眼于阀门制造全流程，从软硬件建设入手大力推进数字化、网络化建设工作，全面升级企业智能能力，60% 的规模以上制造业企业基本实现数字化、网络化。建议行业龙头企业和骨干企业从打造智能场景、智能车间、智能工厂和智慧供应链等四个方面入手，以创造国家 500 个智能制造示范工厂为努力目标开展智能建设工作，建成 500 个以上引领行业发展的智能制造示范工厂。一方面，建议行业企业须将技术和产品研发的重点放在智能基础零部件和装置、通用智能制造装备、专用智能制造装备，以及融合了数字孪生、人工智能等新技术的新型智能制造装备的研发和应用上；另一方面，建议有条件的企业加快开发适应行业自身特点的应用研发设计、生产制造、经营管理、控制执行、行业专用及新型软件等六类工业软件。

在工信部、国家标准化管理委员会的指导下实施统筹协调，发挥好国家智能制造标准化协调推进组、总体组和专家咨询组的作用，加强智能制造标准体系的规划和建设。

1）加快标准研制。充分利用多部门协调、多标准化技术组织协作等机制，统筹产学研用各方力量，加强标准关键技术指标的试验验证，加快重点急需标准的制定，推进标准体系有效落实。充分发挥地方主管部门、行业协会、标准化技术组织和专业机构的作用，加强标准的宣传贯彻和培训，引导企业在研发、生产、管理等环节对标达标。

2）实施动态更新。紧密贴合智能制造技术和产业发展需求，适时修订《国家智能制造标准体系建设指南》，有力有序指导智能制造标准的制定和实施。

3）加强国际合作。定期举办智能制造标准化国际论坛，积极参与国际标准化组织、国际电工技术委员会、国际电信联盟（ITU）等国际标准化活动，深化智能制造领域的国际标准合作。

智能工厂生产的阀门的核心特征是：产品智能化、生产自动化、信息流和物流。目前，许多大型阀门制造商正在向智能工厂发展。智能制造时代的最大特点是创新，新技术、新产品和新模式不断涌现，为阀门制造商提供了最大的创新空间。总的来说，智能制造在中国的阀门行业仍处于起步阶段，未来还需要继续努力。

上海工业自动化仪表研究院有限公司牵头制定的 GB/T 41255—2022《智能工厂通用技术要求》已于 2022 年 3 月获批发布，该标准作为工信部智能制造专项首批综合标准化项目的重要科研成果，是智能工厂的基础通用技术（见图 6-21）。该标准适用于离散制造领域智能工厂的运营及管理，已于 2022 年 10 月 1 日正式实施。

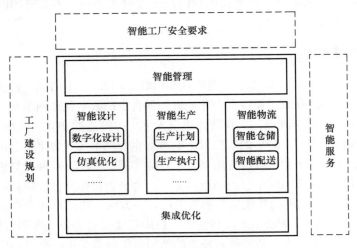

图 6-21 智能制造通用

智能工厂作为《国家智能制造标准体系建设指南》智能制造标准体系结构中的关键技术之一，是将多个智能化/数字化车间进行集成与管控，与企业集团进行信息互通，因此在整个智能制造中起到了承上启下的作用，既是企业集团的向下执行入口，又是数字化车间的大脑。GB/T 41255—2022《智能工厂 通用技术要求》针对智能工厂的智能设计、智能生产、智能管理、智能物流、系统集成等方面提出统一要求，并结合典型行业进行示范应用。该标准的实施将有助于智能工厂达到既定的建设目标，保证智能工厂与各个车间、外协工厂及集团的协同运行，为智能工厂提供安全可靠的试验验证保障。目前，由上海工业自动化仪表研究院牵头制定的《智能制造 工业数据》系列标准和《智能制造 网络协同设计》系列标准大部分于 2023 年发布，上海工业自动化仪表研究院后续将持续投入到智能制造相关标准的研究、编制及实施推广工作中，充分发挥自身作用及实践经验，进一步推进智能制造标准的实施和应用。

6.4.2 智能制造研发计划

智能制造是制造强国建设的主攻方向，其发展程度直接关乎我国制造业质量水平。在工业互联网尚未成形，国际上也没有统一的标准、技术规范和产品平台的时候，需要通过试验床积极部署对工业互联网的系统研究、试验网络。鼓励地方园区、阀门制造企业、信息技术企业、电信运营商等合作，构建面向智能生产线、智能车间、智能工厂的低时延、高可靠的工业互联网试验床。支持有条件的地区建设连接多地、多方参与、安全可靠的工业互联网试验网络，为工业互联网领域基础研究、技术创新、应用创新提供验证服务。在重要的工业行业领域开展应用示范，鼓励龙头企业与科研机构加强合作，开展协同攻关和应用示范，探索行业工业互联网应用新模式，形成一批具有行业特色的工业互联网。发展智能制造对于巩固实体经济根基、建成现代产业体系、实现新型工业化具有重要作用。

为了解决关键装备受制于人、智能化集成应用缓慢、标准缺失、滞后以及交叉重复等突出问题，机械工业仪器仪表综合技术经济研究所、中国电子技术标准化研究院和北京机械工业自动化研究所有限公司于 2016 年承接了国家重点研发计划"智能制造共性技术标准研究"，围绕互联互通与数据集成等智能制造基础共性技术开展研究。针对目前数字化协同技术应用过程中存在的数据源不统一、数据交换困难、相互协调验证滞后等问题，开展基于单一数据源的数字化设计、建模、仿真、工程等关键环节的技术标准研制；针对智能制造中互联互通与数据集成等关键问题，通过智能制造系统，集成标准研究，攻克通信接口、通信协议、时钟同步、互操作要求、人机交互、人工智能、互联互通等方面的关键技术，实现现场装备的互联互通和信息集成。针对智能制造的工业过程控制中智能调度、能效优化和安全控制方面的关键问题，通过建立能效数据集成模型、智能生产订单管理模型和安全成熟度模型，实现生产过程的智能控制和安全节能。

为了探索数字孪生车间模型实现生产计划的风险评估和优化，华中科技大学于 2018 年承接了国家重点研发计划"基于数字孪生的智能工厂仿真优化与动态重构技术"，主要研究数字孪生车间技术，可分为车间规划阶段和车间运行阶段的数字孪生。车间规划阶段的数字孪生是构建物理车间的虚拟映射模型，模拟车间生产物流过程，科学选择设计生产物流方案，为车间布局设计或重构提供定量分析依据；车间运行阶段的数字孪生是建立数字孪生模型与物理车间实时交互机制，构建数字孪生车间运行系统，应用于生产计划评估、虚拟透明监控、物流精准调度等方面，并实行一定的反馈控制。针对航天结构件加工车间的特点和需求，提出了数字孪生车间的总体实现技术路线，并给出了数字孪生车间软件系统的初步规划。

为了保障智能制造的发展，科学技术部强化统筹协调，加强部门协同，统筹实施智能制造工程，深入开展技术攻关、装备创新、示范应用、标准化、人才培养等。加强中央与地方协作，鼓励地方出台配套政策和法律法规，引导各类社会资源聚集，构建全面协同的工作推进体系。充分发挥智能制造专家咨询委员会及相关高校、科研机构、专业智库的作用，开展智能制造前瞻性、战略性重大问题研究。鼓励企业结合自身实际加快实施智能制造，持续做好安全生产和环境保护工作。

加大财政金融支持。加强国家重大科技项目、国家重点研发计划等对智能制造领域的支持。落实首台重大技术装备和研发费用加计扣除等支持政策。鼓励国家相关产业基金、社会资本加大对智能制造的投资力度。发挥国家产融合作平台作用，引导金融机构为企业智能化改造提供中长期贷款支持，开发符合智能制造特点的供应链金融、融资租赁等金融产品。鼓励符合条件的企业通过股权、债权等方式开展直接融资。

提升公共服务能力。鼓励行业组织、地方政府、产业园区、高校、科研院所、龙头企业等建设智能制造公共服务平台，支持标准试验验证平台和现有服务机构提升检验检测、咨询诊断、计量测试、安全评估、培训推广等服务能力。制定智能制造公共服务平台规范，构建优势互补、协同发展的服务网络。建立长效评价机制，鼓励第三方机构开展智能制造能力成熟度评估，研究发布行业和区域智能制造发展指数。

深化开放合作。加强与相关国家、地区及国际组织的交流，开展智能制造技术、标准、人才等合作。鼓励跨国公司、国外科研机构等在华建设智能制造研发中心、示范工厂、培训中心等。加强知识产权保护，推动建立数据资源产权、交易流通、跨境传输和安全保护等基础制度和标准规范。依托共建"一带一路"倡议、金砖国家合作机制、区域全面经济伙伴关系协定（RCEP）等，鼓励智能制造装备、软件、标准和解决方案"走出去"。

参考文献

[1] 邓建玲，王飞跃，陈耀斌，等．从工业 4.0 到能源 5.0：智能能源系统的概念、内涵及体系框架 [J]. 自动化学报，2015，41（12）：14.

[2] 郭仁春，杨博，张曦，等．工业 4.0、C2B 内涵及其相关性研究 [J]. 中外企业家，2016（5Z）：1.

[3] 杨帅．工业 4.0 与工业互联网：比较、启示与应对策略 [J]. 当代财经，2015（8）：9.

[4] 侯晋珊．透过工业 4.0 解析"中国制造 2025" [D]. 北京：北京工业大学，2016.

[5] 唐堂，滕琳，吴杰，等．全面实现数字化是通向智能制造的必由之路——解读《智能制造之路：数字化工厂》[J]. 中国机械工程，2018，29（3）：12.

[6] 郭朝先．"互联网＋工业"：全球态势与中国发展之路 [J]. 经济研究参考，2018，2892（44）：5-11.

[7] 李广乾．工业互联网平台，制造业下一个主攻方向 [J]. 中国信息化，2016（12）：4.

[8] 陈武，陈建安，李燕萍．工业互联网平台：内涵、演化与赋能 [J]. 经济管理，2022，44（5）：20.

[9] 郑松．面向智能制造的工业互联网技术创新 [J]. 中国工业评论，2015（06）：29-35.

[10] 杨叔子，丁洪．智能制造技术与智能制造系统的发展与研究 [J]. 中国机械工程，1992，3（2）：4.

[11] 赵剑．我国阀门行业现状与发展趋势研究 [J]. 产业科技创新，2020（28）：1-2.

[12] 孙晓霞 . 阀门行业近忧远虑纵观 [J]. 通用机械，2006（1）：32-35.

[13] 孙丽，陈立龙 . 我国阀门行业现状与发展趋势 [J]. 机电工程，2009，26（10）：2.

[14] 杨恒，余晓明，李萌，等 . 核电等高端阀门行业和技术发展现状及趋势探讨 [J]. 通用机械，2016（11）：3.

[15] 杨伊静 . 抢占关键技术制高点 力推制造业转型升级——工信部等多部门印发《"十四五"智能制造发展规划》[J]. 中国科技产业，2022（1）：40-41.

[16] 董凯 ."十四五"智能制造发展规划解读及趋势研判 [J]. 中国工业和信息化，2022（1）：4.

[17] 许亚岚 . 高端阀门智能制造铸就中国梦——访大通互惠集团董事长蔡天志 [J]. 经济，2016（24）：2.

第 7 章

特种阀门智能制造技术

特种阀门智能制造技术主要是采用数字化、自动化和智能化技术，实现特种阀门制造环节的高效、精准和可控制。特种阀门生产工艺复杂，工序繁多，加工生产工具有限，并且需要大量的人工参与生产，自动化程度不高，因此生产质量及效率难以得到保障，而智能制造可以很好地解决这些问题。本章将详细介绍特种阀门的工业互联网标识与信息集成、特种阀门制造的尺寸精度工程技术、面向特种阀门的虚拟工厂技术和特种阀门制造大数据关键技术。在此基础上，对特种阀门的智能制造案例进行介绍。

7.1 特种阀门的工业互联网标识与信息集成

工业互联网标识解析体系是工业互联网重要的网络基础设施，是支撑工业互联网互联互通的神经枢纽，其作用类似互联网的域名系统。工业互联网标识解析体系通过赋予每一个实体物品（产品、零部件、机器设备等）和虚拟资产（模型、算法、工艺等）唯一的"身份证"，实现全网资源的灵活区分和信息管理，是实现工业企业数据流通、信息交互的关键枢纽。

工业互联网标识解析体系的核心包括：标识编码、标识解析系统、标识数据服务三个部分。标识编码，是能够唯一识别机器、产品等物理资源和模型、算法、工艺等虚拟资源的身份符号，类似于身份证。标识解析系统是能够根据标识编码查询目标对象的网络位置或相关信息的系统，对机器和物品进行唯一性的定位和信息查询。标识数据服务，能够借助标识编码资源和标识解析系统开展工业标识数据管理和跨企业、跨行业、跨地区、跨国家的数据流通及基于数据的其他增值服务。工业互联网标识解析体系是工业互联网重要的网络基础设施，是实现工业企业数据流通、信息交互的关键枢纽，组成了工业互联网标识解析总体框架（见图 7-1）。

工业互联网标识解析应用框架（见图 7-2）主要体现在管理运营体系和网络安全体系，其标识解析系统拥有丰富的终端进行解析，界面显示全面。生产工厂制造产品后，在产品上贴上二维码标签，包括产品的标识解析码等相关信息，消费者通过扫描二维码解析，然后由微信小程序或者网页显示出结果。

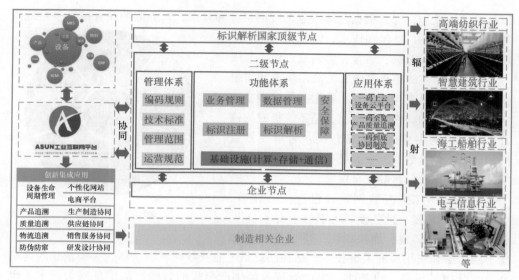

图 7-1　工业互联网标识解析总体框架

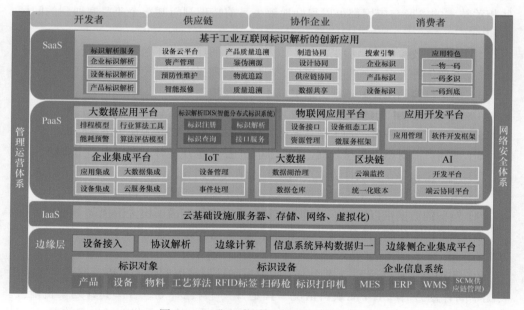

图 7-2　工业互联网标识解析应用框架

　　通过规范的工业互联网标识进行信息集成（integrated information），系统中各子系统和用户的信息都采用统一的标准、规范和编码，可以实现全系统信息共享，进而可实现相关用户软件间的交互和有序工作（见图 7-3）。信息集成是一个寻求整体最优的过程，是一种系统的思想、方法和技术的集合，不是单纯的软硬件技术的问题，是以信息的集成为目标，根据总体信息系统的目标和要求，对分散的现有信息子系统或多种软硬件产品、平台和技术，以及相应的组织机构和人员进行组织、结合、协调或重建，形成一个和谐的整体的信息系统，为高层决策和组织提供全面的信息支持和服务。数据和信息集成建立在硬件集成和软件集成之上，是系统集成的核心，要解决的主要问题通常包括：合理规划数据和信息，减少数据冗余，更有效地实现信息共享，确保数据和信息的安全保密。

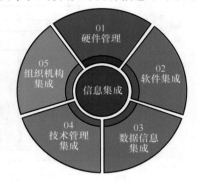

图 7-3　信息集成

当前我国工业互联网建设已经拉开帷幕，要集中力量突破一批关键核心技术，结合重大科技专项等的实施，加快攻克工业互联网感知层、网络层和应用层的关键技术。感知层就是工业互联网识别物体、采集信息的终端环节，既包括机器、设备组、生产线等各类生产所需的智能终端信息采集技术，也包括 RFID 标签、传感器、摄像头、二维码、遥测遥感等感知终端信息采集技术。这些相关技术的发展与应用都可以很好地解决目前特种阀门制造企业普遍遇到的问题，例如：

1）无法有效控制产品加工损耗，以及损耗时的反馈对计划的影响等。

2）零部件种类多，基础管理薄弱，对库存管理提出了很大的挑战。

3）由于材料领用控制不严，造成成本核算及控制难。

4）国内外市场需求变化大，客户订单变更频繁，造成车间计划管理混乱。

5）阀门产品品种多，加工数量不大，无法掌握每种产品的加工进度情况。

6）阀门产品对精度要求较高，如何提高产品质量并实时追溯成为一道难题。

7）生产过程存在边设计边生产边修改的情况，销售、设计、生产等环节打通难。

8）生产过程中会产生大量数据，无法实时汇总、统计及分析。

9）设备的数据难以采集，对设备维护、提升产能造成了极大困扰。

针对以上特种阀门制造企业的问题，德沃克智造提出了以下九个应对的解决方案：

1）德沃克智造通过拉动式生产，装配车间计划精细到每周排程，前道工序依据装配车间计划查看每日 / 周缺料情况，排定日 / 周自己计划，各车间计划紧密衔接。加强生产过程监控，通过对生产要素进行数字化改造，自动采集现场生产数据，一旦出现异常会紧急预警，提高计划达成率。

2）德沃克智造将物料以周转箱为单位进行管理，对周转箱进行数字化改造，并附加高频 RFID 卡和超高频 RFID 卡，其中超高频 RFID 卡主要用于仓储出入库业务过程的数字化，实现库存实时透明化管理。

3）德沃克智造通过对生产现场进行数字化改造，在仓库出入库处设置门禁，物料领用的同时，自动识别电子周转箱，自动采集出入库数量及信息。

4）德沃克智造基于生产订单、工序、生产资源等多维度可视化排产，预配置员工、生产设备等生产资源快速派工，按标准工艺进行任务协同与调度，实现生产任务的高效安排。同时，生产任务通过 RFID 方式直接下发到生产终端并指定周转箱所放物料，避免错误生产。

5）德沃克智造通过电子周转箱+虚拟工位的双模驱动技术，对人、机、料、法、环、测进行数字化改造，无感知采集生产全过程数据，实现全制造过程透明化管理，实时获取生产进度。

6）德沃克智造将工厂技术标准落地，车间现场检验数据在线填报，实时图形化分析结果呈现，事中进行质量控制，杜绝人为错误，快速进行质量结果判定，及时发现、及时处理，避免批量或连续不良。同时，通过从源头出发，及时反馈各种事务类型的检验信息，并且绑定业务流，可做到产品追溯，实时查看。

7）德沃克智造打通了 PLM 系统、ERP 系统、MES 等，实现软硬件一体化集成，从原材料到成品出库，实现协同制造、透明制造、高质量制造。

8）德沃克智造采用电子识别技术（电子周转箱及采集）建立以实物流（料）为中心的物联网及以微服务事件为核心的物联网，聚焦制造的协同层、集成管理及控制层，让人、机、料、环、法、测实时协同，实现数据自动化与实时分析。

9）德沃克智造通过将硬件终端与现场设备联通，并将模拟电信号转成数字信号，进行大数据分析，提高设备利用率，提升产能。

德沃克智造解决方案实现了软件与软件、硬件与硬件、软件与硬件的全面一体化集成，基于新一代信息技术的离散制造精益数字化系统——德沃克智造提高了计划准时率、达成率和管理运营效率，提升了库存精准度、生产率和产品质量，缩短了生产周期，数据准确率达到 99.99%。德沃克智造通过数据的自动化流动，破解离散制造的不确定性及复杂性的难题，实现小批量、多品种、定制化、多变更等业务的数字化精益生产方式。通过全面一体化集成解决了大部分阀门企业的问题，而浙江伯特利科技股份有限公司通过使用 APS（高级计划与排程系统）自动计算排产，直接派工到机台，通过 ERP、MES 信息化系统建设，掌握了车间实时生产情况，并在此基础上通过 5G 联网数据系统，持续赋能企业提质降本增效。通过数字管理驾驶舱实时掌握生产运行情况，通过数字管理驾驶舱看板，生产流程实现了从订单到成品的各环节"一屏显示"，做到了工作效率最大化、差错率最小化，为生产管理决策提供重要的数据支撑。数字赋能后，企业从 2019 年到 2021 年，运营成本降低了30%，生产周期缩短了 40% 以上，产值增长了 2.53 倍，人均生产率提高了 1.65 倍，产能实现了翻番，提升了整个生产率的同时减少了生产成本。

7.2　特种阀门制造的尺寸精度工程技术

机器视觉是在产品的自动化产线中实现"感知"的重要一环，机器视觉就是用机器代替人眼来做测量和判断。随着人工智能技术的发展，机器视觉在工厂的应用增多，解决了许多传统机器视觉无法处理的问题。高精度的位置数据作为智能工厂数据流的重要组成，是智能工厂业务流中时间、空间、状态三大数据指标之一，空间位置数据的精确性、实时性以及覆盖完整性，是智能工厂前端感知质量的重要评价标准。目前中国智能制造定位系统方面，LocalSense 智能制造高精度定位管理系统排名前列，它从不同类型制造企业管理的难点痛点出发，借助 UWB（超宽带）无线超窄脉冲定位，实现对工厂内的人、车、物、料等的精确定位、无缝追踪、智能调配与高效协同，大幅提升工厂的精益生产及精细化管理水平（见图 7-4）。LocalSense 智能制造高精度定位管理系统引入了时空大数据分析理念，通过在工厂内布设合理数量的微基站，不间断地采集人员、车辆、资产、工具上的 LocalSense 微标签回传的各个要素的时空坐标数据，实时定位并零延时地将其位置信息显示在工厂控制中心。同时，开发高度开放的 API（应用程序编程接口），并与 APS、MES、SPC（统计过程控制）等系统进行集成应用，实现对制造资源跟踪、生产过程监控，以及基于位置数据的分析与决策。

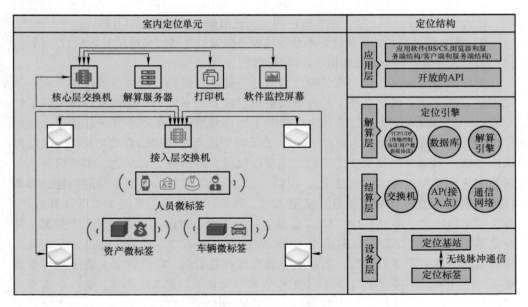

图 7-4　系统技术架构

图像识别主要包含特征提取和分类识别，传统提取的特征都是图像底层的视觉特征，并且需要具备一定专业知识的人员进行特征的设计与选择，这种人工设计的特征需要经过大量的验证后才能证明其对某一种识别任务的有效性，这也在一定程度上限制了图像识别技术的应用。由于背景杂乱无规律，无法有效区分检测目标特征，且在特定场景下目标特征会发生明显变化，因此需要提高特征提取能力和泛化能力。深度学习应用于机器视觉时，采用神经网络进行二维码识别，深度神经网络改进效果后均能对二维码进行正确识别，从而大大提高了机器视觉在抓取特征点时的成功率。机器人的绝对定位精度是其能大幅提升产线柔性的指标。人在操作时，一般是通过眼睛看到一个东西，通过大脑感知并去控制，然后用手执行动作。集成方案在提高产品柔性时也遵循这样的思路，即眼睛加上执行机构，通过将两者的精度结合来达到更好的精度。而绝对定位精度决定了机器人能不能达到柔性生产所需达到的要求。由于每台机器人的参数不一样，即使是同一型号的工业机器人在加工出来后的精度也会不一样，而在机械臂上可能存在零点零几毫米的偏差，累计下来整台机器人的误差就比较大了，所以要精确知道机械臂上每一个机械零部件的精确尺寸。为了提高机器人的绝对定位精度，机器人在控制算法中加入了重力补偿和 DH 参数补偿，使用特有的逆解算法进行运算，在 DH 参数标定以及插补流程中对重力进行补偿，进一步提高全空间内的绝对定位精度。

为了提高工业生产中的准确性、安全性、交互性、灵活性，节卡共融系列协作机器人应运而生，它是一种拥有一体化机器人系统、基于视觉与力控的精密控制技术、智能编程技术等关键技术的共融系列协作机器人，深度融合了视觉和力控，集成了视觉抓取、软手、视觉检测能力和自研算法。按照柔性制造的发展趋势，现在从事汽车、3C（计算机、通信、消费电子）电子等行业的企业都发现，汽车和电子产品更新换代速度大大加快，企业往往需要根据市场的需求及时调整产品结构，随之而来的是产线的更新换代。而传统产线更换所造成的成本损失极大，加入协作机器人的产线可以使得部署更快、成本要求更低（见图 7-5）。针对这种快速变化的柔性产线，工业智能的未来是人机混合智能，需要构建发现问题→感知→数据→算法→执行的快速闭环过程。协作机器人和专机配合工作，从而适应小场景、小闭环、批量复制、集群智能，提高精度。

图 7-5　三种不同的产业模式

协作机器人的柔性高，但是缺点在于速度精度没有专机快。因此，协作机器人就应该发挥柔性高的优势，加上传感器和视觉，让机器人具有更高灵敏度、精确性以及自主适应的能力。将智能化的机器人放到产线里面去，能够让产线更加快速变换和具有更高柔性，从而解决当下的痛点。这种产线需要协作机器人去替换部分专机，但是不能完全替换专机。少批量、多品种的柔性产线已成为趋势，协作机器人是柔性产线的核心单元。

阀门企业在未来发展中也可以使用节卡共融系列协作机器人，提高阀门制造的精度，提升阀门的品质。用数据定义产品、用数据驱动制造、用数据创造价值，对传统机械加工系统进行智能化改造。通过工艺革新，改变传统工艺流程，统一设计、加工、检测基准，形成基于单一数据链的高度集成化、标准化的新工艺方法。在数控机床上应用光电编码器、直线光栅、霍尔传感器、电流传感器、电压传感器、压力传感器等，利用 RFID、工业互联网技术和智能控制技术，实现传感、控制、检测、物流的高度集成和数字信息的全流程贯通。开发 MES，实现机床管理、机床操作、工序编排、加工状态智能控制和柔性生产，实现了小批量、多品种、多工序、高精度零件的作业。

7.3　面向特种阀门的虚拟工厂技术

虚拟工厂广义上是指在虚拟空间的虚拟现实工厂把输入变换为输出的生产功能仿真（模拟试验、模拟现实）的全部行为。具体来说，就是在计算机内的虚拟空间仿真生产现场（模拟现实），在虚拟世界设计、制造、检查产品，用虚拟控制生产全体的方法，它能理想地控制现实在生产过程的全部行为。狭义上可以认为，虚拟工厂是在计算机内的虚拟空间将工厂建模，考虑现实工厂的状况使虚拟工厂运行，进行动画处理的仿真功能。实现虚拟工厂需要三大技术：虚拟生产技术，由现实工厂获取信息的技术，以及由虚拟世界控制现实的技术。实现这些技术的手段，涉及计算机图形学、网络技术、多媒体技术，现在已研制出虚拟工厂和最先进的工具 QUEST，虚拟工厂是信息系统整体的有机结合，有节省空间、扩大生产面积、缩短生产时间、节省人力、减少库存等优点。

虚拟工厂的实现需要三大技术支撑，一是基于建模和仿真方法的虚拟生产技术，它通过构建基于虚拟现实（VR）和增强现实（AR）的人机交互方式，实现人与虚拟世界的互动；二是物理工厂获取信息的技术，它基于工业物联网和大数据分析来展示相关结论和洞察力；三是虚拟世界控制现实的技术。虚拟工厂是信息系统整体的有机结合，虚拟工厂基于数据和模型驱动的仿真模型，应用各种机器学习、深度学习等新一代人工智能高级算法，使工厂调度和控制、订单处理、任务排队、设备维护等应用问题得到最优解。虚拟工厂将仿真模型验证的数据和加工指令送给生产现场设备或生产线，以便调度器根据生产计划准确无误地进行生产调度。现场设备或生产线的控制采用工业物联网技术，且通过直接与仿真器相连的遥控操作来完成，基于数字孪生的虚拟工厂系统基本框架如图 7-6 所示。

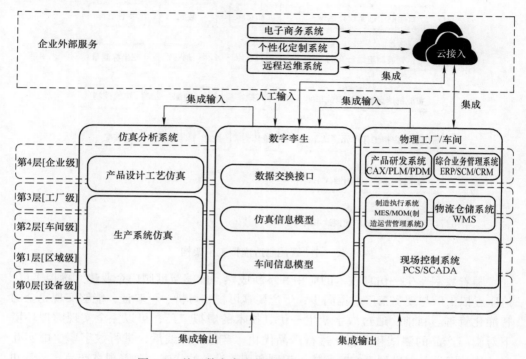

图 7-6　基于数字孪生的虚拟工厂系统基本框架

智能制造虚拟工厂（见图 7-7）基于实体生产线，建设相同的仿真生产线，并以相同的方式进行生产排程和仿真运行。预置相关的已装夹工件坯料、数控程序、刀具、参数设置等数据，可以通过一键启动方式进行演示，也可以通过 MES 进行排产运行。从单设备生产线开始，逐步扩充，建设若干可运行的生产线系统，了解从简单到复杂的生产线设计拓展过程，为后续自行设计改造奠定基础。在仿真软件系统中，还可以提供 PLC 电路板和机器人示教仪的实物，进行相应的接线、编程、操作训练，并与虚拟环境中的三维模型实现互动。

当下阀门设计过程中，部分成品组件会涉及选型，通过虚拟工厂可以直观看到所需选型产品的尺寸外观进行快速选型，方便性大为提升。阀门设计工作中，设计人员须跟踪产品全加工过程，下现场了解零件等情况，虚拟工厂条件下则直接通过网络场景解决上述问题，不用下现场，工作效率大幅提升。未来，阀门产品出现不合格问题时，可以借助虚拟工厂进行虚拟分解，重新调整设计。产品出现问题便要进行二次拆卸的情况将成为历史，设计时间、人工成本将大为压缩。

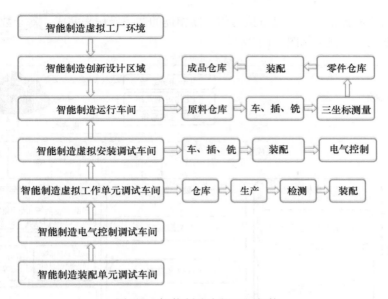

图 7-7 智能制造虚拟工厂架构

　　随着数字孪生—仿真技术的应用和不断成熟，能够帮助阀门企业建立虚拟工厂，这座虚拟工厂与现实工厂数据同步，生产要素可视、可析、可验证，能够实现完全的智能化管理。目前，通过数字孪生—仿真技术的虚拟工厂，可以完全实现虚拟环境下对阀门产品的测试和分析，进行产品优化。产品进产线后，进行数字孪生虚实互联，让关键设备在模型上实时监控，识别和调整设备的状态，改善现有产品、运营和服务。未来，在技术成熟的条件下，完全可以实现对阀门产品从零件到整品的虚拟加工。完成虚拟加工后，便可提前预知产品性能以及缺陷，从而有效降低废品率、返修率，降低研发成本，产品研发的失败率将大为降低。

7.4　特种阀门制造大数据关键技术

　　特种阀门制造企业的大数据关键技术就是工业大数据，它主要包括"智能机器＋网络＋工业云平台"构成的"端管云"架构，能够实现机器与机器、机器与人、人与人之间的全面连接交互。这种互联不是数据信息流的简单传递，而是融合了智能硬件、大数据、机器学习与知识发现等技术，使单一机器、部分关键环节的智能控制延伸至阀门生产全过程，促进了无人工干预条件下的机器自组织、自决策、自适应生产。工业大数据不仅仅意味着企业简单的数字化，而是把大数据作为智能制造的核心驱动力，在不断获得数据的驱动过程中优化制造资源的配置效率，构建完善的业务体系，从单机设备、生产线、产业链再到产业生态不断拓宽。工业大数据的三个典型应用方向，也是实现工业互联网的目标，包括智能装备、服务型制造和跨界融合。第一个应用方向是设备级的，就是提高单台设备的可靠性、识别设备故障、优化设备运行等；第二个应用方向更多是针对产线、车间、工厂，提高运作效率，包括能耗优化、供应链管理、质量管理等；第三个应用方向是跨出了工厂边界的产业跨界，实现产业互联。传统阀门生产极大地依赖固定模具和固定生产线，原材料、机器、设备组和其他生产设施均按照大生产需求配置，在闲置生产时段易造成极大浪费，生产过程中也无法灵活调整分配。在工业互联网条件下，机器和开源硬件的智能控制由软件完成，并通过互联将智能控制链条延伸至生产的各个环节，推动生产流程向可通过软件定义、管理和执行的智能化方向转变。比如，软件可以计算生产需求，灵活调整原材料库存；可以升级机器功能，加大其生产能力和适用范围；可以实现设备智能调配，按需配置其生产任务和工作负载，最终实现智能生产。

传统阀门企业的生产过程协同只能在企业内部各个部门之间、不同车间之间实现小范围协同。工业大数据组成的工业互联网平台突破了时空界限，集成了供应链、客户关系、制造执行、企业资源等系统，为整个供应链上的企业和合作伙伴搭建了信息共享技术，将生产过程协同扩大到了全供应链甚至是跨供应链上，实现了全生产过程优势资源、优势企业的网络化配置，实现了真正的社会化大协同生产。工业互联网涉及异构网络的融合、系统的集成、设备的互联互通以及安全性，亟须组织各方力量加快制订标准化路线图，确定标准框架。研究制定工业互联网以及各异质网络间互联互通的相关标准，制定企业内部、企业与用户之间、产业链上下游企业与企业之间的数据接口标准、工业总线标准、物品编码标准，以及规定工业互联网相关应用服务规范。为了推进工业大数据技术的快速发展，首先要建立健全互联网与制造业融合基础数据、产品标识管理等标准规范；其次要加快制定面向工业控制、工业互联网的信息与网络安全标准，鼓励企业参与标准制定工作，推动形成跨行业跨领域标准化协作机制，开展标准行业应用试点示范。由此才能更快地推进阀门制造企业大数据研究，使企业向着智能制造的方向发展。

埃美柯集团有限公司（简称埃美柯）的车间智能制造系统改造方案由车间信息系统的设计实施和设备布局及车间物流的改善两部分组成，将阀门制造业的行业特点和埃美柯车间实际相结合，以实施先进的车间信息管理系统和设备布局改进为手段，以制造智能化和产品成本控制为核心，全面践行现代化质量管理理念，追踪整个生产制造过程，实现对生产过程的动态管理，缩短客户订货交付周期，加快生产制造环节对市场需求变化的响应速度。

整个车间信息化系统与集团公司的 ERP 系统实现无缝连接，其功能覆盖生产订单的接收、生产计划（成品计划）的制订、详细计划（车间工序计划）的制订、半成品库存管理、采购管理、现场进度管理和质量管理整个生产制造流程。阀门车间的信息化系统主要由 ERP 系统和 MES 组成，整个生产过程从 ERP 系统接收到销售需求开始，其中 ERP 系统根据产品 BOM（物料清单）产生总生产计划和物料采购单，其整合的 APS 接收到生产计划和车间生产过程信息后，产生生产详细计划、每日生产工单和派工单，车间 MES 接收生产详细计划后通过生产 DNC 网络等保证生产计划的执行，同时对生产流程数据进行收集并上传到 ERP 系统进行分析，并随时对生产过程进行调整。车间智能制造系统可以对销售需求信息和生产流程数据进行判断、分析、自我调整、自动驱动生产加工，直至最后的产品完成，是埃美柯实现智能制造理念的重要组成部分。

针对大数据的三个应用方向进行车间信息化系统的实施，首先上线车间 MES。MES 能通过信息传递对从订单下达到产品完成的整个生产过程进行优化管理，不仅可以对生产现场包括生产、质量、设备等实时数据进行收集和整理，而且作为车间信息系统间数据连接的桥梁，同时连接着生产计划层和现场自动化系统，是车间信息化系统的基础。针对车间生产计划制定所依据的信息量不够且无法及时进行调整的问题，企业对 ERP 系统进行升级换代并实施 APS，通过企业 MRP（物资需求计划）、APS 和 MES 相结合的方式，对企业所有资源具有同步的、实时的、有约束能力的控制，保证了生产制造中物料流转的最佳安排，实现产品生产率的提升。MES 的实施离不开信息数据的采集和分析，这些数据包括：人员、设备、订单、库存、产量和质量信息。在传统埃美柯车间的管理中，车间信息的采集主要依靠人工采集记录，且数据存在延时和失真，传输过程不安全。在实施 MES 之后，数据采集成为系统实施的关键，也是整个信息化车间建设的重点内容。数据采集模块是 MES 实施的核心模块，也是整个系统的数据来源。数据采集模块可以采集生产过程中的实时数据，把握整个生产过程，为管理人员制订生产策略提供数据支持；可以有效地对生产过程中的异常数据进行监控报警提醒；还可以记录历史生产数据供管理人员进行分析，寻找生产的薄弱环节加以改善。MES 需要对整个生产制造环节、进出料环节进行品质的把控，涵盖车间现有的 IQC（来料质量控制）、IPQC（制造过程质量控制）、FQC（出货检验）环节，并设置基准的检验标准，结合现有的检验作业指导书的内容，划分出不同的检验项目（见图 7-8）。埃美柯 MES 在质量管理上的优化主要体现在流程上的优化，即品质管理系统化、品质数据实时化和数据的有效分析。传统的生产计划由品质主管负责，以产品的合格率作为主要的考核依据，这种考核方式与生产的考核方式类似，主要采用以结果为导向的考核方法，对品质过程和品质数据不进行追踪。

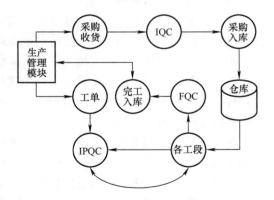

图 7-8　MES 的质量管理流程

7.5　特种阀门智能制造案例介绍

现在常被提及的智能工厂只是"智能制造"的一个组成部分。在智能制造之下，传统的制造流程将被重组，其目的是要实现产品的智能化。智能工厂的核心特点是：产品的智能化、生产的自动化、信息流和物资流合一。目前来看，世界范围内，很多企业都在向着智能工厂的方向发展，如今国内外阀门企业也争先向着智能制造的方向前进，本节主要通过以下九个案例来介绍阀门企业智能制造的发展现状：

案例 1：中核苏阀借助 U9 + 智能工厂 + AIoT（人工智能物联网）+ SRM（供应商管理）+ 5G 无线网络等大数据技术，实现了对外连接供应商，对内多法人、多事业部各项业务互联互通、高效协同；实现了设备状态实时、动态监控，质量检测数据智能采集；实现了作业计划实时下达到生产现场，作业进度实时采集。通过数字化、智能化建设，效率有了较大提升，降本增效初见成效。中核苏阀构建了以 U9-ERP+ 智能工厂为核心的 IT 互联体系（见图 7-9），搭建多组织、多事业部集团统一管控平台；构建敏捷供应链体系，快速响应客户需求；采用最新数字化、智能化手段，降本增效。

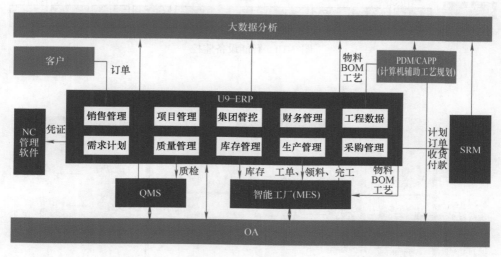

图 7-9　以 U9-ERP + 智能工厂为核心的 IT 互联体系

中核苏阀构建了统一数字化平台，实现了内部多地点、多法人公司、多事业部业务互联互通，全面协同，彻底消除了信息孤岛，实现了跨地点、跨组织业务全面协同。通过智能设备监控，实现了对车间 136 台设备的实时动态监控，26 台质检设备能够对质量检测数据进行自动采集（见图 7-10）。借助互联网，实现与上千家供应商高效协同，协同效率提升 70%（见图 7-11）。借助智能工厂 + 智能终端，作业计划实时下达到机台，效率提升 200%；智能采集作业进度，效率提升 5 倍以上；成本核算由原来的 3 天缩短为 3h（见图 7-12）。对质量数据智能采集与归档，全程质量追溯，追溯效率提升 60%（见图 7-13）。

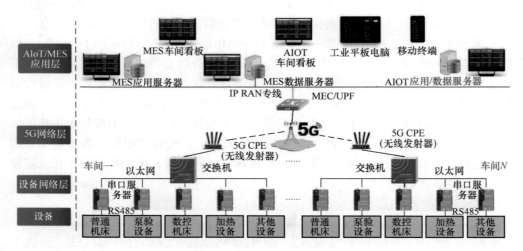

图 7-10　智能设备监控

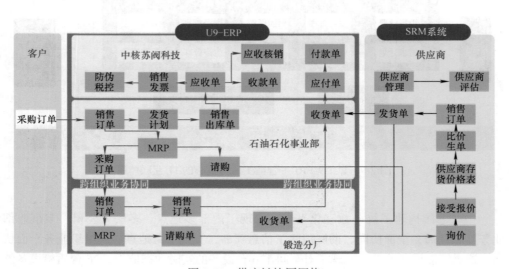

图 7-11　供应链协同网络

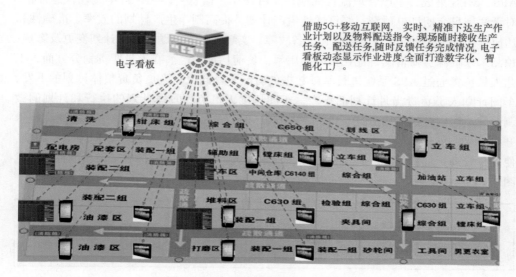

借助5G+移动互联网，实时、精准下达生产作业计划以及物料配送指令，现场随时接收生产任务、配送任务，随时反馈任务完成情况，电子看板动态显示作业进度，全面打造数字化、智能化工厂。

图 7-12　中核苏阀智能化工厂概念图

精细化、智能化，为公司质量的持续改善提供信息化支撑。

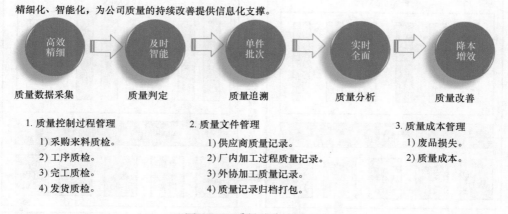

高效精细	及时智能	单件批次	实时全面	降本增效
质量数据采集	质量判定	质量追溯	质量分析	质量改善

1. 质量控制过程管理　　　　　2. 质量文件管理　　　　　　　3. 质量成本管理
　1) 采购来料质检。　　　　　　1) 供应商质量记录。　　　　　　1) 废品损失。
　2) 工序质检。　　　　　　　　2) 厂内加工过程质量记录。　　　2) 质量成本。
　3) 完工质检。　　　　　　　　3) 外协加工质量记录。
　4) 发货质检。　　　　　　　　4) 质量记录归档打包。

图 7-13　质量追溯流程图

　　案例 2：苏州纽威阀门股份有限公司（简称纽威阀门）的客户要求对产品进行精确的交期预估和管理，由于产品繁多，生产流程各异，不同产品使用的加工资源错综交互，难以根据现有的采购信息和库存进行交期预估。为了解决这些问题，在系统选型阶段，纽威阀门对企业的业务需求和相关课题做了分析与整理，并通过参加研讨会等方式对 APS 做了充分的了解，最后组织多家 APS 厂家通过投标进行确认和系统选型。系统实施分为三个阶段，第一阶段覆盖合同执行部、1101 工厂、1102 工厂；第二阶段覆盖 1103～1105 工厂；第三阶段覆盖机加工工厂。项目实施的目标是实现

APS、MES 集成，生产管理流程标准化、可视化、信息一体化；订单交期快速评估，对无法满足交期订单预警；制订详细生产计划，提高制作生产计划的效率、准确性和达成率；能够快速应对紧急插单、设备故障、实绩报工等问题引起的计划变更及影响；预测未来资源负荷情况，优化资源利用率，负荷均衡生产。在人员职责划分方面，工艺人员负责通过 APS 系统进行基础数据的验证，合同执行人员负责整体计划的下发，车间计划人员负责当月计划的排产，车间调度人员负责具体计划的执行和计划的微调。纽威阀门开始使用 ERP、PLM、APS、MES、采购平台等系统，主要应用在技术开发、采购管理、生产制造、质量管理等场景上，缩短了产品开发周期和生产周期，使质量管理更加精细化，在批次追踪、计划管理、采购协同上都有了很大的提升（见图 7-14）。

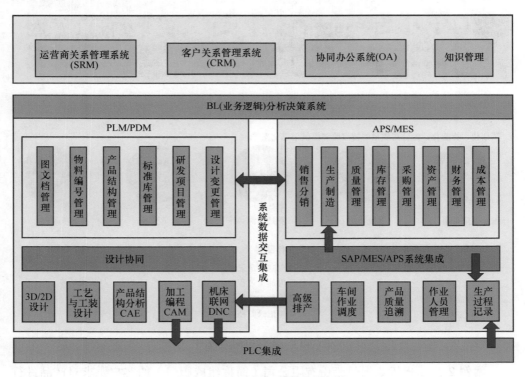

图 7-14　纽威阀门的信息化架构

纽威阀门智能系统流程主要为 MES 接受 ERP 发送的数据，为 APS 提供排程基础数据，APS 负责基础数据验证、为 MES 提供 BOM 数据、生产计划排程。当前纽威阀门的运营模式是 100% 按订单生产，成品、自制半成品、外购原辅料全部采用订单法。将企业的生产管理系统（ERP、MES、APS）全部打通，形成了一个有效的供应链和现场管理系统。对交货期的准确性管理有了明显的提升，业务部门在接单时就可以回复客户交货期，产品的生产状态和预估交期各个部门都可以查询，计划体系也更加标准化。采购人员也由采购计划主导变为需求主导，计划达成率也有了明显的提升。

案例 3：江苏神通阀门股份有限公司（简称神通阀门）于 2016 年进行 ERP 平台升级，实现采购管理、销售管理、生产计划管理、仓储管理、财务成本管理的业财一体化的管理方式。自主开发 MES，形成 PLM-CAPP-ERP-MES-DNC 的多系统、多纬度的集成运用，并在 SAP-ERP 系统标准功能基础上实现了每年达 200 多项的个性化优化开发调整。生产制造方面，开展 MRP 自动运算，实现工单的工序级分派、质量跟踪、加工过程管理，操作工可以自主远程调用所有加工需要的资料；需求物料一键实现自动开单领料，储运部及时备料进行拣配；采用条码技术、无线应用技术等，加强过程中的质量控制，提供一线员工质量问题第一时间反馈渠道，减少操作工的非加工时间。通过 Mastercam 进行数控编程，运用软件进行模拟仿真，并在线下加工试切后进行定版，通过 DNC 进行编程程序的集中式管理，一线员工按需调用数控程序，工艺加工时间缩短到原来的 1/3，产品加工质量稳定。

通过对智能化设备进行设备联网，应用 MDC（设备制造数据采集）系统实时提取设备运行状态，自动统计设备运行效率，查找瓶颈问题，提升生产组织能力。需求物料一键实现自动开单领料，储运部及时备料进行拣配。结合工业互联网标识码的应用，出厂阀门均有"身份证"，可使用阀门在客户端的上、下线管理及售后维修、报修等功能，对产品进行失效分析，提高产品质量的同时实现产品生命周期管理。在神通阀门三号基地的二号车间里，所有的产品上都有一个二维码，用手机一扫，关于这个产品的型号和使用说明等信息一目了然。与此同时，界面上还显示故障报修、动态鉴伪等七个分类。通过这个二维码，产品从制造到使用终止都能全过程记录，产品的整个生命周期都清清楚楚。作为江苏的阀门龙头企业，神通阀门在智能制造方面的探索早已先人一步。通过多年研究，神通阀门建立了设备自动化、管理智能化体系，技术方面做到数字化、标准化、模块化；设计方面做到满足智能制造的要求，量身制定出多套专属于神通阀门的管理系统。2016 年以来，在员工未有大幅度增加的情况下，神通阀门每月产值从原来的 3000 多万元，提升到 2021 年的 9000 多万元；2021 年的运营成本比 2020 年降低 7.23%；产品研发周期缩短 34%；人均生产率提升了 16.1%；产品不良品率降低了 0.2%；关键工序数控化率 100%；能源利用提高率 0.1%。

案例 4：吴忠仪表有限责任公司（简称吴忠仪表）自 1975 年开始企业信息化建设，经历了单项应用、综合集成、协同创新三个发展阶段。通过 27 年在信息化领域的摸索与建设，已自主开发了一套符合企业自身发展需求的信息化管理平台，并将信息化应用扩充到公司管理的每个环节，将企业信息化的作用从解决企业局部业务问题，拓展为实现企业管理提升与发展变革的强大支撑，并全方位提高企业的生产效率、管理效率。一般的工厂只能做到生产，但是吴忠仪表已经可以做到单件小批定制，在生产流程中还加入了设计和工艺的环节，这是典型的工业 4.0 时代的标志。

　　搞好工业 4.0 必须从全面、多层次推动、各个版块都全面发展，工业 4.0 不能完全依赖软件，必须是软件与硬件及管理与产品相结合。吴忠仪表在发展工业 4.0 的路途上，一直是向"五维八化"推进。五维，即技术、管理、装备、物料、制造。八化，即自动化、数字化、信息化、精益化、网络化、柔性化、可视化、智能化。在这方面，吴忠仪表以前也用过德国和国产的软件，不仅效果不理想，还因审批节点多、程序烦琐、缺乏企业自身的基础数据等问题制约了企业的发展。最后吴忠仪表整合自有的计算机团队，以企业自身产品生产特点为基础，反复摸索开发适应生产流程的软件，建设工业互联网平台。吴忠仪表自己开发的软件能够进一步向市场提供技术服务，真正将信息化融入所有工作，全系统、全流程、全覆盖，找到了属于自己的工业4.0 的道路。吴忠仪表建成满足个性化定制的离散制造企业智能工厂，打造泵阀领域可复制的传统制造业端到端智能制造新模式。公司共研发了软件系统及 APP 约 60 个，研制了由自动化设备＋数据终端＋单元级 MES＋有线及无线网络构成的数字化柔性加工岛，实现刚性设备的柔性加工；研制了满足多规格多品种单件小批定制化产品的自动化喷涂线；研制了由自动悬挂输送系统＋数字化装配工位＋智能压力测试装备＋数字化调试装备构成的装配线，实现了单件小批定制化产品的产线化组装；研制了由高参数立体仓库＋自动化配餐线＋激光引导 AGV 构成的仓储及配餐一体化系统，实现了配餐拉动立库作业；实现了基于一物一码的全过程质量追溯。MES 通过集成 PLM全面实现了产品设计图文档在线应用。

　　软件代替人力，自动生成、自动派发、自动维护下料任务：以生产宏观调控措施、零件生产计划、下料业务规则为依据，构建基础数据、设计软件算法、开发应用软件功能、自动识别、选择下料任务（下料件和锻件），自动计算计划下料完成日期，自动生成计划下料任务，自动指派下料人员。自动分析、发现和抛出各类异常数据，并在异常数据得到完善后自动补偿性追加相关下料任务。自动响应生产宏观调控、合同交期变更、零件生产计划变更、更新、追加或撤销下料计划，始终保持下料计划与项目计划、零件计划的一致性。开发应用下料作业单、下料实时作业监控看板，使下料任务得到量化、有序化和可视化。每项下料任务及其执行状态，以手机版"下料作业单"、大屏版"下料实时作业看板"两种方式同时呈现。使未来下料任务、当日应完成下料任务、当日已完成下料任务、逾期未完成下料任务都得到量化、有序化和可视化。MES 提供"缺少料反馈"功能，下料人员通过手持终端扫码反馈因缺料、少料而无法按期完成的下料任务，自动呈现到"下料实时作业看板"上，方便监督和解决。通过全面采集生产任务的实际开工时间、实际完工时间、操作人员、加工设备、质量测量等绩效数据，实时在线跟踪订单的原材料采购、毛坯铸造、零部件生产、物料配送、整机装配、打压调试、包装发运等进度。也有能力实时在线跟踪每个人机作业工位的任务完成情况、质量合格情况、变更执行情况和异常处置情况。采用条形码、

RFID 等信息技术，对原材料、毛坯、零部件、整机、包装箱等实物，实行全过程"一物一码、一物一标"，赋予产品零件唯一的电子身份证，采集、移植、继承不同阶段的产品质量数据，保持信息流与实物流一致，自动形成产品质量数字档案。支持按合同编号、产品编号、批次号等关键字，可在线追溯单台产品全部生产过程。质量数据永久性存储，终身保持原始状态，为用户建立长期的产品档案。通过宏观调控"当日可开工任务窗口"大小，将每日可开工任务调控在特定范围之内，防止车间过早开工。避免不合理占用和消耗物料、人员、机器、场地、器具等生产资源，高级别规避资源争用，盘活和有效利用可用产能。项目计划调度中心根据交期临近和实际生产进度，灵活调控订单生产优先级，控制生产活动向计划进度回归。调控措施张弛有度，调控指令直达工位，全面自动响应。MES 基于生产过程大数据和算法，全面接替人力执行所有生产绩效统计工作。例如：在制数量统计、在制金额统计、操作者工时统计、外协费用统计等。构建了一整套符合质量管理体系要求的信息化质量报告模板。在控制阀整机完工检验通过后，MES 自动提取、关联并聚合不同生产阶段的产品质量数据，自动输入质量报告模板，按用户需求有序输出产品质量报告。彻底替换了人力检索质量数据、编制质量报告的工作模式。

通过智能制造的推进，吴忠仪表提升了企业整体经营指标，形成了业务一体化、全流程透明可视化服务能力，并形成机泵阀领域可复制的传统制造业端到端智能制造新模式。

案例 5：重庆川仪自动化股份有限公司（简称重庆川仪）以"自动化、信息化、精益化"为主线，通过"数智川仪"建设工程，打造智能生产线、数字化车间和创新示范智能工厂，将 ERP、MES 等管理信息系统与底层自动化执行系统进行高度集成，形成制造过程一体化管控系统；QMS、SCM 等业务管理系统同 ERP 系统有效衔接，反馈生产、质量、物料消耗、人员绩效、供应商评价等生产过程相关数据，从 ERP 中获取订单、工艺、质量等数据；底层设备实现与物流系统、专机设备和检测设备等智能化设备高度融合，实时指导物流等智能系统在管控系统指挥下有序运转，保证物流准确、及时与畅通，确保专机设备与检测设备按产品工艺参数准确执行。通过建立以产品生命周期为主线的 PLM 系统，充分整合利用企业内外信息资源，主要包括 PDM 系统、CAPP 系统、ERP 系统、MES、CAD（计算机辅助设计）、CAE（计算机辅助工程）、CAM（计算机辅助制造）等，负责生产信息的采样、处理、传输，实现数字化设计与制造，实现 CAD/CAPP/CAM/PDM 应用技术和 ERP、SRM、CRM 集成，实现数据多 BOM 间的数据映射机制，将孤岛式流程管理转变成集成的一体化应用，实现从概念设计、产品设计、产品生产、产品维护到信息管理的全面数字化；实现知识价值的提升与共享，产品开发与业务流程优化，从而全面提升设计、生产和管理效率，降低产品生命周期的生产制造成本和管理成本，提升市场竞争力。

基于工业互联网平台应用，打通订单→设计→工艺→计划→制造→质量→供应→交付→企业协同的产品业务全流程数字化管理。持续推进数字化设计系统工程，搭建协同开发设计平台，集中部署 CAE 虚拟仿真等大型研发设计软件系统，分布应用三维设计及各类专业开发工具。建立以产品数据管理系统（PDM）系统为核心，包括工艺数据管理、产品研发项目管理、产品试验数据管理的协同研发平台，实现企业产品从概念设计、详细设计、模拟仿真、工装管理到生产制造的全过程数据管理，提高产品设计质量，缩短设计周期，提高设计可靠性。通过智能现场仪表技术升级及产能提升、流程分析仪器及环保监测装备产业化、智能变送器生产研发基地、主力产品智能生产线优化建设、技术中心创新能力建设等一批重点项目的实施，构建起以 PLM、ERP、MES、QMS、SCM 等为核心的设计、采购、生产、质量等过程管控体系，实现产品数字化设计、生产及交付；打造仪器仪表健康诊断与运维服务云平台，提高用户服务数字化、敏捷化；深入推进主力产品生产线智能化建设，分阶段开展数字化车间、智能工厂建设，持续提升生产制造、成本控制、质量保证、快速交付"四项能力"和高效协同，不断提高产品产能、质量和生产率，探索建立精益、柔性、智能的"数智川仪"新模式。主力产品研发周期缩短 30%，产能提升 70%～189%，生产率提升 20%～50%，设备综合利用率提升 10%，按天准时交货率达到 95%，制造人员数量下降 4.8%，数字化协同研发设计能力和离散型精益制造能力明显提升。

案例 6：良工阀门集团针对国内阀门企业质量水平和品牌影响力的增长仍滞后于规模的增长，"大而不强、全而不优"的局面，决定在 2022 年建设一个年产 10 万套的特种阀门工厂，推动良工阀门中高端企业发展。新基地将配套全球第三大管理软件供应商 SAGE 旗下 ERP 系统，打造自动化、智能化车间。ERP 系统将全整合集团内部销售、存货、采购、财务、物流和生产模块，轻松处理生产基地与总公司、部门与部门的沟通，解除原先各自为政的独立状态，将公司转变为一个整体，实现了各部门间的有效链接。同时，新的生产基地将采用国外优良的生产设备和智能化装备，引进专业的阀门研发人才，形成年产值达 13.5 亿元规模的智能化、现代化生产基地（见图 7-15）。目前企业出厂的每一台阀门都将带有专属芯片，对比传统阀门，其在工控（监视器、传感器和自动操控设备）等领域有独有的优势，在一定程度上决定了进程操控的调节质量，极大地便利了现场工况数据的读取。生产全面实现数字化、智能化。

案例 7：全球领先的柔性自动化解决方案供应商 Fastems（芬发自动化）与上海奇众阀门制造有限公司（简称奇众）签订了一条高端定制化柔性生产系统的购买与实施协议。该柔性产线集成了六台高端加工中心，规划长度近百米，是目前国内工业领域中最高规模的高端阀门智能化生产线。该条柔性线的建成不仅将为奇众的技术改革、智能升级战略夯实基础，还将助推我国能源机械行业的智能化发展进程。基于奇众产品具有高精度、高定制化、多品种小批次这三大显著特点，以及对于生产自动化、计划自动化和监控自动化的多项需求，Fastems 高端定制化 FMS（柔性制造系统）生产线将集成六台最新的智能加工中心、159 个机械加工托盘与 117 个物料托盘，整条产线长度将超过 96m，并配置了每分钟 210m/min 超快速度的高效堆垛机。其建成后有望成为中国乃至整个亚洲市场长度最长，不同机床品牌（两种不同的机床品牌）、不同加工托盘尺寸（两种不同的托盘尺寸：一种是 630mm×630mm 台面卧式加工中心，另一种是 700mm×700mm 台面卧式加工中心）以及物料托盘（1200mm×700mm 木托盘）混线集成，垛机运行速度最快的柔性产线。

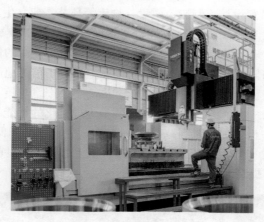

图 7-15　良工阀门现代化生产基地

奇众生产的阀门等多种能源机械产品具有精度高、种类繁多等特性，70% 出口海外的销售结构更对交货期的要求十分严苛。而以往所采用的一机一人的传统生产模式，不仅对技术人员水平的依赖程度很高，再加上频繁换刀、装夹、机器停机等造成的时间浪费，都极大影响了设备利用率与生产率，而柔性生产系统的自动传输功能，尤其是 Fastems MMS6 生产管理软件的自动排单功能，所能实现的物料、刀具、夹具的自动传输，以及订单、生产要素的自动分配、实时动态调整，都在大幅提升设备利用率与生产率，确保交货周期的同时，更有效降低了人工操作失误的风险，提升了产品品质。柔性系统的初步规划是覆盖阀体、阀盖、油管等五大类、数十种零部件的加工生产，实现 1 台机床 1 年 4000h 的主轴切削时间，并在工艺逐步成熟后，向着"熄灯工厂"、1 年 7660h 生产的最终目标迈进。除了对生产效率的追求，奇众此次引进柔性系统，也是其智能化升级战略的重要环节。

案例 8：2019 年 5 月，上海沪工阀门厂（集团）有限公司（简称上海沪工）智能制造工厂建设全部完工，通过智能化升级实现从传统制造向现代制造的全面转型（见图 7-16）。升级前工艺设计、产品制造等环节仍主要沿用纸质工艺规程，缺乏高效的生产流程管理手段，主要依靠经验丰富的工人。这种方式难以综合考虑制造过程中的各种因素，难以保证生产线的流畅运转，同时也容易导致各生产环节之间的产能失衡，制造过程无法形成闭环管理，效率低下。从车间生产线中采集的数据大多数只是用于显示和统计，数据的资源属性没有得到有效的挖掘和利用。为了实现阀门加工、检测关键工艺的智能化技术改造和升级，引进了一批先进的传感、控制、检测、装配、机器人及数控加工中心等智能化工业装备，并将其与生产管理软件进行高度集成。上海沪工在总体设计、工艺流程及布局上均建立了数字化模型，并进行模拟仿真，实现了规划、生产、运营全流程数字化管理；在产品设计、工艺规划中，采用CAD、CAPP、设计和工艺路线仿真、可靠性评价等先进技术；在产品管理上，实现了PLM，信息收集贯穿设计、制造、质量、物流等环节，建立生产过程SCADA；在生产制造环节，建立MES，实现全过程封闭管理，并与ERP集成。通过一系列的升级改造，上海沪工实现了生产和经营无缝集成及上下游企业间的信息共享。通过基于横向价值网络的协同创新，借由智能工厂建设，上海沪工很好地解决了小批量、多品种的客户需求，实现了阀门制造的柔性生产，提高了生产率与核心竞争力。通过智能工厂建设，上海沪工从一个传统的制造企业转型为现代化的智能制造企业，生产率大幅提升，阀门零部件机械加工时间减少30%左右，生产能耗降低20%以上，生产成本支出减少30%以上，产品研发周期缩短30%以上，产品不良品率也大幅降低，产量提高3倍，生产率提高3~5倍。

图 7-16　上海泸工智能工厂

案例9：某航天机械厂构建"一个数据中心、三个智能单元"的阀门智能制造体系，底层是阀门智能制造单元，上层是阀门智能制造联网数据中心。一个数据中心是指设计一个适用于监控阀门智能制造各个环节的数据信息处理系统平台；三个智能单元分别为智能加工单元、智能测试单元和智能物流单元（见图7-17）。

硬件层面上，在通信方面采用工业互联技术，实现单元与数据中心的互联互通，实现智能感知；在过程控制方面则采用基于Petri网构建各单元（即制造资源）的Petri网模型，通过与工业互联技术的融合，实现制造过程的过程控制。加工设备上，为完成不同产品的生产任务，各制造设备可根据所生产产品的种类，重新组合为适用本产品的生产线，实现柔性化生产。车间管理层面上，为了能够更好地对车间整体的运转过程有更全面的掌控，将工业互联技术与 Petri 网建模技术结合，通过集成物联网、应用软件、数据库等多个领域的理论与技术，实现底层制造资源数据采集、制造过程控制及车间的上层管理。

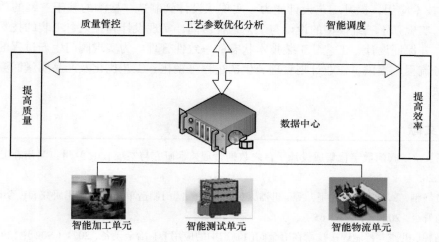

图 7-17　阀门的智能制造体系

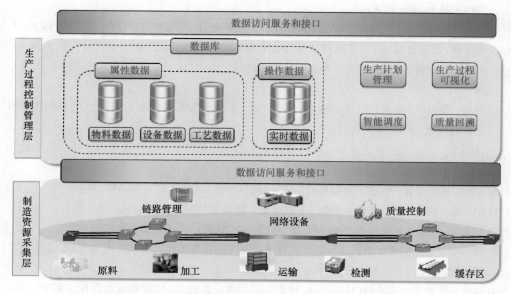

图 7-18　制造资源采集和生产过程控制管理系统功能模型

制造资源采集和生产过程控制管理系统功能模型如图 7-18 所示。模型的架构包含了两级网络架构，其中制造资源采集层采集生产过程中重要的生产数据，即工业互联数据。生产过程控制管理层主要对阀门生产过程进行业务流程的管控，以满足阀门制造交互分布式环境下的资源控制调度需求，实现过程控制（智能调度）。建立生产过程数据库管理，存储阀门的物料数据、工艺数据、设备数据及实时数据等。在产品设计管理数字化建设方面，以基于模型的定义（MBD）技术为基础，贯彻和深化MBD 技术应用，提升工艺设计能力，实现从设计到制造、检测的基于三维的数字量传递，实现基于三维模型的设计与工艺远程协同，实现设计和工艺、工装的技术状态管理，并保证设计、工艺、工装技术状态的一致性管理。为实现阀门生产过程的智能化业务流程，提供了作业计划管理、生产过程可视化、工艺优化及产品质量回溯等功能模块。

参考文献

[1] 丁文义. 阀门数字化集成设计平台之数据管理技术研究与实现 [D]. 兰州：兰州理工大学，2020.

[2] 贾静雅，冀晓来，茹红宇，等. 机器人技术在航天阀门制造单元中的应用研究 [J]. 今日制造与升级，2020（5）：63-65.

[3] 马辉. 机器人智能焊接技术在冶金阀门制造中的应用 [J]. 冶金设备，2021（S02）：129-132.

[4] 杨进. 高精度曲面加工研磨技术和微弧精密焊接技术在电厂阀门内漏治理上的应用 [J]. 东北电力技术，2013（4）：4.

[5] 杨军. 机械加工工艺过程对阀门零件精度的影响研究 [J]. 华东科技（综合），2021（003）：1.

[6] 赵汉悦. 浅谈机械加工工艺过程对阀门零件精度的影响 [J]. 中国新技术新产品，2015(16):1.

[7] 刘进，史康云，宋兴旺，等. 虚拟工厂应用的研究综述 [J]. 成组技术与生产现代化，2019，36（2）：6.

[8] 刘进，关俊涛，张新生，等. 虚拟工厂在智能工厂全生命周期中的应用综述 [J]. 成组技术与生产现代化，2018，35（1）：6.

[9] 汤伟文. 一种智能制造虚拟工厂构建的研究 [J]. 广东技术师范学院学报（社会科学版），2021，42（3）：26-32，56.

[10] 张越. 吴忠仪表：引领"智能制造" [J]. 中国信息化，2013（22）：36-37.

[11] 徐伟峰. 埃美柯阀门车间智能制造系统改造方法研究 [D]. 宁波：宁波大学，2016.

[12] 赵志宇. 工业互联数据的 Petri 网建模与分析 [D]. 成都：电子科技大学，2016.

[13] 梁桂华. 企业实施智能制造与信息化管理研究——以西派阀门有限公司为例 [J]. 企业改革与管理，2022（9）：3.

[14] 蒋琪，侯育新. 苏州阀门厂集成化计算机辅助设计系统 [J]. 计算机辅助设计与制造，1999（4）：37-38.

第 8 章

智能运维与特种阀门运维

　　智能制造是世界制造业未来发展的重要方向之一，在德国"工业4.0"、美国"工业互联网"等发展战略中，智能制造都是其核心内容，智能制造已成为制造业高质量发展的主攻方向和突破口。伴随着检测技术、通信技术和运筹决策理论的飞速发展，在航空、航天、通信和工业应用等各个领域的工程系统日趋复杂，系统的集成化和智能化程度不断提高，研发生产制造，特别是运维管理方面的成本投入越来越高。与此同时，由于组成环节和影响因素的增加，系统发生故障的概率逐渐上升，对系统的可靠性和可用性要求日渐提高，进而对设备在线监测和智能运维的要求更高，开展设备预测性维护技术研究，研制统一的技术标准，建设标准测试验证平台的需求更加迫切。

　　2017年工信部智能制造综合标准化项目专门设立了《智能装备预测性维护标准研制及验证平台建设》项目，开展面向智能制造装备预测性维护的技术研究，在现有智能装备已实现通信与诊断功能的基础上，从数据采集、状态监测、故障诊断、预测性维护、维护决策等方面，针对关键设备开展预测性维护技术研究和标准制定。该项目旨在解决智能制造环境下设备生产过程的剩余寿命预测性维护与维护管理决策问题，为提升产品质量与生产效率，降低企业运营成本提供整体解决方案。在《国家智能制造标准体系建设指南（2018年版）》中也着重将预测性维护技术标准列为智能制造关键技术标准。

　　智能运维系统通过实时对设备运行信息及环境信息进行采集和监测，能够提早发现故障信息，降低运维成本，保证设备安全高效运行。智能运维的主要内容包括建立信息采集和自动化控制系统、故障诊断系统以及基于专家系统的故障预测模型和故障索引知识库；系统在获取设备运行信息和环境变化信息后实现对设备的远程智能化控制；搭建装备产品生命周期管理、关键零部件生命周期范围内的分析平台和建立与不同用户习惯相匹配的信息模型；可实时获取设备运行状况数据信息、制订与实施装备虚拟运行维护方案、选择推送最优运维方案和开发创新应用等服务。通过这些内容，企业能够更好地了解到设备的生产状态以及失效状况，并更加迅速地制订出合理的、经济效益高的维修方案。

　　本章将详尽介绍智能运维的相关概念以及智能运维所需要的关键技术，列举分析智能运维在特种阀门领域的应用实例。

8.1　智能运维的相关概念

随着传感器技术、数据分析技术的发展，利用物联网、大数据、人工智能等新一代信息技术与传统的设备运维技术的融合，智能运维技术得到了发展。智能运维是一种新的运维方式，它具有自我检查、自我诊断的能力，可以实时监督设备发出故障预警信号，并能实现故障远程报警、分析运维信息。借助智能运维新模式，能够降低用于维护保障方面的成本，增强设备可靠性和安全性，减小设备失效概率，在某些要求高安全、高可靠度的领域可以发挥巨大作用。

智能运维的构成如图 8-1 所示，智能运维以数据为基础、以场景为导向、以算法为支撑。与人工智能、大数据、区块链等技术体系不同，智能运维并不是一项"全新"的技术，而是一个以智能运维场景为基础的智能技术的应用和融合。

图 8-1　智能运维的构成

工业领域的智能运维利用最新的传感器检测、信号处理和大数据分析技术，针对装备的各项参数以及运行过程中的振动、位移和温度等参数进行实时在线或离线检测，并自动判别装备性能退化趋势，设定预防维护的最佳时机，以改善设备的状态，延缓设备的退化，降低突发性失效发生的可能性，进一步减少维护损失，延长设备使用寿命。在智能运维策略下，管理人员可以根据预测信息来判断失效何时发生，从而可以安排人员在系统失效发生前某个合适的时机，对系统实施维护以避免重大事故发生，同时还可以减少备件存储数量、降低存储费用。

8.1.1　运行维修模式

设备的维修策略是智能运维的重要组成部分。工业生产中，受到运行时间和所处环境的影响，设备的状态会逐步退化，工作效率和性能也会随之受到影响。当设备性能下降到无法满足工作要求的时候，即使设备还在工作也会被视为失效，这种失效会造成经济上的巨大损失。维修是指利用一种或者一系列的维修作业，发现或者排除某一隐蔽或潜在的故障，使得系统保持良好的工作状态。维修对于减少生产成本以及工业生产有着重要的意义。运行维修模式的发展大致可以分为三个阶段：事后维修阶段、预防维修阶段、多种现代维修模式并行阶段。

第一阶段：事后维修阶段（20 世纪 50 年代之前），事后维修（breakdown maintenance，BM）也称为修复性维修（corrective maintenance，CM），是指在装备发生的功能故障，导致其无法正常工作时才进行的非计划性检修活动，是一种被动维修方式。它的特点是坏了再修、不坏不修，是一种被动维修方式，适用于故障后果影响小、停机损失不大的简单装备，容易快速修复的装备，有冗余备份的装备。

第二阶段：预防维修阶段（20世纪50～70年代末），预防维修（preventive maintenance，PM）包括两大维修体制，一个是苏联提出的计划维修制，一个是美国提出的定期维修制，它们虽然表现形式不同，但其本质是相同的，都被称为基于时间的预防维修（time based maintenance，TBM），即提前制订装备检查维修计划，在规定时间阶段进行周期性预防维修工作，以避免突发故障停机，适用于故障寿命与运行时间有关的装备。

第三阶段：多种现代维修模式并行阶段（20世纪80年代中叶至今），在这一阶段的维修模式包括预测维修、以可靠性为中心的维修以及改善维修。其中预测维修（predictive maintenance，PdM），也称视情维修、状态维修（condition based maintenance，CBM），它是一种主动维修模式，由美国国家宇航局率先提出。这种维修模式主要是对装备的运行参数进行监测，实时分析设备的劣化程度和健康状况，从而确定维修时机和维修措施，实现降低维修成本、提高经济效益的目的。

8.1.2　智能运维关键技术

智能运维是在对设备状态信息的辨识、感知、处理和融合的基础上，监测设备的健康状态，预测设备的性能变化趋势，并采取必要的措施延缓设备的失效进程、排除设备故障的决策和执行过程。智能运维主要包括状态数据的采集和预处理、状态数据的分析和智能诊断、维修策略优化、现场维修管理等方面，并需要以下几个关键技术。

1. 状态数据采集技术

设备的故障信息可以通过多种物理状态信号传达，使用传感器技术可以实现对于多维物理信号的实时采集。在严苛工况下的特种阀门如主蒸汽隔离阀、涉钠阀门的智能运维中往往需要监控环境参数、性能参数和机械状态参数等多种信号参数。环境参数包括温度、湿度、压力等；性能参数包括流量、介质压力、阀位、推力等；机械状态参数包括振动、噪声等。保证传感器的实时性和准确性，获取正确的状态数据，才能进一步保证后续数据预处理以及分析等步骤的正确性。

2. 状态数据预处理技术

使用传感器获取的状态数据往往存在无用趋势项和噪声分量，它们的存在则会使信号中包含的有用信息失真，严重影响后续信号处理的可靠性，必须对其进行提取并加以消除。然而，除了受测试仪器零点漂移、外界电磁干扰、环境和温度条件变化等因素的影响，实测信号中的无效分量往往没有非常明确的物理含义，具有随机性，给趋势项、噪声等无效成分的准确提取和消除造成了许多困难。对于实测信号中的有效成分，可将其用于评估系统或元件的健康状态，所以需要对其进行提取并加以利用。状态数据的预处理应当在尽量保持原始数据完整性的同时，去除无效信息，提升数据质量。

3. 状态数据分析与智能诊断技术

（1）特征提取 特征提取方法可分为时域分析方法、频域分析方法以及时频域分析方法三大类。

1）时域分析方法通过统计分析，计算信号的各种时域特征，如方根幅值、平均幅值、均方幅值、峰值、波形指标、峰值指标、脉冲指标、裕度指标等，快速判别故障。

2）频域分析方法则是通过傅里叶变换将时域信号转换为频域信号，包括频谱分析、倒频谱分析、包络分析、阶比谱分析和全息谱分析等。

3）时频域分析方法相对于前两种分析方法更加全面。能够表征信号频率序列和时间序列之间的相互关系，非常适合非平稳信号的分析和处理，包括短时傅里叶变换、Wigner-Ville 分布、小波变换以及经验模态分解方法。

（2）故障识别 故障识别通过建立故障特征与故障模式之间的对应关系，从而实现根据设备状态数据来辨别故障类型以及故障发生的位置和严重程度，其中最为经典的是基于专家系统的故障诊断方法。该故障诊断方法摆脱了对数学模型的依赖，将专家经验和设备相关知识融入诊断系统，完成了机械设备的故障检测。但基于专家系统的故障诊断方法不具备自主学习能力，受经验知识影响较大，且系统维护成本高。

随着云计算、云存储技术的发展，基于数据驱动的故障诊断方法应运而生，该方法不考虑专家经验与数学模型，通过数据挖掘技术采集监测数据中的特征信息，实现故障的诊断检测。基于数据驱动的故障诊断方法主要分为统计法、信号处理法以及机器学习法。近年来，机器学习法在复杂设备的智能故障诊断领域表现优异，大大提高了故障诊断的准确率和效率；其分为浅层学习（shallow learning）和深度学习（deep learning）两个发展阶段。

（3）剩余寿命预测 剩余寿命（remaining useful life，RUL）预测通过对设备的历史工作数据进行分析计算后，估计设备由当前状态至完全失效时所能服役的时长。其预测模型可以分为两类：基于物理模型和基于数据驱动模型。

1）物理模型是通过工业系统零部件的退化现象的数学或物理模型来构建的，能够用专业的模型对退化进行表征，从而能够将现有的观测数据代入模型求得设备的剩余寿命。随着时代发展，工业系统日趋复杂化、集成化，基于物理模型的剩余寿命预测的相关研究呈现下降趋势。

2）数据驱动模型的建立依靠先前观察到的数据来预测系统的未来状态，或通过匹配历史上类似的模式来推断剩余寿命。数据驱动模型需要大量的数据进行训练，无须事先对系统的物理行为有专业认识，就能够很好地建模高度非线性、复杂和多维的系统。但是运行故障的数据很难获得，因为获取系统故障数据可能是一个漫长而昂贵的过程。因此，目前通常使用与之相对应的公共数据库来验证所提出的模型，如 FEMTO-ST 研究所提供的 PRONOSTIA-FEMTO 轴承数据集，NASA（美国航空航天局）提供的电池数据集和涡扇发动机退化仿真数据集。此外，支持向量机（support vector machine，SVM）、高斯过程回归（Gaussian process regression，GPR）、相似性方法在其中有着广泛应用。

4. 维修策略优化技术

"做正确的事情比正确地做事情更有效"，这意味着制订高效的维修策略是非常重要的。对某个具体的系统或装备来说，选择最优的维修策略就是为不同类型的设备选择一个合适的维修方式和最佳的维修时机，通常需要结合维修决策方法和模型，进行定性或定量的分析，是一个关键而复杂的维修决策问题。

（1）维修方式决策优化　维修方式的选择通常是一个多准则决策问题，需要针对不同的系统考虑多个不同的标准，这些标准可以是定性的，也可以是定量的，通常采用的方法包括：故障模式影响和危害度分析法（fault modes effects and criticality analysis，FMECA）、层次分析法（analytic hierarchy process，AHP）、网络层次分析法（analytic network process，ANP）、逼近理想解法（technique for order preference by similarity to ideal solution，TOPSIS）、模糊综合评价法、逻辑决断法、关键因子法、蒙特卡罗仿真等，以及各种方法的结合。在维修方式决策方面，利用专家知识收集数据进行分析的多准则决策方法更为实用，这是因为拥有最多知识和经验的专家很容易将问题识别出来。此外，通过引入大量的标准到决策过程中，可以提高决策结果的可靠性，同时，混合各种决策方法的模糊综合评价方法，可以改进决策过程的主观性、不准确性。

（2）维修时机优化　维修时机是针对预防性维修而言的，确定良好的、正确的维修时机可以在保证设备正常运行的同时降低运维成本，提高工业生产率。维修时机主要包括定期预防性维修时机、视情维修时机两大类。

定期预防性维修根据装备历史故障数据或试验数据以及工程经验预先确定维修间隔期，与其内部故障分布规律密切相关。其通过历史故障数据收集和分析，确定故障分布类型，目前，采用单目标决策的定期预防性维修周期优化研究已经非常成熟。然而，确定预防性维修周期时，考虑多个优化目标才能更加符合实际情况，同时系统中不同的部件计算的维修周期也是不同的，单部件的维修周期不等同于系统的最佳维修周期。因此，基于多目标决策的成组部件预防性维修周期优化成了研究的重点。

视情维修是根据实际运行状态确定维修时间的，与状态监测方法、故障诊断方法和维修阈值密切相关。视情维修策略研究的重点是故障诊断与预测方法、维修阈值的确定和检测周期的优化。故障诊断主要是通过采集到的装备实时运行状态信息，判断设备是否参数异常，预测故障或剩余寿命，其中故障诊断方法通常基于卡尔曼滤波法、随机滤波法、马尔科夫模型、神经网络模型等。而基于装备劣化程度和健康状态评估的维修决策更加科学、合理，其中研究的关键是确定维修阈值。

8.2 特种阀门的智能运维

目前，特种阀门常用的维护方式有三种：

（1）被动性维护 待事故产生后才采取行动，即等到阀门出现问题后再进行维修或更换。

（2）预防性维护 根据经验确定维修时间，按时间表采取定期预防性维修。

（3）预测性维护 采用非侵入式诊断测试和评估智能仪表设备，根据现场采集到的信息进行分析预测。

被动性维护存在两个比较突出的问题：一个是需要将阀门拆卸和拆开，维修或更换已磨损或损坏的零件，费时费力；另一个是无法对阀门的故障进行预判，特别是安全级阀门，极有可能在停车大修后很短时间内又出现故障，导致再次停车。

因此，目前工业现场主要采取人工方式对阀门按批次定周期检修。检修过程中对纳入维修计划的阀门不加甄别全部拆解维修，该方式导致有很多没有发生故障的阀门也被拆解维修，浪费了大量的检修时间，需要很多备件，同时也需要投入很多人力和物力。

所以预测性维护，例如基于数据驱动的阀门故障诊断，使阀门的维护更具有针对性，大大节约了成本、提高了维修效率，同时根据不同阀门的运行状态数据可以制订具有针对性的维修方案。目前，对于运用计算机辅助故障识别与诊断技术，对阀门的运行参数进行实时监测和诊断的预测性维护，国外某些公司已将此方向作为阀门故障诊断的重点进行研究，并研发了许多相关的软件、系统等产品。

在阀门的智能运维中，越来越多的企、事业单位投入到阀门测试诊断相关问题的研究中，目前已有一些较为成熟的能在工业现场进行自动化或半自动化的性能测试的设备与系统，主要分为总线式、移动式、手持式等几种（见表 8-1 及图 8-2）。

1）总线式主要有较早期的由日本山武株式会社所研发的山武控制阀维护支持系统 PLUG-IN Val staff，其可以作为控制系统的子网络建立，并具备控制阀状态信息监测与维护策略支持等功能；法国阿海珐（Areva）的 SIPLUG Online 系统，其优势是远程在线测试与诊断；还有美国克瑞（Crane）的 Gabriel 系统与费希尔（Fisher）的 Valve Link 系统等，都针对不同类型阀门性能测试与诊断的需求而各有优劣。

2）移动式主要有美国电子特利丹（Teledyne）公司的 QuickLook 及其配套软件，拥有 16 路数据采集端口，能完成规定几种气动阀与电动阀的性能测试数据收集与处理并进行相应的分析。还有 Crane 的 VOTES Infinity、Areva 的 SIPLUG DAW3 等。

3）手持式设备功能比较有限，一般是针对智能型阀门，通过搭载系统的手持设备与阀门定位器进行蓝牙连接，从而进行指令与运行数据的交互，例如 Fisher 开发基于 Valve Link Mobile 软件的系列产品，包括定制的手持设备以及装有 Windows 系统的智能手机。

表 8-1　不同类型的阀门测试诊断设备

类型	特点	产品
总线式	使用现场总线进行通信，可以 365 天 24h 不间断地监视诊断信息	PLUG-IN Val staff、SIPLUG Online、Gabriel、Valve Link
移动式	即插即用传感器识别，具备独立的测试平台无须再连接计算机，可以移动	QuickLook、VOTES Infinity、SIPLUG DAW3
手持式	设备功能比较有限，一般是针对智能型阀门，通过搭载系统的手持设备与阀门定位器进行蓝牙连接，从而进行指令与运行数据的交互	Valve Link Mobile

图 8-2　阀门在线故障诊断设备

参考文献

[1] 王春喜，王成城，王凯 . 智能制造装备预测性维护技术研究和标准进展 [J]. 中国标准化，2021（2）：15-21.

[2] 张瑞，田亚辉，汤敏，等 . 船用设备智能运维探究 [J]. 珠江水运，2022（7）：98-100.

[3] 袁超 . 复杂系统维修策略优化研究 [D]. 南京：东南大学，2021.

[4] 薛子刚，高屹，张文渊 . 装备维修策略选择和优化研究综述 [J]. 装备制造技术，2020（1）：157-160.

[5] 汤胜楠，朱勇，李伟，等 . 机械系统实测信号预处理方法研究现状与展望 [J]. 排灌机械工程学报，2019，37（9）：822-828.

[6] 郭忠义，李永华，李关辉，等 . 装备系统剩余使用寿命预测技术研究进展 [J]. 南京航空航天大学学报，2022，54（3）：341-364.

[7] 肖乾浩. 基于机器学习理论的机械故障诊断方法综述 [J]. 现代制造工程, 2021（7）: 148-161.

[8] 刘鲲鹏, 苏涛, 赵磊, 等. 滚动轴承故障特征提取方法研究现状分析 [J]. 内燃机与配件, 2018（24）: 52-53.

[9] 吴猛猛, 董秀臣, 赵德耀, 等. 基于声发射的管路阀门内漏检测技术研究综述 [J]. 山东科技大学学报（自然科学版）, 2019, 38（6）: 105-113.

[10] 陈林, 王兴松, 张逸芳, 等. 阀门故障诊断技术综述 [J]. 流体机械, 2015, 43（9）: 36-42.

[11] 陈雪峰. 智能运维与健康管理 [M]. 北京: 机械工业出版社, 2018.

[12] 刘玉东. 基于 SVM 的气动调节阀故障诊断 [D]. 杭州: 浙江工业大学, 2016.

[13] 李朝雅, 孙建平, 田乐乐, 等. 基于 WPT-SVM 电动调节阀故障诊断研究 [J]. 仪器仪表用户, 2021, 28（6）: 19-23.

[14] 谈斐祺. 基于统计学习的气动调节阀故障诊断研究 [D]. 杭州: 浙江大学, 2016.

第 9 章

特种阀门故障状态数据采集和预处理技术

9.1　特种阀门故障状态数据采集

状态数据采集是特种阀门智能运维的基础。使用特种阀门自带的仪器仪表或者外加传感器实时采集涵盖特种阀门健康状态、服役工况、操作情况的数据。被采集数据是已被转换为电信号的各种物理量，如温度、水位、压力等。采集的数据大多是瞬时值，也可以是某段时间内的一个特征值。特种阀门的故障状态主要有泄漏、振动、噪声等。

9.1.1　泄漏状态数据采集

1. 特种阀门泄漏的产生机理

特种阀门的泄漏可分为内泄漏（内漏）和外泄漏（外漏）。阀门不能严密关闭而导致的泄漏称为内漏，常发生在阀座与运动件的接触面上。阀门外漏是指阀门内的介质直接漏到环境中。相对于外漏，内漏更不易被察觉。

特种阀门主要内漏模式包括：

（1）密封面未关严　阀杆变形，使阀座与阀件不对中；关闭阀门过快、过猛等操作不当，或未将沉积在阀门内的固体杂质冲走就关闭阀门，造成杂质嵌入密封面，使密封面无法关严。

（2）密封损伤　密封圈不耐高温或摩擦腐蚀使得阀座与阀圈结合不够紧。

（3）裂纹或漏孔　一部分高温阀门在关闭后迅速冷却，使密封面出现细微裂纹；密封面由于受到介质冲刷或腐蚀，产生裂纹或漏孔导致泄漏。

根据最终造成的影响，将以上内漏模式归纳为两大类：如图 9-1a 所示的密封面未关严，如图 9-1b 所示的裂纹漏孔泄漏。

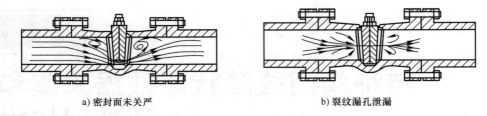

a) 密封面未关严　　　　　　　　　　　b) 裂纹漏孔泄漏

图 9-1　特种阀门内漏模式示意图

2. 泄漏状态数据采集方法

由于流体介质通过阀门密封面间隙或通过裂纹和漏孔产生泄漏时，会引起流体能量损失并产生振动和噪声，因此特种阀门泄漏故障的状态数据采集方法较为丰富，主要有以下几种：

（1）声发射法　声发射法是目前应用非常广泛的无损检测技术。其原理是捕捉阀门泄漏介质对阀体冲刷产生的连续高频波动信号，根据泄漏声发射特性与泄漏率成正比的规律，实现阀门泄漏检测。

当阀门发生内漏时，在泄漏孔处会形成多相湍射流，此高速流体对管壁产生冲击而激发弹性波，即声发射，并在阀体中传播，是阀门泄漏的主要声源。阀门泄漏声发射信号属于二次声发射源，是连续型声发射信号，类似于白噪声，其频率为 $30 \sim 50kHz$。

特种阀门泄漏时产生的声发射信号具备以下两个特点：

1）阀门声发射信号是由于阀内泄漏时，管道中输送的介质（气体、液体、蒸汽等）在泄漏处喷射，介质撞击管壁激发的弹性波，是一种连续型声发射信号。

2）泄漏声发射信号与介质种类、阀门类型、泄漏孔径的大小形状、阀门两侧的压差及泄漏量等因素有关，属于一种非平稳随机信号。

当流体从阀门密封处漏出时，泄漏的阀门会产生噪声。阀门的声发射检测方法就是通过对阀门泄漏所发出的声发射信号的采集、记录和处理，进而判断阀门的泄漏状态或用于量化评价阀门的泄漏量。特种阀门内漏声发射检测原理图如图 9-2 所示。

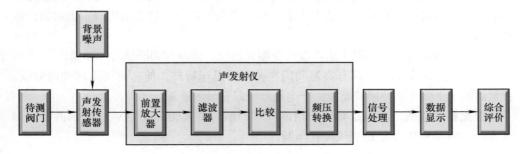

图 9-2　特种阀门内漏声发射检测原理图

　　用声发射传感器接触阀体外壁，接收泄漏产生的在阀体中传播的弹性波，转换成电信号，经信号放大处理后进行分析、显示和监听，从而达到检测阀门泄漏的目的。根据声发射信号的能量分布差异，可以判断出不同的泄漏模式与泄漏量大小。特种阀门声发射检测法如图 9-3 所示。

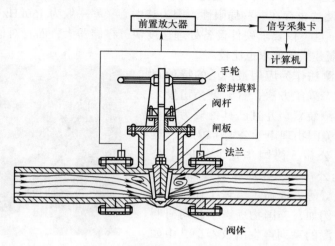

图 9-3　特种阀门声发射检测法

　　测量点的选取对阀门泄漏声检测的效果影响很大，图 9-4 所示为特种阀门内漏声发射检测推荐的测量点，同时传感器的固定方式、传感器的耦合程度和阀门背压等因素也会影响声发射信号的检测。

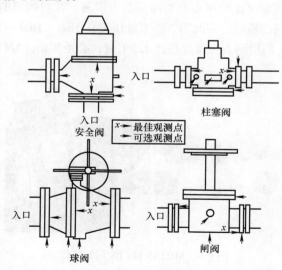

图 9-4　特种阀门内漏声发射检测推荐的测量点

声发射检测法的优点如下：

1）无须拆卸被检测阀门，不会造成损坏，检测方式简单方便。

2）无须靠近高温高压等危险工况的阀门。

3）检测快速、真实、直观、定量。

声发射检测法也存在一些局限性。因为其中心频率一般为150kHz左右，采样频率高达1MHz，这不仅要求硬件设备处理速度快、存储器大，而且对信号分析处理、特征提取和诊断建模等要求也比较高。

声发射检测法作为应用最广泛的特种阀门泄漏故障状态采集方法，有大量公司投入研究声发射检测装置，并且已具备较为精密的检测能力。美国物理声学公司（PAC）、英国ScoreGroup公司、德国华伦（Vallen）公司和日本富士公司等，在声发射检测技术、声发射检测装置等方面做了大量工作，取得了很多成果。例如，美国物理声学公司研制了检测阀门内漏的系列声发射仪器，其中如图9-5所示的VPAC Ⅱ型手持式数字声发射泄漏检测仪，具有确定阀门泄漏状态、泄漏位置以及估算泄漏率等功能。

图9-5　VPAC Ⅱ型手持式数字声发射泄漏检测仪

英国ScoreGroup公司研制的MIDAS阀门泄漏诊断仪如图9-6所示。该诊断仪通过检测阀门泄漏的高频流体噪声来判断阀门是否泄漏，并对阀门的泄漏量进行量化，可检测0.1L/min的阀门泄漏，同时当管路系统压差在5bar（1bar = 100kPa）以上时检测效果更佳；此外，当检测表面温度超过125℃时，必须使用波导杆。

图9-6　MIDAS阀门泄漏诊断仪

（2）热红外法　热红外法利用探测仪器可捕获人眼无法直接看到的物体表面温度

分布。由于阀门输送或调节的介质与环境温度之间存在着一定的温差，通过红外探测器探测阀门的红外辐射并通过信号处理器传递到显示器，即可获取实时状态数据。热红外法检测原理如图 9-7 所示。

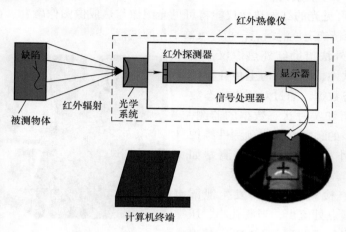

图 9-7　热红外法检测原理

通过红外探测仪器对阀门进行检测和分析，可以确认阀门泄漏的位置及泄漏的程度。当汇接至总管的阀门较多时，确认泄漏处难度较大。此时，使用红外探测仪器捕捉阀门上下游存在的温度差异，形成红外图像，从而判断阀门是否泄漏，很快就能查出泄漏的阀门并加以更换，减少工作量，节约费用。热红外法较为常用的探测仪器为红外热像仪（见图 9-8）。

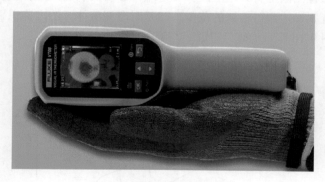

图 9-8　轻便型红外热像仪

基于热红外法使用红外热像仪设备具有以下优点：

1）阀门的内漏和外部渗漏检测难度高，而危害性大。利用热红外法可以迅速直观地检测阀门的泄漏，减少维护的工作量和提高效率。

2）阀门存在高温高压的工况，其所调节介质也常有危险性和腐蚀性较强的情况，人员在阀门旁检测泄漏具有极大的安全隐患。此外，如果阀门所处位置不便于检测人员接触，检测将变得十分困难。热红外法借助红外热像仪等仪器，可以在远距离的地面进行检测，安全程度高。

3）配有可见光的红外热像仪能将可见光图像与热成像图像融合，在检测到泄漏的同时，还能精确定位泄漏点，指导维修工作的进行。

4）热红外法借助红外热像仪，结合所配备的软件，可以及时上传并存储所采集的状态数据，通过对历史状态数据的对比分析和实时状态数据的监测，可以实现故障的预警并提供预测性维护指引。热红外状态数据采集监测站如图 9-9 所示。

图 9-9　热红外状态数据采集监测站

（3）超声检测法　阀门发生泄漏时，介质从漏点处流出，当漏孔小、压力大时，发出的声波高于 20kHz，超出人类听觉范围，但可以通过超声传感器进行捕捉。利用超声波定向传播且与距离成反比的特性，能够快速地找到泄漏位置。考虑到环境噪声的影响因素，通过对比泄漏声和噪声的频谱分布可以发现，如果阀门泄漏产生超声信号的中心频率为 40kHz，就可保证超声信号的准确度并过滤掉周围的环境噪声。

但是，超声检测法也有其局限性：一是压力必须大于 0.34MPa 或更高，才能保证漏点发出的声音频率达到可检测的范围；二是对泄漏液体无法准确识别，更适合气体或蒸汽介质。图 9-10 所示为阀门泄漏声与噪声的频谱分布。

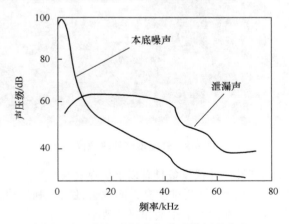

图 9-10　阀门泄漏声与噪声的频谱分布

9.1.2　振动状态数据采集

1. 振动传感器分类

阀门振动的产生机理和表现形式较为复杂（具体可见 4.2.3 节中振动分析），但在阀门状态数据采集和监测中，振动状态数据的采集可以简化为加速度、位移、速度三个参量。然而，受阀门工况的影响和测量仪器的限制，在振动状态数据实际采集的过程中，振动速度和振动位移的测量较为困难和复杂，而加速度测量较为简单和准确。此外，加速度传感器还有体积小、质量小、频率范围宽、安装方便等优点，因此得到了更为广泛的应用。

目前，常把振动加速度作为直接测量的振动参量，然而在某些阀门的故障状态监测中，往往又需要振动速度和振动位移信息。因此，在实际工程中，还涉及信号类型转换问题，即将加速度信号转换为速度信号和位移信号。

振动传感器是由弹簧、阻尼器及惯性质量块组成的单自由度振荡系统。利用质量块的惯性在惯性空间建立坐标，测定相对大的或惯性空间的振动加速度。在测试系统中，振动传感器接收机械量并转换为与之成比例的电信号。需要注意的是：振动传感器是将原始要测的机械量先作为振动传感器的输入量，而不是直接将原始要测的机械量转变为电信号，将原始的机械量作为输入量后，再由机械接收部分加以接收，形成另一个适合于变换的机械量，最后由机电变换部分再将其变换为电信号。因此，一个振动传感器的使用性能包括机械接收部分和机电变换部分，它们共同决定着振动传感器的工作性能。振动传感器分类时，在机械接收原理方面，只有相对式、惯性式两种；在机电变换方面，由于其内部机电变换原理的不同，因此输出的电信号也各不相同。有的是将机械振动量的变化变换为电阻、电感等电参量的变化，有的是将机械量的变化变换为电动势、电荷的变化等，所以其种类繁多，有电动式、压电式、电涡流式、电感式、电容式、电阻式等。按工作原理划分，振动传感器的类型主要包括电阻类、电感类、电容类、霍尔效应类和磁电类，其变换原理及被测量见表 9-1。

表 9-1　振动传感器变换原理及被测量

类型	传感器名称	变换原理	被测量
电阻类	电阻应变片	变形—电阻	力、位移、应变、加速度
电感类	可变磁阻电感	位移—自感	力、位移
	电涡流	位移—自感	厚度、位移
	差动变压器	位移—自感	力、位移
电容类	变极距、变面积型电容	位移—电容	位移、力、声
霍尔效应类	霍尔元件	位移—电势	位移、转速
磁电类	动圈	速度—电压	速度、角速度

（1）电感式振动传感器　电感式振动传感器是依据电磁感应原理设计的一种振动传感器。电感式振动传感器设置有磁铁和导磁体，能够在对物体进行振动测量时，将机械振动参数转化为电参量信号。

（2）电涡流式振动传感器　电涡流式振动传感器是以涡流效应为工作原理的振动式传感器，它属于非接触式传感器。电涡流式振动传感器通过传感器的端部和被测对象之间距离上的变化，即根据位移量来测量物体振动参数，精度较高。

（3）电容式振动传感器　电容式振动传感器是通过间隙或公共面积的改变来获得可变电容，再对电容量进行测定而后得到机械振动参数的一种传感器。电容式振动传感器可以分为可变间隙式和可变公共面积式两种，前者可以用来测量直线振动位移，后者可用于扭转振动的角位移测定。

（4）电阻应变式振动传感器　电阻应变式振动传感器是以电阻变化量来表达被测物体的机械振动量的一种传感器。电阻应变式振动传感器的实现方式很多，可以应用各种传感元件，其中较为常见的是电阻应变片。

（5）压电式振动加速度传感器　压电式振动加速度传感器利用晶体的压电效应来完成振动测量，当被测物体的振动对压电式振动传感器形成压力后，晶体元件就会产生相应的电荷，电荷数即可换算为振动参数。该传感器可以分为压电式加速度传感器、压电式力传感器和阻抗头。

振动传感器转化的电信号并不能直接被后续的显示、记录、分析仪器所接受，因此要对不同机电变换原理的振动传感器，附以专配的测量线路。在智能运维系统中，为了让振动传感器的作用达到最大，振动传感器所配的测量线路的种类很多，每种振动传感器上的测量线路都是不同的。比如，专配压电式传感器的测量线路有电压放大器、电荷放大器等。测量线路将传感器的输出电量转变为一般电压信号，这些信号是信号分析仪或显示仪器（如电子电压表、示波器、相位计等）、记录设备（如光线示波器、磁带记录仪等）等所能接受的。最后，这些电压信号就可以振幅等形式出现在检测仪器的屏幕上。

2. 振动状态数据采集方法

下面以电动阀门为例来介绍振动状态数据采集方法。电动阀门在运行过程中，可能产生摩擦、磨损、碰撞等结构噪声。这些结构噪声的能量会经过固体振动辐射到外界，通过布置加速度传感器可测量阀门的振动信号，如图 9-11 所示。

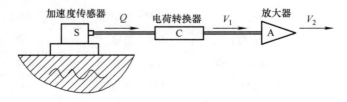

图 9-11　加速度传感器测量阀门的振动信号

　　加速度传感器将振动信号转换成电荷信号，经电荷转换器转换成电压信号，增益后再进行信号的 A/D（模 / 数）转换，其加速度可由式（9-1）表示。

$$a = \frac{1000V}{SCA} \tag{9-1}$$

式中，a 是加速度；S 是加速度传感器灵敏度（pC/g）；C 是电荷转换器转换系数（mV/pC）；A 是增益倍数；V 是输出电压（V）。

　　需要注意的是，加速度传感器的灵敏度和电荷转换器的转换系数应在试验中进行校准，以保证测量结果的准确性。此外，增益倍数也应根据具体情况进行调整，以使得输出信号能够被准确地读取和处理。

　　在多数情况下，单个振动传感器往往并不能全面完善地反应阀门的振动情况，需要设置多路传感器才能准确体现振动，从而进行监测以及故障诊断。针对需要频繁开关的阀门，研究学者常以阀门每一次开过程或者关过程为研究单元，利用多路（x 轴、y 轴、z 轴等）振动传感器，从阀体上测量得到阀门开关运行振动信号。振动信号经过傅里叶变换后，计算得到功率谱熵均值作为目标过程变量。阀门开关过程振动信号的功率谱熵表征了振动能量在各个频率上的分布情况。如果能量在各个频率上分布越均匀，则信号不确定性越大，功率谱熵值越大；如果能量在各个频率上分布越不均匀，则信号不确定性越小，功率谱熵值越小。对功率谱熵趋势进行分析，可以得到阀门故障区域和非故障区域，最终进行故障诊断。

9.1.3　噪声状态数据采集

　　特种阀门复杂的内部流道结构会加剧阀内流体的湍流程度，容易产生噪声。以减压阀为例，减压阀结构复杂，流体流经节流元件（如阀芯和孔板）时，压力迅速降低发生超声速流动，导致减压阀内气体湍流程度剧烈并产生较大噪声。其噪声主要包括三种：减压阀内运动零部件在流体激励作用下产生的机械振动噪声；液体在减压阀内部复杂结构中发生流动分离、湍流及涡流所产生的液体动力学噪声；气体在减压阀内部达到临界流速出现激波、膨胀波而产生的气体动力学噪声。

　　1. 特种阀门噪声的产生机理

　　（1）机械振动噪声　机械振动噪声主要是由阀门内可运动部件（如阀杆、阀芯）受流体冲击产生振动而形成的。机械振动噪声分为两种形式：低频振动噪声和高频振动噪声。低频振动噪声的产生源于流体的脉动和射流。射流流体冲击阀门内可运动的阀杆和阀芯时，会引起阀杆相对于阀座的运动，导致阀芯与腔体壁面之间的碰撞。另外，若零部件刚性不足或存在间隙，即便没有力的传递，互相振动也会产生碰撞。碰撞声有较宽广的频率范围，其噪声幅值大小由振动体的质量、刚度、阻尼及碰撞能量决定。基于其振动频率一般介于 20 ～ 200Hz，所以称之为低频振动噪声。高频振动噪声的产生源于自然频率与流体激励频率一致时引起的共振。共振现象下的振动频率较大，高达 3000～7000Hz，所以对应的噪声称之为高频振动噪声。高频振动噪声会产生很大的破坏应力，导致振动部件产生疲劳破坏甚至断裂。机械振动噪声与流体介质流动状态无关，多是由于阀门结构设计不合理产生的。减小机械振动噪声的方法应从特种阀自身结构出发，采取合理设计可运动部件的刚性、减小零部件之间的间隙以及合理选用材料等措施。

（2）液体动力学噪声　液体动力学噪声是由流体流经阀门内节流元件之后形成的湍流及涡流所引发的。基于此，液体动力学噪声可划分为湍流噪声和汽蚀噪声两个类型。湍流噪声即液体与阀门内壁面相互作用产生的噪声，其噪声级和频率都较低，一般忽略不计。汽蚀噪声是由于液体流经节流元件，例如多孔节流孔板，流速上升而压力下降，当节流元件出口压力下降至流体的饱和蒸汽压时，部分流体开始汽化，形成气液共存的两相流闪蒸现象。离开节流口后压力迅速上升，液体中的气泡受压破裂，形成空化效应。气泡破裂使得能量高度集中，产生极大冲击力，形成汽蚀噪声。与此同时，节流元件面积的急剧减小使得流体在节流孔后产生高速湍流喷注，在此状态下液体流速极不均匀，进而产生漩涡脱落噪声。

（3）气体动力学噪声　气体动力学噪声又称气动噪声，是由气体流经阀门内节流元件时，流体机械能转换为声能所产生的噪声。当气体介质的流速高于声速时，会产生冲击波，反之则产生强烈的扰流现象，此两种情况都会加剧噪声强度。因此，气动噪声被认为是阀门及管道系统运行过程中最普遍、最严重的噪声。气体动力学噪声不能完全被消除，因为阀门部分运行工况下流体湍流是不可避免的。但通过改变阀门内部元件结构或流体流动状态可以使气动噪声最小化。气动噪声根据球形声源特性可以分为三种，见表 9-2。

表 9-2　气动噪声分类

气动噪声类型	产生机理	声源特性	主要来源
涡旋噪声	旋转叶片打击质点引起空气脉动	偶级子源	通风机、带叶轮压缩机
喷注噪声	高速与低速气体粒子湍流混合	四级子源	高压罐、喷射器
周期性排气噪声	气体流动周期性膨胀和收缩	单级子源	内燃机、空气动力机械

2. 噪声状态数据采集方法

阀门噪声采集主要步骤包括采集技术路线的设计、噪声测试系统的设计、噪声测点安排、噪声频谱和声强的测试以及数据处理。另外，噪声采集过程中需要隔振和消除背景噪声。

图 9-12 所示是阀门常用的噪声试验研究技术路线，以减压阀为例，可以分为三个阶段：噪声源位置识别和特性分析、结构优化、试验验证。阶段 1 是噪声源位置识别和特性分析：此阶段在消声室的测试台上完成，通过声谱分析确定噪声的频谱特性，并通过噪声强度分析确定相应的噪声源位置。阶段 2 是结构优化：在噪声源位置识别

的基础上对阀门结构进行优化。结构优化主要包括阀体结构优化和内节流部件的参数优化，主要方法可以参考第 5 章特种阀门优化设计相关内容。阶段 3 是试验验证：对优化后的阀门进行加工制造，然后通过噪声试验装置来验证优化策略在降噪特性方面的可行性，如果结果不满足要求，则继续优化，重复试验。

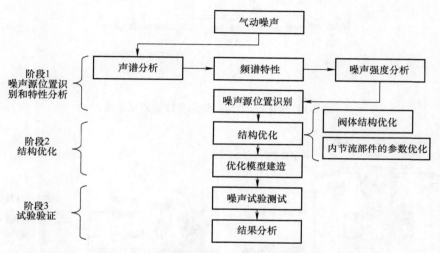

图 9-12　阀门常用的噪声试验研究技术路线

图 9-13 所示是阀门水力及声学综合性能测试系统。测试系统由内工作管路系统与外驱动管路系统组成。外驱动管路系统连接水泵，改变水泵转速可以实现测试系统阀门流量的调节。内工作管路与外驱动管路通过压力储水筒连接，并在内工作管路上布置消声器对外驱动管路系统的水泵进行消声，保证测试回路测到的为阀门本身产生的水动力噪声。噪声测试的过程中隔振和消除背景噪声非常重要。可以通过采取铁砂箱掩埋支撑、增加测试回路管壁厚度、特殊固定管道与支撑件和建造消声室等措施，来减少振动和背景噪声对测量结果的影响。在此基础上，可以进行阀门振动加速度级和阀门噪声的测试。

图 9-14 所示是常用的噪声测试装置。噪声试验研究的两个重要环节是噪声频谱测试和声强测试。图 9-14a 所示是噪声频谱测试试验装置和测点安排，测试在消声室中进行。设备主要包括 LMS SCADAS 数据采集系统、声学麦克风和高性能计算机。测点安排和测试方法应遵循 ISO 9614-1：1995 和 QC/T 70—2014 标准。测试过程中消除背景噪声，获取噪声频谱特性后，使用声强测试系统来获取噪声源，如图 9-14b 所示。声强测试系统主要包括 DeweSoft DAQ 数据采集系统、MicroFlown P-U 声强传感器和高性能计算机。在进行噪声频谱和声强测试之后，可以按照图 9-12 所示技术路线依序开展阀门噪声和降噪技术的试验研究。

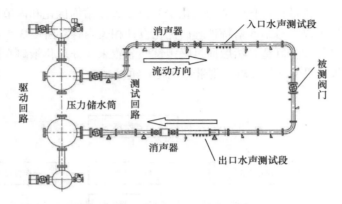

图 9-13　阀门水力与声学综合性能测试系统

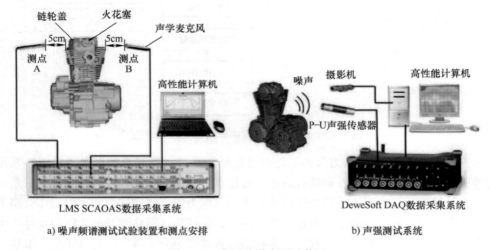

a) 噪声频谱测试试验装置和测点安排　　　　　b) 声强测试系统

图 9-14　常用的噪声测试装置

9.2　状态数据预处理技术

在特种阀门的智能运维过程中，通常会利用各种类型的传感器进行故障状态数据采集，得到温度、振动、压力等多种状态信号，但是这些状态数据过于原始无法直接分析，因此还应通过状态数据预处理技术进行清洗、提取和转化。提取实测信号中的有效成分是数据预处理中的一个必要环节。

对于实测信号中的有效成分，可将其用于评估特种阀门或特种阀门管路系统的健康状态，所以应对其进行提取并加以利用。而对于无用趋势项和噪声分量，它们的存在则会使信号中包含的有用信息失真，严重影响后续信号处理的可靠性，必须对其进行提取并加以消除。然而，受外界电磁干扰、环境和温度条件变化等因素的影响，实测信号中的无效分量往往没有非常明确的物理含义，具有随机性，这给趋势项、噪声等无效成分的准确提取和消除带来了诸多困难。对于阀门领域的状态数据预处理常用的技术主要有傅里叶变换、小波变换和经验模态分解。

9.2.1 傅里叶变换

传感器所采集到的信号为时域信号，因为很多信号特征在时域表现不是很明显，而在频域有明显体现，所以要将采集到的时域信号转换为频域信号，再对其做进一步分析。此时，需要使用傅里叶变换（Fourier transform，FT）。

傅里叶变换由法国工程师傅里叶（Fourier）提出，是一种最基本、最经典的信号处理方法。对任一函数 $f(t)$，若其满足 Dirichlet（狄利克雷）条件，且绝对可积，即 $f(t)$ 只有有限个第一类间断点，只有有限个极值，$f(t)$ 在无穷区间上绝对值的广义积分存在，则 $f(t)$ 就可以进行傅里叶变换，即分解成无穷多个不同频率正弦信号的和。在数学上这种关系可以表示为

$$\hat{f}(x) = \frac{1}{\sqrt{2\pi}} \int_{-\infty}^{+\infty} f(t) \mathrm{e}^{-\mathrm{j}\omega t} \mathrm{d}t \qquad (9-2)$$

式中，ω 是角频率；j 是虚数单位。

傅里叶变换是傅里叶级数的推广。它把时域信号转换到频域信号进行分析，在信号处理发展中起到了突破性作用。但该方法不具备任何的时域信号。另外，傅里叶变换是对数据段的平均分析，对非平稳、非线性信号缺乏局域性信息，不能有效给出某频率成分发生的具体时间段，不能对信号做局部分析。

1946 年，短时傅里叶变换（short-time Fourier transform，STFT）的概念被提出。STFT 方法利用时频局部化的窗函数，沿着时间轴把信号在时域上加以分段，每一段做傅里叶变换，计算其频谱，则可以从各段频谱特性随时间变化上看出信号的时变特性，实现了对所研究信号不同位置局部性的要求。STFT 已广泛应用于许多科学技术领域，对平稳信号和一些缓变非平稳信号可以获得比较满意的结果，但 STFT 方法具有明显的缺陷，其窗函数的大小和形状固定，不随时间和频率的变化而变化。

随着计算机技术的发展，现在通常使用计算机对信号进行分析，则需要使用离散傅里叶变换（discrete Fourier transform，DFT）。DFT 是傅里叶变换在时域和频域上都呈现离散的形式。对连续的时域信号 $x(t)$ 进行采样，获得一组长度为 N 的离散时域信号 $[x_0, x_1, \cdots, x_{N-1}]$，对其进行离散傅里叶变换

$$X(k) = \sum_{n=0}^{N-1} x(n) W^{nk}, k = 0, 1, 2, \cdots, N-1 \qquad (9-3)$$

$$W = \mathrm{e}^{-\mathrm{j}\frac{2\pi}{N}} \qquad (9-4)$$

若将式（9-3）写成矩阵的格式，见式（9-5），可以明显看出计算 N 个 $x(k)$ 时需要进行 N^2 次乘法计算与 $N(N-1)$ 次加法计算，所以 DFT 的运算量会随着信号的长度增加而迅速增加。

$$\begin{pmatrix} X(0) \\ X(1) \\ \vdots \\ X(N-1) \end{pmatrix} = \begin{pmatrix} W(0) & W(0) & \cdots & W(0) \\ W(1) & W(1)\times 1 & \cdots & W(1)(N-1) \\ \vdots & \vdots & \ddots & \vdots \\ W(N-1) & W(N-1)\times 1 & \cdots & W(N-1)(N-1) \end{pmatrix} \begin{pmatrix} x(0) \\ x(1) \\ \vdots \\ x(N-1) \end{pmatrix} \quad （9\text{-}5）$$

为了解决运算量过大的问题，1965 年，美国的库利 - 图基提出了快速傅里叶变换（fast Fourier transform，FFT）。这是一种 DFT 的改良方法，根据 W^{nk} 的周期性、对称性等特性，减少了不必要的运算，大大降低了运算量。

最常使用的是基数为 2（简称基 2）的 FFT 算法，该算法要求数据长度为 2 的 N 次幂。首先将信号按照角标的奇偶性分为两组 DFT 运算，每组长度为 $N/2$，如式（9-6）所示；再用 $2r$ 表示偶数、$2r+1$ 表示奇数，根据 W^{nk} 的特性进行简化，得到简化后的式（9-7）。

$$X(k) = \sum_{\text{偶数} n} x(n)W^{nk} + \sum_{\text{奇数} n} x(n)W^{nk} \quad （9\text{-}6）$$

$$X(k) = G(k) + W^k H(k) \quad （9\text{-}7）$$

其中

$$G(k) = \sum_{r=0}^{\frac{N}{2}-1} x(2r)W^{rk} \quad （9\text{-}8）$$

$$H(k) = \sum_{r=0}^{\frac{N}{2}-1} x(2r+1)W^{rk} \quad （9\text{-}9）$$

新分出来的两组长度为 $N/2$ 的信号可以继续拆分，直至每组只剩下两个数据，那么每组只需进行两次加法和一次乘法，称为蝶形运算。此时，对于总长度为 N 的时域信号只需进行 $N/2\log_2 N$ 次乘法与 $N\log_2 N$ 次加法即可完成运算。与 DFT 算法相比，减少了大量运算量，从而减少了运算时间，特别是被变换的抽样点数 N 越多，FFT 算法计算量的节省就越显著。

9.2.2　小波变换

传统的傅里叶变换对平稳与周期性信号有着良好的分析效果，但是当出现非平稳信号或信号局部范围突发畸变时，傅里叶变换便失去了标定与度量的能力，而在实际应用中恰好需要畸变信号的特征信息（例如突变的位置、时间以及突变程度等）时，傅里叶变换在去除信号噪声的同时也丢失了信号的边沿信息。虽然短时傅里叶变换也可以进行时频分析，但是具有一定的局限性，无法根据信号的高低频特点灵活地调整时频窗口且很容易发生 Gibbs（吉布斯）现象，即在信号转折处出现振铃现象。

对于阀门的故障状态数据分析，傅里叶变换虽然能对信号进行时频分析，但是只能分别在时域或频域对信号进行分析，而不能同时进行时频分析。此外，在阀门的故障状态数据分析时，经常要面对非平稳信号的处理，而傅里叶变换难以进行有效的故障特征信息提取，无法对信号进行局部特征的分析，而小波变换则很好地解决了这个问题。

小波分析方法是一种时间和频率窗口大小固定，但其形状可以改变的时频局域化分析方法。该方法在低频部分具有较高的频率分辨率和较低的时间分辨率，在高频部分具有较高的时间分辨率和较低的频率分辨率，所以被誉为"数字显微镜"。小波变换是数字信号处理领域的数学计算方法上的突破，它克服了傅立叶变换分析时变信号的不足，能够有效地分析非平稳信号。小波变换本质上是一种对信号的多尺度分析与局部变换的方法，它将信号在时间和频率两个方向上进行局部变换，进而可以有效地从数字信号中提取如幅值、频率以及相位等重要的物理参数。如今，小波变换的研究日益成熟，现已成为一种高效的数字信号分析技术，尤其是在提取微弱信号参数方面，已成为国内外数字信号分析研究的热点。

小波变换的基本思想类似于傅里叶分析，它们都使用一簇函数族表示一个信号。不同之处在于，傅立叶变换是将一个连续、平稳的时域信号表示成多个不同频率的正弦或余弦函数的线性叠加，而小波变换则是使用小波函数通过对母小波进行伸缩和平移。小波变换法检测突变点的基本思想是：对给定的待分析信号进行小波分解，然后仅对小波分解的第一层高频信号进行重构；经过重构，信号的局部特征相当于被明显放大，那么信号局部范围内的极大值或过零值就可认为是信号的突变点。若检测到 t_0 点为突变点，那么在该点处的小波变换信号为极大值。通过对信号极大值点的检测，可判定出突变发生的时间点。

波是有振荡性的。小波是在较短时间区间上有振荡的波，用来表示小波的函数称为小波函数，记为 $\Psi(t)$。数学中可以用两个条件来刻画：

$\Psi(t)$ 具有有限支撑或是速降为零的函数

$$\int_{-\infty}^{+\infty} \Psi(t) \mathrm{d}t = 0 \tag{9-10}$$

在实际应用时，通常要求小波变换能够重构信号，因此小波函数须满足以下条件

$$C_{\Psi} = \int_{-\infty}^{+\infty} \frac{|\hat{\Psi}(w)|}{|w|} \mathrm{d}w < \infty \tag{9-11}$$

式中，$\hat{\Psi}(w)$ 是 $\Psi(t)$ 的傅立叶变换。满足上述条件的小波称为容许小波。

1. 连续小波变换

设 $f(t) \in L^2(\mathrm{R})$，$\varPsi_{a,b}(t)$ 是容许小波，则

$$W_{\varPsi}f(a,b) = \frac{1}{\sqrt{|a|}} \int_{-\infty}^{+\infty} f(t)\overline{\varPsi}\left(\frac{t-b}{a}\right)\mathrm{d}t \qquad (9\text{-}12)$$

式中，$W_{\varPsi}f(a,b)$ 是连续小波变化的函数；a 是尺度因子，$a \in R$ 且 $a \neq 0$；b 是位移因子。

通过式（9-12）可以发现，连续小波变换（continuous wavelet transform，CWT）类似于短时傅里叶变换。不同的是，短时傅里叶变换采用的是固定值大小的窗函数，而连续小波变换采用的是能够自适应变化的窗函数。

本质上，信号 $f(t)$ 的连续小波变换是由一系列带通滤波器对 $f(t)$ 进行滤波后的输出，对于 $W_{\varPsi}f(a, b)$ 函数，参数 a 反映了带通滤波器的中心频率和时域带宽，参数 b 反映了对 $f(t)$ 滤波后所输出的时间参数。尺度因子 a 可理解为频率的量度。当尺度小时，表示带通滤波器从信号中提取高频成分；当尺度大时，则表示带通滤波器从信号中提取低频成分。带通滤波器的中心频率和时域带宽会随着尺度因子的变化而变化，当 a 变小时，中心频率变大，时域带宽变宽；当 a 变大时，中心频率变小，时域带宽变窄。这种特性对分析信号的局部特性具有重要价值和意义。例如，信号变化缓慢的部分，主要为低频成分，且频率范围比较窄，此时的带通滤波器相当于 a 较大时的情形；反之，信号发生突变的部位，主要是高频成分，且频率范围比较宽，此时的带通滤波器相当于 a 较小的情形。总而言之，当尺度因子从小到大变化时，滤波范围表现出从高频到低频的变化。因此，小波变换表现出优越的变焦特性。

2. 离散小波变换

连续小波变换需要计算信号在每个尺度下的小波系数，会造成计算量过大。除此之外，$\varPsi_{a,b}(t)$ 中的参数 a 与 b 是连续变化的，使得彼此之间不是线性无关的，从而导致 $W_{\varPsi}f(a, b)$ 之间也具有相关性。但这样会出现大量的冗余信息。所以，在小波变换实际运用中，只选择部分尺度和位移来进行计算，从而对 $\varPsi_{a,b}(t)$ 进行离散化。

对 $\varPsi_{a,b}(t)$ 进行离散化，其实就是对参数 a 和 b 进行离散化。令 $a=a_0^j$，$b=a_0^j k$（j，$k \in Z$）。此时，小波函数可表示为

$$\varPsi_{j,k}(t) = a_0^{-\frac{j}{2}}\varPsi(a_0^{-j} - k) \ (j,k \in Z) \qquad (9\text{-}13)$$

则 $f(t)$ 离散小波变换可表示为

$$W_{\varPsi}f(j,k) = a_0^{-\frac{j}{2}} \int_{-\infty}^{+\infty} f(t)\overline{\varPsi}(a_0^{-j}t - k)\mathrm{d}t \qquad (9\text{-}14)$$

从本质上看，离散小波变换（discrete wavelet transform，DWT）是通过对尺度因子 a 和位移因子 b 的离散化处理，以达到减少计算量和降低信息冗余度的效果。理论上，对于 a 和 b 的离散采用何种方式（如二进小波变换、正交小波变换、双正交小波

变换等），通常根据问题的具体要求来决定。二进制离散是其中一种典型的离散方式：

1）对尺度因子按幂级数二进制离散，即 $a=2^j$。

2）同一尺度下，对位移因子均匀离散，即 $b=2^j k$。

二进制离散化后的小波称为二进小波，在实际中有着广泛的应用，二进小波基函数可表示为

$$\Psi_{j,k}(t) = 2^{-\frac{j}{2}} \Psi(2^{-j} t - k) \ (j, k \in Z) \tag{9-15}$$

3. 小波对信号的分解

小波分解可以看作是用两个滤波器对原始信号进行分尺度运算，两个滤波器的实际频率响应形状是由所选用的小波基函数决定的。由高通滤波器产生细节信号，即原始信号的高频成分；由低通滤波器产生近似信号，即原始信号的低频成分。信号一层分解如图 9-15 所示。

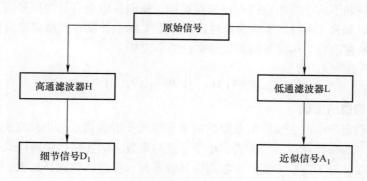

图 9-15　信号一层分解

而小波变换属于多层分解变换，在原始信号被一层分解为高频和低频部分之后，将低频成分同样分为高频和低频部分，以此类推，直到完成所自定义的分解层数。小波分解整体示意图如图 9-16 所示。

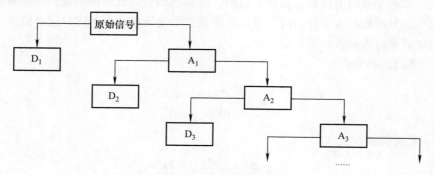

图 9-16　小波分解整体示意图

4. 小波基的选择

傅里叶变换的基函数是由多条相异频率的正弦曲线叠加而成的。其基函数在全域能量无限且无衰减性,信号只要出现频率量的波动,都会影响到整体的结果。而小波能量有限且具有衰减性,其在原点附近幅值有着显著的波动,远离原点后函数能量迅速衰减。当信号出现扰动或者频率量的波动时,只会影响到当前域内的小波系数,并不会波及整体的大趋势,因此小波可以更好地取代傅里叶变换对信号进行分析。

傅里叶变换的基函数唯一且为标准正交基,而小波具有多种小波基且针对不同的信号分析结果有着较大的差别。小波分析信号的能力主要取决于正交性、正则性、消失矩以及紧支性,但单个小波基无法完全满足所有的性质,因此应针对不同的信号特征选取不同的小波基进行分析。根据小波内积原理,可利用互相关性来选用波形与信号的波形相近的小波,得到的有用信号的小波系数将更大,而噪声的小波系数不变甚至更小,于是可以设置一个合适的阈值,将小的小波系数去除,大于阈值的小波系数保留,最后将剩下的小波系数进行逆变换重构,从而提取出有效的信号。小波基的选取一般应满足如式(9-11)所示的条件,事实上实际中并没有严格满足这种条件的小波,但可以根据信号与小波基的相关性来选择小波基。

$$\max\left(\left|w_n^{\text{noise}}\right|\right) < \min\left(\left|w_n^{\text{signal}}\right|\right) \tag{9-16}$$

5. 小波阈值的选取

阈值的确定是小波去噪声最重要的因素。在基于混合信号的小波变换系数中,根据信号与噪声的特性获取一个 λ 值,小于 λ 值的系数可认为是白噪声以及环境噪声信号,将其剔除,对于高于 λ 值的系数则为有效系数。但若阈值选择过大,则有可能将有用的信息去除掉,不准确的信号分析结果会误导判断;若阈值选择过小,又无法有效地去除噪声,则会使得降噪毫无意义。目前,常用的阈值主要有 VisuShrink 阈值、SureShrink 阈值、MiniMax 阈值、BayesShrink 阈值等。

阈值函数可认为是修正小波系数的策略,阈值函数对信号降噪的效果同样有重要的影响。基础小波阈值函数主要分为两种:硬阈值函数与软阈值函数。当高频细节小波系数中信号或噪声占比较大时,硬阈值函数去噪效果显著;若同时包含信号和噪声时,软阈值函数去噪效果更好。

1)硬阈值函数:

$$\hat{w}_{n,k} = \begin{cases} w_{n,k}, \left|w_{n,k}\right| \geqslant \lambda \\ 0, \left|w_{n,k}\right| \leqslant \lambda \end{cases} \tag{9-17}$$

2)软阈值函数:

$$\hat{w}_{n,k} = \begin{cases} \text{sgn}(w_{n,k})\left(\left|w_{n,k}\right| - \lambda\right), \left|w_{n,k}\right| \geqslant \lambda \\ 0, \left|w_{n,k}\right| \leqslant \lambda \end{cases} \tag{9-18}$$

其中

$$\mathrm{sgn}(x) = \begin{cases} 1, x > 0 \\ 0, x = 0 \\ -1, x < 0 \end{cases} \qquad (9\text{-}19)$$

式中，$w_{n,k}$ 是源信号小波系数；λ 是临界阈值。

图 9-17 所示为常见阈值函数。硬阈值函数的优势在于可以很好地保留信号的局部特征，有着较高的信噪比。但由于信号在阈值以下直接置零，函数在 λ 点出现断崖式的下跌，出现吉布斯效应，导致无法避免的误差。同时，硬阈值函数导数的不连续也会导致重构信号出现较大的方差且影响到函数的自适应迭代。

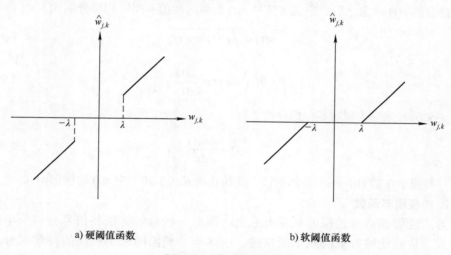

a) 硬阈值函数　　　　　　　　　b) 软阈值函数

图 9-17　常见阈值函数

软阈值函数可以较好地弥补硬阈值函数的不连续问题，但处理前后的恒定偏差会导致信号的幅度与频率出现失真，尤其是高频信息的损失会严重影响到阀门微孔内漏信号分析的准确性。

9.2.3　经验模态分解

经验模态分解（empirical mode decomposition，EMD），是一种新颖的具有自适应特性的分析方法。它依据信号自身的特点，自主地抽取信号内在的固有模态函数，是一种适用于分析非线性、非平稳信号的方法。它有类似于小波变换多分辨的优点，而没有面临选取小波基的困难。EMD 充分地保留了信号本身的非线性、非平稳特征，特别适用于非平稳信号的滤波与降噪。

在对阀门振动状态数据进行分解时，由于非平稳阀门振动的状态数据不是单模式分量，信号中包含多个振荡模式，因此要对阀门振动状态数据中各分量进行细化分析。对于非线性、非平稳信号，应分解得到本征模态函数信号，其时间及频率域完全自适应于数据，无须设定基函数，不仅提高了信号分解的效率，也利于非平稳信号的分解处理。下面介绍经验模态分解的要素概念和算法原理。

1. 瞬时频率

1937 年，John R. Carson 和 Thornton C. Fry 相对于传统的频率，首次提出了"瞬时频率"概念。

对于一个实信号 $x(t)$ 的复信号 $z(t)$ 按照式（9-20）定义。

$$z(t) = x(t) + jy(t) = a(t)e^{j\theta(t)} \tag{9-20}$$

其中，$x(t)$ 为 $z(t)$ 的实部，$y(t)$ 为 $z(t)$ 的虚部。

待虚部 $y(t)$ 确定之后，定义实信号 $x(t)$ 的瞬时幅值和瞬时相位分别如下：

$$a(t) = \sqrt{x^2(t) + y^2(t)} \tag{9-21}$$

$$\theta(t) = \arctan \frac{y(t)}{x(t)} \tag{9-22}$$

定义瞬时频率为瞬时相位的导数，即

$$\omega(t) = \frac{\mathrm{d}\theta(t)}{\mathrm{d}t} \tag{9-23}$$

一般将 $x(t)$ 的 Hilbert（希尔伯特）变换作为式（9-20）中 $z(t)$ 的虚部 $y(t)$。

2. 特征模态函数

为了能够使获得的瞬时频率有意义，需要一种分解方法将信号分解为单分量的形式，从而能够被瞬时频率所描述。1988 年，美国国家宇航局的科学家 Norden E. Huang 等人创造性地提出了一种新的信号分解方法，即 EMD 法，将原信号分解为许多的窄带分量，每一分量称为本征模态函数（intrinsic mode function，IMF），这样基于本征模态函数的 Hilbert 变换所对应的瞬时频率的意义就变得明确起来。

分解结果由若干本征模态函数和一个残余信号组成，即

$$s(t) = \sum_{i=1}^{n} imf_i(t) + r_n(t) \tag{9-24}$$

每个 IMF 必须要满足如下两个条件：

1）在整个信号上，极值点的个数和过零点的个数相差不大于 1。

2）在任意点处，上、下包络的均值为 0。

通常情况下，实际信号都是复杂信号并不满足上述条件。因此，Norden E. Huang 进行了以下的假设：

1）任何信号都是由若干本征模态函数组成的。

2）各个本征模态函数既可以是线性的，也可以是非线性的，各本征模态函数的局部零点数和极值点数相同，同时上、下包络关于时间轴局部对称。

3）在任何时候，一个信号都可以包含若干本征模态函数，若各模态函数之间相互混叠，就组成了复合信号。

3. EMD 算法的基本原理

EMD 实际是通过"筛分"操作分解信号。其流程图如图 9-18 所示。

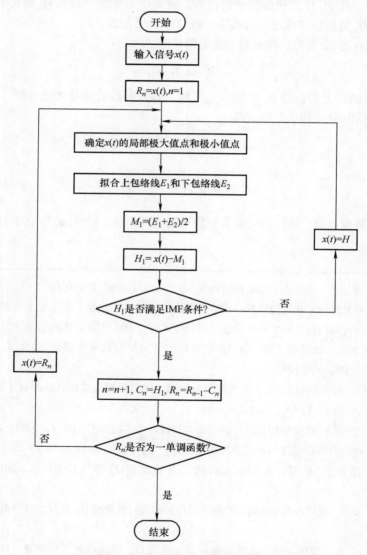

图 9-18　经验模态分解的流程图

1）输入信号 $x(t)$，找出它的所有极值点，分别连接极大值、极小值，形成上、下包络线。

2）计算两个包络线的均值，记为 M_1。

3）对信号 $x(t)$ 与两包络线均值做差，记为 H_1。

$$H_1 = x(t) - M_1 \tag{9-25}$$

4）此时，将 H_1 作为新的待分解信号，重复以上步骤，直到 H_1 满足 IMF 的两个条件时，记 H_1 为信号"筛选"出的第一阶 IMF，记为 C_1。

5）做 $x(t)$ 与 C_1 的差，得到新的待分解信号 R_1。

$$R_1 = x(t) - C_1 \tag{9-26}$$

6）对新的待分解信号 R_1 重复以上步骤，直到最后的信号无法分解，最后将 $x(t)$ 分解为 n 个 IMF 分量和一个残余量。

$$R_n = R_{n-1} - C_n \tag{9-27}$$

$$x(t) = \sum_{j=1}^{n} C_j(t) + R_n(t) \tag{9-28}$$

式中，$R_n(t)$ 是残余量，通过它可以看到信号的大致趋势；$C_j(t)$ 是各 IMF 分量。

参考文献

[1] 郑荣部，曾钦达，陈宗杰，等 . 阀门内漏的声学在线检测技术研究 [Z]. 2016.

[2] 孔德连 . 声发射技术在阀门泄漏在线监测方面的应用 [D]. 北京：北京化工大学，2010.

[3] 张颖 . 阀门气体内漏的声学特性及量化检测技术研究 [D]. 大庆：大庆石油学院，2007.

[4] 曾杰，刘才学，张思强，等 . 电动阀门故障特征分析及检测方法研究 [J]. 电子测量技术，2021，44（13）：171-176.

[5] 杨晶，李录平，饶洪德，等 . 基于声发射检测的阀门泄漏故障模式诊断技术研究 [J]. 动力工程学报，2013，33（6）：455-460.

[6] 张艾萍，金建国 . 声发射检漏仪在阀门密封性检验中的应用 [J]. 阀门，2002（4）：39-41.

[7] 陈宗杰 . 阀门内漏检测技术研究及声学特性分析 [J]. 阀门，2017（5）：14-16.

[8] 张彦敏，骆立强 . 船用管道及阀门状态的声发射监测 [J]. 舰船科学技术，2011，33（12）：72-75.

[9] 吴真光，刘波 . 应用声发射法定量检测阀门内漏的可行性研究 [J]. 科技创新导报，2011（34）：119-120.

[10] 陈富强，王飞，魏琳，等 . 减压阀噪声研究进展 [J]. 排灌机械工程学报，2019，37（1）：49-57.

[11] 石志标，陈向伟，张学军 . 声发射技术在阀门检漏中的应用 [J]. 无损检测，2004（8）：391-392.

[12] 姜亚洲 . 阀门内漏的声学在线检测 [J]. 油气田地面工程，2010，29（6）：98-99.

[13] 张立 . 基于多声学传感器的声发射检测技术的应用研究 [D]. 杭州：浙江大学，2006.

[14] 李靖国 . 基于声发射技术的复合材料风电叶片缺陷监测技术研究 [D]. 杭州：浙江大学，2019.

[15] 全国机械振动与冲击标准技术委员会 . 振动与冲击传感器校准方法　第 13 部分：激光干涉法冲击绝对校准：GB/T 20485.13—2007[S]. 北京：中国标准出版社，2007.

[16] 雷红祥 . 基于声发射的天然气管道阀门内漏检测技术研究 [D]. 北京：中国石油大学，2017.

第 10 章

面向特种阀门的智能故障诊断技术

10.1 智能故障诊断技术概述

过程控制是工业自动化技术的一个最重要的分支，特种阀门是过程控制系统最重要的终端部件，也是过程工业故障的主要来源。对于拥有成千上万台特种阀门的现代复杂过程工业系统，某一特种阀门发生故障就可能影响整个生产线的正常运行，甚至导致灾难性事故。故障诊断的主要任务就是确定故障的部位、故障严重程度，以及预测故障的发生和发展趋势，能够为维修决策提供有力的支撑。现代智能诊断技术涉及系统论、控制论、信息论、检测与估计理论、计算机科学等多方面内容，是集数学、物理、力学、电子技术、信息处理、人工智能等基础学科及各相关专业学科于一体的新兴交叉学科方向。目前，故障诊断方法可归纳为基于模型的方法、基于数据驱动的方法及基于知识的方法。其中，基于模型的方法与基于数据驱动的方法都是定量的方法，基于知识的方法是定性的方法。

1. 基于模型的方法

基于模型的方法是以控制理论为基础的诊断方法。把设备看成一个具有一定输入、输出关系的动态系统，根据系统的输入、输出关系建立数学表达或解析表达模型，利用 Luenberger（龙伯格）观测器（组）、卡尔曼滤波器、等价空间方程、参数模型估计与辨识等方法产生残差，根据模型的残差判断发生故障的可能性。对于特种阀门而言，其介质流动受物理守恒定律的支配，从流体动力学的角度对守恒定律的数学描述可以确定特种阀门系统的相关数学模型。通过建立特种阀门准确的数学模型，可以应用基于模型的诊断方法对特种阀门进行故障诊断。常用的基于模型的方法可以分为以下 3 类：

（1）状态估计方法 基于状态估计方法的主要思想是，用真实系统的输出与观测器或滤波器的输出进行比较，形成残差。当系统正常工作时，残差为零；发生故障时，残差非零。从残差中提取故障特征并设计相应的判决分离算法可实现故障诊断。典型的状态估计方法有故障检测滤波器方法、卡尔曼滤波器方法等。

（2）参数估计方法 参数估计方法根据对理论过程建立模型，通过模型参数及相应物理参数的变化来检测和分离故障。该方法要求过程模型能够精确地描述过程的行为，找出模型参数和物理参数之间的对应关系，且被控过程需要充分激励。

（3）等价空间法 等价空间法实质是把测量信息进行分类，得到最一致的冗余数据子集，并识别出最不一致的冗余数据，即可能产生故障的数据。等价空间法是一种无阈值的方法，需要较多的冗余信号，因此当被测量过程个数较多时，这种方法的计算量会显著增大。

2. 基于数据驱动的方法

基于数据驱动的方法就是利用设备长期积累的在线或离线的状态数据，而不需要精确的数学模型，应用统计分析模式进行识别，利用神经网络技术或支持向量机模型分类等方法，通过数据学习和建模，对设备状态进行识别和分类，最终得到系统可能存在的故障。

（1）频谱分析故障诊断方法 频谱分析故障诊断方法主要利用故障的 FFT 频谱分析与时域分析相结合，对输入输出信号进行自相关、常相干、偏向干、倒谱、三阶谱、相关谱、细化谱，该方法已经广泛应用于机械设备的故障诊断。对于特种阀门而言，大部分信号采集频率并不高，往往不需要频谱分析，但阀门的振动噪声所需采集频率较高且往往包含白噪声，此时频谱分析故障诊断方法就有一定的作用。

（2）基于输出信号的故障诊断方法 基于输出信号的故障诊断方法主要利用数学表达式描述系统输出的幅值、相位及相关性与系统故障之间的联系，并利用这些数学表达式进行分析和处理，确定故障源，常用方法有谱分析法、概率密度法、相关分析法及互功率谱分析法。在液压系统中，电液伺服阀由于其非线性较明显，用频域法、阶跃法也得不到准确的模型，要得到工作点附近的实测数学模型就需要在线测试，往往就通过谱分析法来研究电液伺服阀的动态性能。

（3）基于时间序列特征提取的故障诊断方法 该方法通过选取与故障直接相关的状态变量，建立时间序列过程模型，并利用该模型参数作为特征向量来判别故障类型，可分为故障特征的自学习和时间序列模式识别两个过程。

（4）基于信息融合的故障诊断方法 基于信息融合的故障诊断方法对多源信息进行过滤和智能化融合，适用于解决复杂系统故障诊断中信号信噪比低、诊断可信度差的问题，该方法注重信息表达方式的融合、决策层的融合、融合算法与模型等技术的研究。例如，液压换向阀工作环境恶劣，受多因素噪声干扰，传统的单传感器监测技术很难对其进行准确的诊断。一般采用基于多传感器信息融合的故障诊断方法，以减少传统单传感器信息诊断技术的不准确性和不确定性，实现对噪声环境下此类阀门早期故障定位或诊断的准确监测。

（5）基于神经网络的智能故障诊断方法 基于神经网络的智能故障诊断方法主要是从模式识别角度应用神经网络作为分类器、从预测角度应用神经网络作为动态预测模型、从知识处理角度建立基于神经网络的诊断专家系统等，克服了"组合爆炸""推理复杂性"及"无穷递归"等困难，实现了并行联想和自适应推理，提高了专家系统的智能水平、实时处理能力和鲁棒性。针对某些特定工况的特殊阀门往往使用基于神经网络的智能故障诊断方法可以取得比较好的效果。

3. 基于知识的方法

（1）模糊逻辑故障诊断方法　模糊逻辑故障诊断方法引入了诊断对象本身的模糊信息和模糊逻辑，克服了故障传播和诊断过程的不确定性、不精确性，因而在处理复杂系统的大时滞、时变及非线性方面具有一定的优越性，主要有基于模糊关系及合成算法的故障诊断、基于模糊知识处理技术的故障诊断、基于模糊聚类算法的故障诊断三种诊断方法。

（2）专家系统故障诊断方法　专家系统故障诊断方法适用于没有或很难建立精确数学模型的系统，主要是利用系统浅知识或深知识建立符合专家思维逻辑的系统推理模型。有人提出了深、浅知识相结合的混合结构专家系统，弥补了上述两种推理模型的不足。但是，目前的专家系统普遍存在着知识获取和表示困难、并行推理能力低下的缺点。

（3）基于故障树分析的故障诊断方法　基于故障树分析的故障诊断方法是一种失效事件在一定条件下的逻辑推理方法，也可以称之为图形演绎法。它并不局限于对系统进行一般的可靠性分析，而是围绕一个或一些特定的失效状态，做多层深入的分析，得出部件与系统之间的逻辑关系，判断故障所在，最终找出故障的原因。

（4）基于案件推理的故障诊断方法　基于案件推理的故障诊断方法能利用相似问题的成功答案来求解新问题。它能通过将获取新知识作为案例来进行学习，不需要详细的应用领域模型。

如前所述，故障诊断方法主要分为三类：基于模型的方法、基于数据驱动的方法和基于知识的方法。这三种故障诊断方法各有侧重，选择何种方法实现故障诊断应该根据系统特点的分析结果而定。当研究对象的模型已知时，可优先使用基于模型的方法；当系统的动态数学模型难以建立，而输入输出信号已知时，可采用基于数据驱动的方法；当无法建立被控对象的定量模型时，应选用基于知识的方法。

10.2　基于模型的智能故障诊断技术

基于模型的智能故障诊断技术最早可以追溯到 20 世纪 70 年代。受当时观测器理论的影响，Beard 和 Jones 提出了第一个基于模型的故障诊断方法，即故障检测滤波器。从那以后，这项技术得到了飞速发展。在动态系统的故障检测中，基于模型的故障诊断技术被广泛应用到工业过程和自动控制系统中。如今，这类故障诊断系统已被集成到了车辆控制系统、机器人、运输系统、电力系统、制造工业过程、过程控制系统等工业应用领域中。

各种基于模型的故障诊断技术的最大区别在于它们所采用的过程模型的形式和运用的算法细节不同。针对不同的目标、采用不同的技术，可以设计出不同的基于模型的故障诊断系统，但这些系统有一个共同点，即都是基于一个明确的过程模型，然后在这个过程模型之上再运用不同的算法来处理在线收集以及系统运行中记录的过程数据。本节主要介绍基于模型的智能故障诊断技术的原理及三种方法，其次介绍状态估计方法在调节阀故障诊断上的应用。

10.2.1　基于模型的智能故障诊断技术的原理和分类

模型一般是实际被诊断装备系统的近似描述。不需要额外的硬件组件，直接在线重构过程的运行状态的故障诊断方法称为软件冗余。在软件冗余中模型和实际的生产过程是在相同的输入驱动下同步运行的。基于模型的故障诊断方法便是利用系统精确的数学模型和可观测输入输出量构造残差信号来反映系统期望行为与实际运行模式之间的不一致，然后基于对残差信号的分析进行故障诊断。如果残差为零，那么说明系统过程无故障；否则，系统过程有故障。

产生估计系统的输出估计以及求输出值与估值之差的过程称为残差生成。相应地，系统模型与比较单元组成了所谓的残差生成器，基于模型的故障诊断方法示意图如图 10-1 所示。

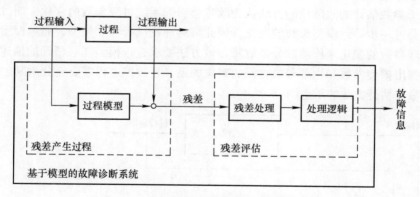

图 10-1　基于模型的故障诊断方法示意图

由于这类方法依赖于被诊断对象精确的数学模型，而实际上被诊断对象精确的数学模型往往难以建立并且在系统中经常出现未知干扰，因此在残差信号中的故障信息经常会被模型不确定性和未知干扰所破坏。此外，故障诊断还需要对残差信号进行额外分析以区分不同故障的影响。这便引出了基于模型的故障诊断技术应用的一个核心问题，即从残差信号中过滤或提取出感兴趣故障的信息。以下是两种不同的基于模型的故障诊断策略：

1）设计残差生成器用来从其他故障、未知干扰及模型不确定性中解耦出感兴趣的故障。

2）通过对残差信号进行后处理来提取感兴趣故障的信息，即残差评估。

在基于模型的故障诊断技术的研究中，许多研究者都致力于第一种诊断策略的研究。

常用的基于模型的故障诊断方法包括状态估计（State Estimation）方法、参数估计（Parameter Estimation）方法和等价空间（Parity Space）方法。

1. 状态估计方法

基于状态估计的故障诊断方法主要包括滤波器方法和观测器方法，其主要思想是用真实系统的输出与观测器或滤波器的输出进行比较，形成残差。所谓残差，是由系统输入输出信息构成的线性或非线性函数。当系统正常工作时，残差为零；当发生故障时，残差非零。从残差中提取故障特征并设计相应的判决分离算法可实现故障诊断。通常可用 Luenberger 观测器或卡尔曼滤波器进行状态估计。

其中，基于观测器的故障诊断技术是一个比较流行的评估方法。设计基于观测器的故障诊断技术所用的基本思想是：

1）用能传递过程输出的温度估计值的观测器来代替模型。

2）为设计者提供设计自由，使其能通过已知的观测器理论来获得预设的解耦。

2. 参数估计方法

基于参数估计的故障诊断方法认为故障会引起系统过程参数的变化，而过程参数的变化会进一步导致模型参数的变化，因此可对理论过程建立模型，通过模型参数及相应物理参数的变化来检测和分离故障。该方法要求过程模型能够精确地描述过程的行为，找出模型参数和物理参数之间的对应关系，且被控过程需要充分激励。图 10-2 所示为参数估计方法的示意图。

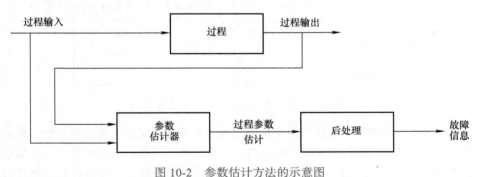

图 10-2　参数估计方法的示意图

3. 等价空间方法

基于等价空间的故障诊断方法利用系统的解析数学模型建立系统输入输出变量之间的等价数学关系，这种关系反映了输出变量之间静态的直接冗余和输入输出变量之间动态的解析冗余，然后通过检验实际系统的输入输出值是否满足该等价关系达到检测和分离故障的目的。等价空间法是一种无阈值的方法，需要较多的冗余信号，因此当被测量过程个数较多时，这种方法的计算量会显著增大。

10.2.2　基于状态估计方法的调节阀故障诊断技术

调节阀是流体输送系统中重要的控制部件，在流体管道输送中，合理采用调节阀对调节介质的流量、压力等参数进行有效控制，进而控制流体脉动，对降低能耗、提高能源利用率具有重要意义。同时，调节阀作为自动调节系统的终端执行装置，其故障直接关系着生产装置的安全运行。据统计，化工行业中约 70% 的故障来源于调节阀。

调节阀在正常运行工况下很难提取故障发生时的事故特征，若采用预防性定期维修手段来保证调节阀工作的安全性和可靠性，会产生"维修过剩"的问题，即维修费用过高、可靠性降低、故障率上升，而基于模型的故障诊断方法将系统的模型和实际系统冗余运行，通过对比产生残差信号，剔除控制信号对系统的影响因素，是一种比较适合调节阀故障诊断的方法。

在基于模型的故障诊断方法中，采用状态估计方法能最有效地得到被控对象的精确模型。因此，本节以调节阀为对象，以状态估计方法为例，介绍基于模型的方法在特种阀门故障诊断上的应用。

1. 调节阀故障概述

调节阀广泛地应用于各种生产场合，在不同的应用场合中调节阀发生的故障情况各有不同。泄漏、卡堵、振动、噪声等故障是调节阀的常见故障。其中泄漏和卡堵是各种场合使用的调节阀均会出现的常见故障。对于调节阀的故障诊断研究应以常见故障和可能引起严重后果的故障为切入点，在故障诊断的理论研究基础上，实现调节阀的故障诊断。

对于基于模型的故障诊断方法，建立数学模型是关键问题。由于调节阀系统尺寸结构复杂，直接采用理论分析的方法对调节阀系统进行建模具有很大的局限性，可以采用系统辨识的方法，即通过试验测得过程的输入输出信号，获得反映过程的动态特性的数据信息，从而建立系统的数学模型。通过模型描述系统中各变量存在的某些关系，根据检验模型预测值和测量值之间的一致性为系统辨识提供依据，因此依据系统辨识需要设计合理的试验。瑞典学者 Astrom 曾提出一种"灰箱理论"的方法，即将理论建模方法和系统辨识建模方法结合起来：机理已知的部分采用理论建模方法，机理未知的部分采用系统辨识建模方法。

2. 调节阀故障诊断的模型研究

当调节阀发生故障时，调节阀流场的流动边界会发生变化，流动阻力也会随故障情况的不同发生相应变化，导致调节阀流场压力损失相对正常状态发生变化，因此可将出口压力偏差的变化趋势作为故障征兆。

设 $p_{2\text{-detect}}$ 为出口压力瞬态模型预测值，$p_{2\text{-normal}}$、$p_{2\text{-leak}}$、$p_{2\text{-block}}$ 分别为正常状态、泄漏状态、堵塞状态的实际出口压力，E 为正常状态出口压力相对于瞬态模型预测值的偏差，E_l 和 E_b 分别为泄漏故障和堵塞故障时的出口压力偏差，则有：

$$E=p_{2\text{-normal}} - p_{2\text{-detect}} \tag{10-1}$$

$$E_l=p_{2\text{-leak}} - p_{2\text{-detect}} \tag{10-2}$$

$$E_b=p_{2\text{-block}} - p_{2\text{-detect}} \tag{10-3}$$

通过数值模拟的方法分别计算出口压力不同状态下的 E、E_l 和 E_b，分析调节阀流场实际出口压力相对于瞬态模型预测值的变化规律，已有相关研究得到：正常状态下，实际出口压力偏差在相对于预测值的较小范围内波动；发生泄漏故障时，实际出口压力偏差相对预测值主要呈增大趋势；发生堵塞故障时，实际出口压力偏差相对预测值主要呈减小趋势。

在上述基础上，还需要对故障进行诊断。基于状态估计方法的调节阀故障诊断过程主要按如下步骤进行：

1）将出口压力的预测值和采样值输入到故障状态指示器中，通过残差计算器计算相应的相对残差值。

2）将计算的残差值与设定的阈值进行比较，从而判定调节阀的工作状态。若残差计算值超出阈值，则调节阀的工作状态异常。

3）当判定调节阀处于异常工作状态时，对残差值进行残差分析，根据分析结果实现故障诊断。

基于状态估计的调节阀故障诊断利用了对特种阀门系统内部的深层认知，通过对残差数列的统计分析实现阀门的故障诊断，具有很好的诊断效果。但是这类方法依赖于精确的数学模型，实际中被诊断对象精确的数学模型往往难以建立，此时基于状态估计的故障诊断方法便不再适用。但是由于系统在运行过程中积累了大量的运行数据，因此需要研究基于数据驱动的故障诊断方法。

10.3 基于数据驱动的智能故障诊断技术

基于模型的故障诊断方法的思路是首先建立系统比较精确的数学模型，通过比较系统的测量信息与模型的输出信息，形成残差并进行统计分析，实现故障诊断。但是，对于越来越复杂的工业过程控制系统，已很难建立其精准的模型，随着 DCS 系统的广泛应用，基于数据驱动的故障诊断方法成为基于模型方法的一种重要补充，它利用系统的输入、输出数据建立某个参数的"灰箱模型"，替代传统的基于模型的诊断方法。

10.3.1 基于数据驱动的故障诊断方法概述

基于数据驱动故障诊断的基本原理是利用机器学习、统计分析、信号分析等方法直接对大量的离线、在线过程运行数据进行分析处理，找出故障特征、确定故障发生原因、发生位置及发生时间的方法。

基于数据驱动的故障诊断方法主要有统计分析法和人工智能法：

（1）统计分析法　又可分为单变量统计和多变量统计两种，基本思路是对过程数据进行统计分析，计算样本的平均值、方差值等统计量，利用其可重复性，设定某变量的监控指标置信限（阈值），通过测试数据的统计值与正常状态的阈值对比而有效地检测出异常状态。常见的单变量统计方法是控制图法，多变量统计方法有主元分析（PCA）法、偏最小二乘（PLS）法、Fisher 判别分析（FDA）法等。

（2）人工智能法　主要有神经网络和支持向量机（support vector machine，SVM）等机器学习方法。基本思路是利用过程数据训练学习机器，得到被诊断对象特定参数的模型，进而实现过程监控的目的。此类建模属于一种"黑箱建模"，优点是无须明确被测对象的物理定律及结构尺寸等因素，缺点是模型的各参数与物理系统无一一对应关系，没有实际物理意义。

神经网络较支持向量机出现的早，也是使用最广泛的一种人工智能方法，其原理是利用大量数据样本建立故障识别和分类的映射，并用训练好的网络对新观测的数据进行异常情况的判断。神经网络的缺点是训练过程中通常需要大量的样本数据，但设备的故障样本往往很难获得，属于典型小样本问题，成为神经网络在故障诊断领域应用的瓶颈。1995 年由 Vapnik 提出的支持向量机克服了小样本问题，它以统计学习理论和结构风险最小化原则为基础，正好适合这种非线性、小样本的故障诊断问题。

随着检测技术、计算机技术、人工智能技术的快速发展，通过人工智能法对过程控制工业中的特种阀门进行建模更易于实现、可靠性更高，所以基于人工智能的辨识建模方法是特种阀门建模和故障诊断领域的研究热点。神经网络是应用最多的一种方法，早在 1995 年，英国的 D. T. Pham 即根据阀杆密封表面的几何特征，利用神经网络对可能的密封故障进行分类。自从支持向量机应用于故障诊断领域以来，也有学者将其用于各类阀门及其执行机构的故障诊断。下面主要针对基于神经网络的故障诊断与基于支持向量机的故障诊断展开介绍。

1. 基于神经网络的故障诊断

通过对控制系统故障问题建立相应的神经网络诊断系统，根据系统输入的数据（即系统故障）可以直接得到输出数据（即故障产生的原因），从而实现故障的诊断。基于神经网络的故障诊断过程如图 10-3 所示。

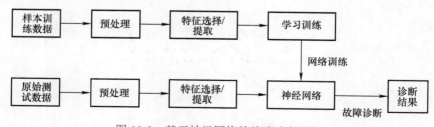

图 10-3　基于神经网络的故障诊断过程

基于神经网络的故障诊断主要特点总结归纳有以下三点：

1）神经网络对故障情况具有记忆、联想和推测的能力，能够进行自学习，并且拥有非线性处理能力，因此在非线性系统故障诊断中得到越来越多的重视。

2）神经网络技术的出现，为故障诊断问题提供了一种新的解决途径。特别是对复杂系统，由于基于解析模型的故障诊断方法面临难以建立系统模型的实际困难，基于知识的故障诊断方法成了重要的、也是实际可行的方法。

3）故障诊断神经网络实现的功能实质上用系统辨识、函数逼近、模式识别和回归分析等理论解释都是一致的。

利用神经网络实现故障诊断的方法思路有很多种，主要分为七种类型：

1）采用神经网络诊断系统：对于特定问题建立的神经网络故障诊断系统，可以从其输入数据（代表故障症状）直接推出输出数据（代表故障原因）。

2）采用神经网络残差的方法：利用系统的输入重构某些待定参数，并与系统的实际值进行比较，得到残差。

3）采用神经网络评价残差的方法：这种方法是利用神经网络对残差进行聚类分析。

4）采用神经网络做进一步诊断：直接用神经网络来拟合系统性能参数与执行器饱和故障之间的非线性关系，神经网络的输出即对应执行器的故障情况。

5）采用神经网络做自适应误差补偿的方法：其中的非线性补偿项由神经网络实现。

6）采用模糊神经网络的故障诊断：在普通的神经网络的输入层加入模糊化层，在输出层加入反模糊化层。较一般神经网络有更高的诊断率。

7）采用小波神经网络的故障诊断：一种途径是将小波变换与常规神经网络相结合，比较典型的是利用小波分析对信号进行预处理，然后用神经网络进行学习与判断；另一种途径是小波分析与前馈神经网络融合的小波网络，即把小波分析的运算融入神经网络中去。

神经元模型是神经网络中的基本处理单元，单个神经元模型相互连接，构成了神经网络系统。神经元模型如图 10-4 所示。

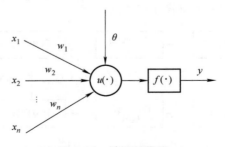

图 10-4　神经元模型

由图 10-4 可知，神经元的输出为

$$y = f(u(\cdot)) = f(\sum w_i x_i - \theta)$$ （10-4）

式中，$f(\cdot)$ 是神经元激活函数；$u(\cdot)$ 是神经元基函数；w_i 是神经元可调取值，$i=1，2\cdots，n$；x_i 是神经元输入，$i=1，2\cdots，n$；θ 是神经元阈值。

常用的基函数类型有：距离函数、线性函数等。大多数神经网络在设计时都采用线性函数作为基函数，此时基函数的输出表示输入向量和权值向量的加权代数和。常用的激活函数类型有：硬极限函数、线性函数、饱和线性函数、Sigmoidal 函数、高斯函数等。

神经元网络结构如图 10-5 所示，一个最简单的神经网络通常由输入层、中间层和输出层三个部分组成。

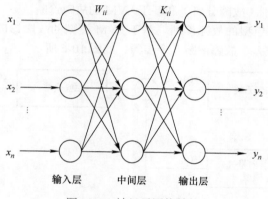

图 10-5　神经元网络结构

（1）输入层　存储从系统中收集的各种故障信息样本，相当于一个数据库。

（2）中间层　因为神经网络有自学习能力，中间层也叫隐含层，它的作用就是对输入层这个数据库里面的信息进行归纳总结，找出对应的复杂关系，输入层和隐含层之间通过一个权系数进行连接，同理隐含层和输出层之间也由一个权系数连接。

（3）输出层　输出层代表的是设备的不同故障模式，神经网络通过调试不同的权值使得中间层做出的决策符合规定误差，从而得到正确的故障现象。

神经网络对于解决那些不易直接推出表达式的复杂的非线性问题非常具有优势。神经网络利用它的相似性、联想能力进行诊断，用这种方法进行故障诊断较适合处理这种复杂性和经验性的问题，其数值计算过程能够表示故障诊断理论的学习和推理过程。这就克服了专家系统不能解决模糊问题以及模糊理论中不能解决非预见性问题等缺点。由于特种阀门故障形成的原因与征兆的因果关系错综复杂，故障信息用测试手段不易分离，征兆与故障之间难于建立数学模型这些特点，结合神经网络的优点，采用神经网络对特种阀门进行故障诊断是有一定可行性的尝试。

2. 基于支持向量机的故障诊断

神经网络等较新兴的机器学习方法的研究有一定的理论缺陷，比如如何确定网络结构的问题、过学习与欠学习的难题、局部极小点的问题等。在这种情况下，试图从更本质上研究机器学习问题的统计学习理论逐步得到重视。

由 Vapnik 等人提出的支持向量机被公认为是目前最好的统计学习方法之一。它是一种基于统计学习理论的模式识别方法，主要应用于模式识别领域。SVM 的分类方法在很大程度上克服了神经网络的缺点，它具有比传统经验风险最小化方法更优异的性能，能较好地解决小样本、非线性、高维数和局部极小值点等实际问题，因而得到广泛的应用研究。近年来，支持向量机也被用于各种阀门或执行机构的建模及故障诊断。

支持向量机用于故障诊断主要有三种方式：基于 SVM 模型的故障诊断、基于 SVM 的故障模式识别（故障分离）和基于 SVM 的故障诊断。

（1）基于 SVM 模型的故障诊断 基于 SVM 模型的故障诊断主要包括建立支持向量机模型、生成残差、故障诊断三个步骤，如图 10-6 所示。

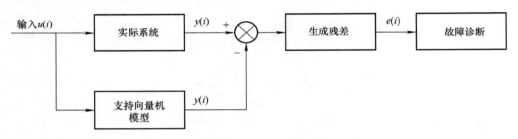

图 10-6 基于支持向量机的故障检测原理图

支持向量机模型的建模就是对支持向量机进行训练的过程，首先利用系统正常状态时的输入输出样本数据（训练样本）对支持向量机进行离线训练，从而得到系统的 SVM 模型；将待测数据（测试样本）输入到训练好的 SVM 模型，得到模型输出 $\hat{y}(i)$，与实际系统的输出 $y(i)$ 相比较，通过一定的算法形成残差；理论上讲，无故障也无噪声、建模精度足够高时，残差应该为零，故障发生时残差将以确定性的偏移量的形式出现，通过对残差序列的统计分析，可实现故障诊断。

（2）基于 SVM 的故障模式识别 采用 SVM 实现故障模式识别即故障的分离以判断故障属于何种类型，其过程可分为两个阶段：第一个是学习（训练）阶段，以能够反映设备故障特征的物理量为输入，以对应的状态编码（故障编码）为输出，构成输入/输出样本对，对 SVM 进行训练，得到携带各类故障信息的 SVM 分类器；第二个是故障分类阶段，提取设备的特征信号，输入至训练好的 SVM 分类器，经过一定的拓扑结构的计算，分类器会输出一个状态编码，从而确定故障类型。

（3）基于 SVM 的故障诊断 故障预测的核心内容是评估系统或设备当前的状态

并预测其未来的状态。因本章未涉及故障预测的问题，在此不做展开介绍。

10.3.2　基于神经网络的电液伺服阀的智能故障诊断技术

电液伺服阀在电液伺服控制系统中处于核心地位，其性能的好坏直接影响系统的控制精度、可靠性等。在钢铁、冶金等行业，电液伺服阀健康状态影响着整台液压设备的运行状态，但是由于电液伺服阀大多数都处于封闭的环境中且其故障又具有多样性，因此传统的故障诊断方法难以有效地应用在电液伺服阀的故障诊断中。

1. 电液伺服阀的工作原理与故障机理

电液伺服阀的工作原理是将阀位产生的位移偏差电信号通过转换放大处理后，使其变成需要的液压信号，便于控制油动机的位移。它包含了力矩马达、液压放大器两个部分，力矩马达通过信号转换获得机械位移信号；液压放大器的作用是将机械位移信号放大并输出液压信号，如图 10-7 所示。

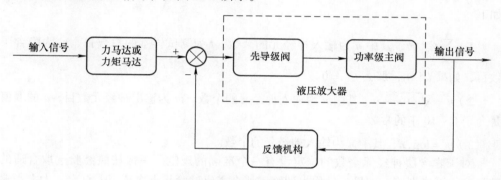

图 10-7　电液伺服阀的结构组成

电液伺服阀有许多分类方式，按液压放大器级数可以分为单级、两级、三级；按先导级阀门的结构形式可以分为滑阀、单喷嘴挡板阀、双喷嘴挡板阀、射流管阀和偏转板射流阀；按反馈形式可以分为阀位置反馈、负载流量反馈、负载压力反馈；按力矩马达可以分为湿式和干式。

在核电厂的汽轮机调节系统中，一般都是采用力反馈两级电液伺服阀。针对电液伺服阀，其主要机械故障是阀芯磨损、阻尼孔堵塞、油污、密封件损坏等，其中阀芯磨损和阻尼孔堵塞最常见。

应用于设备故障诊断的神经网络有很多种，根据不同的情况常用的有 BP 神经网络、RBF（径向基函数）神经网络、Elman 神经网络等；还有利用神经网络与其他研究方法相结合，比如模糊神经网络、遗传神经网络、基于神经网络的专家系统等。

2. BP 神经网络

输入层的选取利用电液伺服阀的压力特性曲线得出阀门在进口和出口的压力差，分别选取五组不同的系统压力测得特性曲线，其中四组作为训练样本、一组作为测试样本，在曲线上取不同的点，进口压差、出口压差构成了输入层的数据，网络的输出采用下面的表达方式：

阀芯一端限位：　　　　　　$(1, 0, 0, 0, 0)$；

一侧固定节流孔堵塞：　　　$(0, 1, 0, 0, 0)$；

阀芯磨损：　　　　　　　　$(0, 0, 1, 0, 0)$；

伺服阀零位不对中：　　　　$(0, 0, 0, 1, 0)$；

正常状态：　　　　　　　　$(0, 0, 0, 0, 1)$；

训练 BP 神经网络的重点就在于隐含层神经元数目的选取，对于网络来说，隐含层的意义重大，神经元的数目取多取少相差甚远，如果数目太少，那么训练中获取的信息减少；如果数目过多，那么不仅会影响训练的时间而且会导致误差的增大，不能识别新的故障状态，也就是常说的泛化能力的减弱。可见神经元数目的大小跟输入输出都有着密切的联系，所以如何选取合适的隐含层神经元的数目十分关键，一般方法如下：

1）$\sum_{i=0}^{n} C_{n_1}^i > t$，其中 n 为输入神经元的个数，t 为测试样本的总数目，n_1 为隐含层数目，如果 $i > n_1$，那么 $C_{n_1}^i = 0$。

2）$n_1 = \sqrt{n+m} + a$，其中 n 为输入神经元的个数，m 为输出神经元数目，a 的取值是介于 $0 \sim 10$ 中的常数。

3）$n_1 = \log_2 n$，其中 n 为输入神经元的个数。

对于隐含层神经元个数的确定没有一个准确的规定，一般按照经验选取合适的数目进行网络训练，如果一一代入训练，那么需要试验几十次甚至上百次，大大影响了工作效率。根据上面的三个公式可以得出隐含层神经元数目的范围 $n_{1\min} \sim n_{1\max}$，在有限的范围内逐一代入尝试，可以有针对性地代入神经元的数目，大大减少了训练次数，提高了训练效率。

在训练过程中，因为 BP 神经网络学习训练开始时的网络的结构参数是随机给定的，所以存在一定的盲目性，若初始权值给定的不合适，利用误差逆传播算法训练，神经网络容易局部极小，造成训练结果的不准确。因此可以利用另外两种神经网络对同类故障做诊断，并比较结果。

3. RBF 神经网络

另取径向基函数代替 BP 神经网络中神经元的激活函数，构建基于径向基神经网络（radial basis function neutral network，RBFNN）的智能诊断模型。RBFNN 是一种只有一个隐含层的三层前馈神经网络，隐含层的转换函数是局部响应的高斯函数，而以前的前向网络变换函数都是全局响应函数。由于这样的不同，如果要实现同一个功能，径向基网络的神经元个数要比前向 BP 网络的神经元个数多，但是径向基网络所需要的训练时间却比前向 BP 网络要少，另外，由于局部响应的特点，径向基网络能够以任意精度逼近任意连续函数。

4. Elman 神经网络

Elman 神经网络最大的特点是增加了一个承接层在隐含层中，为了达到记忆的目的作为一步延时算子，该神经网络最大的特点就是稳定性较强，对系统的动态特性能够做出及时的响应，能够适应实际的变化。Elman 神经网络与其他网络结构不太一样，分别有输入层、隐含层、承接层和输出层四层，其结构模型如图 10-8 所示。其中，特有的承接层作为一步延时算子，具有记忆和存储的功能，对于输入层的历史数据产生自联想功能，这种反馈机制增加了动态建模的能力，能够更加生动、更加直接地反映系统的动态特性，具有适应时变特性的能力。

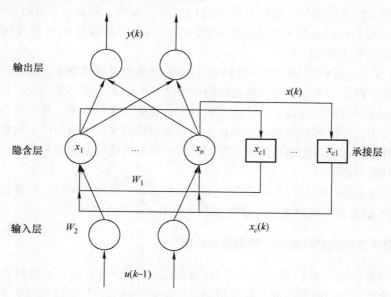

图 10-8　Elman 神经网络结构模型

5. 结果比较（见表 10-1）

表 10-1　RBF 神经网络、Elman 神经网络与 BP 神经网络的诊断结果比较

网络类型	训练时间 /s	迭代次数	隐含层神经元个数
BP	6.1823	29	12
RBF	1.2470	16	80
Elman	2.0470	177	9

将 RBF 神经网络、Elman 神经网络同 BP 神经网络的训练相比较，可得出以下结论：

1）在网络的稳定性方面，由于 Elman 神经网络与 BP 神经网络一样都是采用梯度下降法进行网络训练，因此在训练过程中，有时会产生一些影响网络正常训练的问题，比如产生振荡、陷入局部最优、网络输入结点过多或者对外部噪声敏感等，而径向基函数网络则没有此类问题。

2）在网络训练的速度方面，通过 RBF 神经网络与其他网络训练比对可以看出，RBF 神经网络训练的时间和周期明显比其他两种网络要短，且在同一给定误差下，RBF 神经网络的训练时间甚至只有 BP 神经网络的 1/4，可以达到 1.2470 秒，比 Elman 神经网络的训练时间也短很多。

3）三种神经网络的训练精度也完全达到期望输出，Elman 神经网络的误差虽然不影响实际应用，但是相对于 BP 和 RBF 神经网络误差还是较大，所以对于要求诊断精确程度很高的核电阀门，可以考虑采用 RBF 神经网络。但是由于 RBF 神经网络隐含层的神经元个数远远高于其他两种神经网络，因此一般而言 RBF 神经网络比较复杂，相对的计算量也比较大。

4）组成一个成功的 BP 神经网络的难度较其他两种神经网络来说较难，特别是隐含层等参数的确定，工作量要比其他两种神经网络大许多。而对于结构参数调整相对简单的 Elman 神经网络来说，其性能比较稳定，更适合存在容差、非线性等问题的设备故障诊断中。RBF 神经网络对故障样本的数量有所要求，大量的样本数据才能保证诊断的正确性，否则当现场故障的数据与已有的训练数据的范围相差很大时，网络的判断会受到较大的影响。

针对核电设备中的阀门故障诊断，由于其对诊断系统的实时性、快速反应能力的要求，采用 RBF 神经网络无论是故障诊断的效率还是准确度都很高。

10.3.3　基于支持向量机的阀门泄漏故障诊断

声发射技术已经被广泛地应用于阀门的泄漏监测，为了实现声发射技术的在线检测，必须构建阀门内漏检测的数学模型，即确立声发射信号特征量与泄漏量之间的关系。

目前，对阀门泄漏声发射信号进行处理主要分为两类方法。一类是回归建模的方法，即建立阀门泄漏声发射信号特征量与泄漏量之间准确的定量数学模型，根据分析得到的声发射信号特征量定量计算泄漏量。虽然根据回归建模方法可以得到阀门泄漏量的经验公式，但是由于被测对象、测试手段和试验条件等多方面因素的影响，经验公式计算的泄漏量与实际泄漏量之间的误差较大。

另一类是分类建模的方法，即对阀门泄漏按照泄漏量大小划分等级，建立阀门泄漏声发射信号特征量与泄漏等级之间准确的分类数学模型。分类建模方法避免了回归方法精确定量建模的困难，而只是判断被测泄漏量是否在某个已划分的泄漏范围内，这与实际检漏过程中只需要判断阀门是否超过允许泄漏标准的要求是契合的。但是，目前分类的建模方法主要应用于阀门气体介质泄漏的检测，还没有应用于阀门液体介质泄漏的检测。考虑到液体阀门在工业现场也被广泛使用，且液体与气体这两种介质的性质有所不同，可以应用支持向量机方法对阀门液体泄漏信号进行泄漏等级的分类建模研究。

1. 计算特征量

为了更多地挖掘阀门泄漏声发射信号所携带的泄漏信息，计算标准差 S_{std}、均方根 R_{rms} 和方差 V_{var} 这三个特征量来表征声发射信号的波动特性；计算平均值 M_{mean} 和熵 E_{entr} 两个特征量来表征声发射信号所包含的能量；计算峰度 K_{kurt} 和峭度 S_{skew} 两个特征量来表征声发射信号的冲击特性。从三个不同角度对信号进行特征提取，为支持向量机算法提供必要的分类建模依据。特征量计算公式见表 10-2。

表 10-2　特征量计算公式

特征量	计算公式
S_{std}	$\sqrt{\dfrac{1}{N-1}\sum\limits_{i=1}^{N}(x_i-\mu)^2}$
R_{rms}	$\sqrt{\dfrac{1}{N}\sum\limits_{i=1}^{N}x_i^2}$
M_{mean}	$\dfrac{1}{N}\sum\limits_{i=1}^{N}x_i$
V_{var}	$\dfrac{1}{N}\sum\limits_{i=1}^{N}x_i^2$
K_{kurt}	$\dfrac{1}{N}\sum\limits_{i=1}^{N}\left(\dfrac{x_i-M_{mean}}{S_{std}}\right)^3$
S_{skew}	$\dfrac{1}{N}\sum\limits_{i=1}^{N}\left(\dfrac{x_i-M_{mean}}{S_{std}}\right)^4$
E_{entr}	$-\sum p(x_i)\log_2(p(x_i))$

2. 添加标签

根据 GB/T 4213—2008，计算得到所研究阀门的四级泄漏量 Q。在实际工业生产中，以四级泄漏量 Q 为标准来判断阀门是否需要维修，因此为每个泄漏量下阀门泄漏小声发射信号划分的泄漏等级是：小泄漏范围为 $0\sim Q$；中等泄漏范围为 $Q\sim 2Q$；大泄漏范围为 $2Q\sim 3Q$；特大泄漏范围为大于 $3Q$。样本标签添加的规则见表 10-3。确定标签之后，可以得到样本标签矩阵 $Y=(Y_1,Y_2,\cdots,Y_i,\cdots)^T$，其中 Y_i 为 X_i 的标签值。

表 10-3　样本标签添加的规则

泄漏等级	泄漏量范围	样本标签
小泄漏	$0 \sim Q$	1
中等泄漏	$Q \sim 2Q$	2
大泄漏	$2Q \sim 3Q$	3
特大泄漏	大于 $3Q$	4

3. 选择训练样本

将样本集分为测试样本集和训练样本集，将泄漏量从小到大排序之后均匀挑选其中 2/3 的样本作为训练样本，剩余 1/3 样本作为测试样本。由训练样本集的特征矩阵和训练样本集标签矩阵计算得到 SVM 分类函数模型。将测试样本集的特征矩阵输入到上述计算得到 SVM 模型中即可对测试样本集进行分类。

4. SVM 建模

通过数据处理得到 SVM 建模所需输入的特征矩阵和标签矩阵。SVM 建模过程为：输入特征矩阵归一化；利用交叉验证法选取 SVM 建模的最优 C 和 G 参数；对训练样本数据进行建模。得到模型之后，输入测试样本集特征矩阵，得到预测标签，并计算准确率。

通过测试样本集标签的预测正确率来判断 SVM 模型的好坏。预测准确率为，$\dfrac{l_1}{l_2} \times 100\%$，其中 l_1 为预测正确的测试样本数，l_2 为测试样本集的样本数。预测准确率越高，说明 SVM 模型越准确。

5. 网格搜索法 SVM 参数寻优

SVM 建模过程中 C、G 参数的选择决定了算法速度和模型好坏。其中，C 是惩罚系数，即对误差的宽容度。C 过大或过小，泛化能力变差。参数 G 是 RBF 核函数的参数，用于确定模型训练的快慢。网格搜索法就是分别给定 C 参数和 G 参数的范围，定步长划分参数范围，组成 C 和 G 二维参数矩阵，依次利用每对参数进行试验，由预测准确率来确定最优的 C 和 G 参数。

综上所述，SVM 应用于阀门液体泄漏状态分类的具体实现方法为：对阀门液体泄漏声发射信号提取多个特征量组成输入特征矩阵，定义了添加阀门泄漏等级标签的规则，SVM 分类方法更符合实际工况阀门泄漏在线检测的要求。

10.4　基于知识的智能故障诊断技术

前述两种故障诊断技术为定量分析方法，而基于知识的智能故障诊断技术为定性分析方法，是借助一些定性分析工具和行业专家的直觉、经验，凭分析对象过去和现在的延续状况及最新的信息资料，对分析对象的性质、特点和发展变化规律做出判断的一种方法，该方法利用的是专家的经验和事物之间的因果关系，适用于故障逻辑关系比较明确的系统。

10.4.1　基于知识的方法概述

随着系统的复杂化，常常难以获得对象的精确数学模型，这就大大限制了基于解析模型诊断方法的使用范围和效果。基于知识的方法不需要精确的数学模型，同时引入了对象的诸多信息，能够有效地利用现有数据，是一种很有生命力的方法。基于知识的故障诊断方法主要可以分为：模糊逻辑故障诊断方法、专家系统故障诊断方法、基于故障树分析的故障诊断方法和基于案例推理的故障诊断方法等。

1. 模糊逻辑故障诊断方法

故障诊断是通过研究故障与征兆（特征元素）之间的关系来判断设备状态。由于实际因素的复杂性，故障与征兆之间的关系很难用精确的数学模型来表示，导致某些故障状态也是模糊的。这就不能用"是否有故障"的简易诊断结果来表达，而要求给出故障产生的可能性、故障位置和程度如何。此类问题用模糊逻辑能较好地解决，这就产生了模糊故障诊断方法。

模糊故障诊断的典型方法是模糊故障向量识别法，其过程如图 10-9 所示。

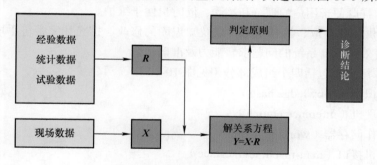

图 10-9　模糊故障诊断过程

1）建立故障与征兆之间的模糊关系矩阵 R，也叫隶属度矩阵。矩阵中的每个元素的大小表明了它们之间的相互关系的密切程度。

2）测试待诊断对象待检状态的特征参数，提取特征参数向量矩阵 X。

3）求解关系矩阵方程 $Y = X \cdot R$，得到待检状态的故障向量 Y，再根据一定的判断原则，如最大隶属度原则、阈值原则或择近原则等，得到诊断结果。

模糊逻辑故障诊断法是利用集合论中的隶属函数和模糊关系矩阵的概念来解决故障与征兆之间的不确定关系，进而实现故障的检测与诊断。这种方法计算简单，应用方便，结论明确直观。在模糊故障诊断中，构造隶属函数是实现模糊故障诊断的前提，但由于隶属函数是人为构造的，含有一定的主观因素。另外，对特征元素的选择也有一定的要求，如选择得不合理，诊断精度会下降，甚至诊断失败。

2. 专家系统故障诊断方法

专家系统（expert system，ES）在宏观功能上模拟人的知识推理能力，是以逻辑推理为基础模拟人类思维的符号主义人工智能方法。专家系统是一个智能计算机程序，它利用知识和推理机来解决那些需要大量的人类专家知识才能解决的复杂问题，所用的知识和推理过程可认为是最好的领域专家的专门知识的模型。

专家解决问题是通过推理来完成的。推理机是协调控制整个系统工作的机构（规则解释机构），它根据知识库中的事实、规则，按一定的推理策略求解当前的问题。推理策略主要有三种：正向推理、逆向推理和正逆向混合推理。基本的专家系统由知识库和推理机组成。专家系统的功能和结构根据所处理的任务类型而各不相同。但是，所有的专家系统都应具备以下几个共同功能：

1）存储问题求解所需要的知识。

2）存储问题求解的初始数据和处理过程中涉及的各种信息，如中间结果、目标。

3）根据当前输入的数据，利用已有知识，按照一定的推理策略，去解决当前问题，并能控制和协调整个系统。

4）能够对推理过程、结论或系统自身行为做出必要的解释，如解题步骤、处理策略、选择处理方法的理由、系统求解某种问题的能力、系统如何组织和管理其自身知识等。这样既便于用户的理解和接受，同时也便于维护。

5）提供知识获取、机器学习，以及知识库的修改、扩充和完善等手段，只有这样才能更有效地提高系统的问题求解能力及准确性。

专家系统主要包括四个组成部分（见图 10-10）：

1）知识库（knowledge base）。

2）推理机（inference engine）。

3）工作储存器（working memory）。

4）人机接口（man-machine interface）。

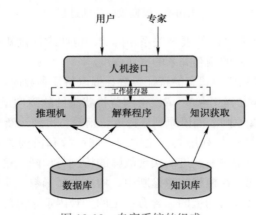

图 10-10　专家系统的组成

其中，知识库和推理机称为专家系统的核心，建立知识库的关键问题是采用什么知识表示方法能准确地表达领域知识，推理机的主要问题是确定不精确推理方法；人机接口是一个用户窗口，应能处理各种咨询问题，工作存储器相当于一个"黑板"，用于记录推理过程中的中间假设和结论。

一个成功的专家系统的开发需要知识工程师和领域专家的密切配合和坚持不懈的努力。根据软件工程的生命周期方法，一个实用专家系统的开发过程可类同一般软件系统开发过程，它分为认识、概念化、形式化、实现、测试和验收阶段，如图 10-11 所示。

1）认识阶段知识工程师与领域专家合作，对领域问题进行需求分析。包括认识系统需要处理的问题范围、类型、特征、预期效益等，并确定系统开发所需的资源、人员、经费和进度等。

2）概念化阶段把问题求解所需要的专门知识概念化，确定概念之间的关系，并对任务进行划分，确定求解问题的约束条件和控制流程。

3）形式化阶段把已整理的概念及其之间的关系、领域专门知识用适合于计算机表示和处理的形式进行描述和表示，并选择合适的系统结构，确定数据结构、推理规则和有关控制策略，建立问题求解模型。

4）实现阶段选择适当的程序设计语言或专家系统工具建立可执行的原型系统。

5）测试阶段通过大量的实例，检测原型系统的正确性和稳定性。

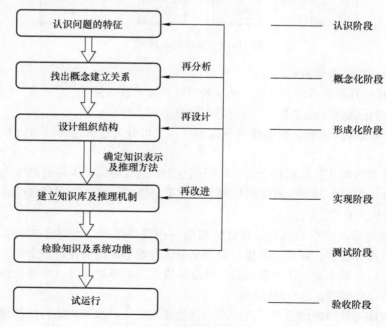

图 10-11 专家系统的开发过程

3. 基于故障树分析的故障诊断方法

故障树（FT）模型是一个基于被诊断对象结构、功能特征的行为模型，以系统最不希望事件为顶事件，以可能导致顶事件发生的其他事件为中间事件和底事件，并用逻辑门表示事件之间联系的一种倒树状结构，是一种定性的因果模型。它反映了特征向量与故障向量（故障原因）之间的全部逻辑关系。图 10-12 所示即为一个简单的故障树。图中顶事件是系统故障，由部件 A 或部件 B 引发，而部件 A 的故障又是由两个元件 1、2 中的一个失效引起的，部件 B 的故障是在两个元件 3、4 同时失效时发生的。

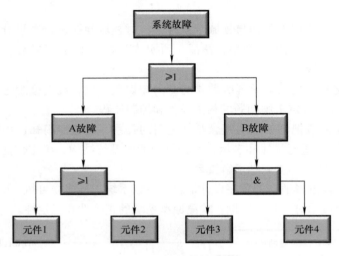

图 10-12　简单的故障树

故障树诊断法步骤为：

1）选择合理的顶事件。一般以待诊断对象故障为顶事件。

2）建造正确合理的故障树。这是诊断的核心与关键。

3）故障搜寻与诊断。根据搜寻方式不同，又可分为逻辑推理诊断法和最小割集诊断法。

逻辑推理诊断法是采用从上而下的测试方法，从故障树顶事件开始，先测试最初的中间事件，根据中间事件测试结果判断测试下一级中间事件，直到测试底事件，搜寻到故障原因及部位。

最小割集诊断法中的割集是指故障树的一些底事件集合，当这些底事件同时发生时，顶事件必发生；而最小割集是指割集中所含底事件除去任何一个时，就不再成为割集了。一个最小割集代表系统的一种故障模式。故障诊断时，可逐个测试最小割集，从而搜寻故障源，进行故障诊断。

故障树法对故障源的搜寻直观简单，它是建立在正确故障树结构的基础上的。因此，建造正确合理的故障树是诊断的核心与关键。但在实际诊断中这一条件并非都能得到满足，一旦故障树建立不全面或不正确，则此诊断方法将失去作用。

4. 基于案例推理的故障诊断方法

基于案例推理（case based reasoning，CBR）能通过修改相似问题成功的诊断结果来求解新问题。它能通过案例来进行学习，不需要详细的应用领域模型。CBR 的主要技术包括案例表达和索引、案例检索、案例修订和案例学习等。

CBR 的有效性决定于合适案例数据的利用能力、索引方法、检索能力和更新方法。基于案例的故障诊断系统在执行新的诊断任务时，依靠的是以前诊断的案例经验。实践已经证明，该方法是非常有效的。它具有以下特点：

1）在有足够数量的案例时才可用该方法进行诊断。它类似老中医看病一样，只有积累了大量的典型病例和看病经验，才可以"药到病除"。

2）由于该诊断方法是基于整体故障模式的，而不是一步步进行逻辑诊断，因此该方法得出结论的逻辑性并不明显，但却非常实用。

3）在改进和维护方面，该方法要比传统的方法更容易，这是由于其相关知识可以在使用过程中不断获取，并逐步增长。

4）随着案例的不断增加，它的检索和索引的效率将会受到影响。

5）CBR 具有解决特殊领域问题的能力。

10.4.2　阀门系统故障诊断知识库的建立

阀门是工业生产中的关键部件，其种类繁多，数量庞大，一旦发生故障极易造成巨大经济损失。所以根据现场数据分析阀门特性，建立诊断系统对阀门健康状态进行诊断，对生产过程有着至关重要的意义。阀门诊断技术的重要发展方向是开发智能诊断软件，告诉用户阀门何时需要维修、需要维修什么，以及怎样来维修。这样，通过有针对性的预见性维修，用户可以减少维修费用，提高工厂运行时间，并最终增加效益。

专家系统中知识库的建立是开发一个专家系统最重要、最艰难的工作之一。一个专家系统的好坏，基本取决于知识库中的知识。知识的数量与质量是一个专家系统性能是否优越的决定性因素，所以专家系统建立的关键就是知识库的建立，专家系统诊断的精度取决于知识库是否能成功建立。专家系统的诊断过程实质上就是知识的获取和运用过程，如何提高知识存储和管理的效率已经成为知识库开发的一个重要课题。一个知识库需满足以下几项功能要求：

1）采取的知识表达方法能充分表达领域知识的各方面信息，能够根据实际需要进行修改和扩充。

2）知识库的组织结构合理，既有利于知识表达，又有利于知识库的管理和维护，提高工作效率。

3）知识库的各部分之间在逻辑上应保证完备性、一致性和无冗余性，保证推理的正确性和高效率。

4）知识库的组织应能保证故障诊断与预测的需要，有利于进行检索，具有较高的推理效率。

为了满足上述知识库的功能要求，必须对阀门系统的结构知识、功能知识、工艺流程、整体设计、历史运行数据、故障数据等重要的信息资源进行深入的了解，并全面掌握这些知识。从阀门系统的整体设计和故障整理入手，结合阀门系统的各种结构知识、背景知识、运行规程等，建立阀门系统故障数据库。

1. 知识库的录入与维护

在专家系统领域内，知识是规律、规则、法规等的总称，是人们在学习与工作实践过程中所获得的对于客观、主观信息的内在联系的认识和经验的总和。通过各种方法得到大量的领域专家知识后，就要对这些知识进行归纳、处理，然后将知识编码到知识库。

对专家系统中知识的添加、修改、删除等维护工作可以使系统的不断发展完善，并逐渐地走向成熟。而要使一个专家系统真正地保持生命力，不断地适应环境，就要提高系统的用户可维护性，使用户对知识库进行维护。知识库管理的内容包括知识的插入、删除、修改。当需要在原始数据库中对知识进行插入、删除、修改操作时，用户可以使用样本整理对话框、故障类型整理对话框等方便地实现此功能。知识库的维护是对知识库在编辑过程中出现的冗余、矛盾、循环等不一致现象进行检查，当检查中发现不一致时给出提示，允许用户或专家进行修改和再检查，直至完全通过。

2. 阀门系统的典型故障诊断规则

阀门系统包括阀门本体、执行机构及其辅助设备，其运行参数达几十个，将这些参数全部输入故障诊断系统进行处理，不但会使系统复杂，增加系统软硬件费用，而且会降低诊断模型稳定性。因此，经过大量试验和机理分析，可以选择如下的运行参数作为故障征兆参数：阀门转矩、阀门流体流量、阀门电动机温度、电动机绕组温度、阀门传感器输出、充电电池表面温度信号、电动机绕组热电阻信号。霍尔器件的输出、电动机电压、电动机电流、电动机转速。再根据阀门系统常见的主要故障现象，制定阀门系统运行中的典型故障诊断规则。

3. 诊断推理机的设计

在专家系统中实现推理的部件是推理机，推理机调度和使用知识的方法称为控制策略（control strategy），控制策略的好坏决定系统求解问题的效率。控制策略由两部分组成：一是推理方法，表示按什么方式推理以及如何评价结论的可靠性；二是搜索策略，表示如何构造一条花费较小的推理路线。按照推理的方向不同，推理方法可分为正向推理（forward reasoning）、反向推理（backward reasoning）和混合推理（mixed reasoning）。

推理是根据一定的原则从已知的事实推出新的事实的思维过程，其中推理所依据的事实叫作前提，由前提所推出的新事实叫做结论。在专家系统中，推理以知识库中的已有知识为依据，是一种基于知识的推理。基于知识的推理的计算机实现就构成了推理机。知识库和推理机是一个专家系统的核心部分。

正向推理也称为自底向上控制、前向推理等。正向推理控制策略的基本思想是：从已有的信息（事实）出发，寻找可用的知识，通过冲突消解选择启用知识，执行启用知识，改变求解状态，逐步求解直至问题解决。一般来说，实现正向推理应具备一个存放当前状态的综合数据库、一个存放知识的知识库以及进行推理的推理机。其工作程序为：用户将与求解问题相关的信息（事实）存入综合数据库，推理机根据这些信息，从知识库中选择合适的知识，得出新的信息存放入综合数据库，再根据当前状态选择知识。如此反复，直至给出问题的解释。正向推理一般有两种结束条件：一种是求出一个符合条件的解，另一种是将所有的解都求出。

可信度的传递运算也采用正向推理传递运算方法。依据案例诊断规则，可以很容易地设计出推理机，按照正向推理的步骤，采用人机交互的方法，根据已知和提示的信息进行精确的诊断，根据规则进行可信度计算，最终实现故障诊断。

4. 解释机制

解释功能是专家系统应具有的重要特性之一，解释系统也称解释器，是专家系统的一个重要组成部分。一个专家系统的推广和应用，不仅决定于推理机制、知识获取和知识库，还决定于解释机制。

研究解释机制主要研究解释系统的原理和设计方法，它是人工智能和专家系统研究越来越被重视的一个课题。解释系统应该具有两大功能：一是专家系统在与用户的交互过程中，系统的行为能产生易于用户理解的说明，即动态说明系统正在做什么和为什么这么做；二是对系统知识库的静态说明，即说明在某一时刻知识库中是否具备某些知识。

解释机制的设计原理是基于知识和知识表达，依据规则的推理而实现的。解释系统负责对用户结论性的提问给予准确说明和回答，例如回答"得出这个结果的原因？"。解释系统从提问结论开始逆向追踪支持结论的中间假设或数据，每回溯一步都对应着知识库中一条规则的推理，综合这些中间推理，并将它们转换成用户能够理解的方式呈现给用户。

10.4.3 基于故障树分析的调节阀故障诊断

调节阀又称控制阀（control valve），是应用于流程工业的基本部件之一，主要用于调节流体介质的流量、压力等。气动薄膜调节阀属于典型的机械串联系统，对可靠性要求比较高。因此，在设计阶段的初期就要分析影响阀门可靠性的主要因素和可能存在的薄弱环节，然后在设计和制造过程中加以改进或消除。

气动调节阀是工业自动化系统的终端执行部件，其主要功能是控制调节阀中介质的流动。气动调节阀主要由气动执行机构、阀门定位器和调节阀阀体组成，其结构如图 10-13 所示。气动执行机构根据由控制器传来的控制信号，通过气室压力为调节阀阀杆提供推动力，推力力矩通过改变阀杆位移控制阀芯的开度，从而控制阀门流通截面的大小，达到控制流体流量的目的。阀门定位器可以改善调节阀性能，根据阀杆位移进行补偿。

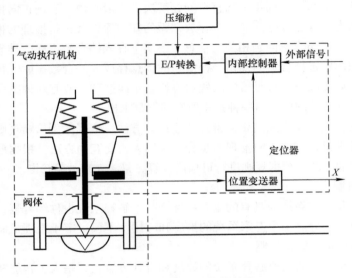

图 10-13　气动调节阀的结构

气动调节阀故障类型较多，产生故障的原因复杂，常见故障的故障部件、故障类型和故障原因见表 10-4。

表 10-4　调节阀常见的故障部件、类型及原因

故障部件	故障类型	故障原因
控制阀阀体	内漏	阀座腐蚀
		阀芯腐蚀
		阀内件密封损坏
	外漏	填料函老化腐蚀损坏
		连接法兰密封损坏
		阀盖密封损坏
		阀体腐蚀或受压破裂
	堵塞	介质颗粒沉积
		杂质沉积
		阀芯与套筒受热卡死

（续）

故障部件	故障类型	故障原因
执行机构	膜头漏气	薄膜穿孔破裂
		进气接口漏气
		膜头与阀杆密封损坏
		膜片托盘连接处漏气
	阀杆受损	阀杆导向偏离
		阀杆弯曲
		阀杆划伤
		填料受损摩擦增大
阀门附件	定位器故障	反馈杆脱落
		进气、出气接口漏气
		气路油水堵塞
	减压阀故障	减压阀前后接口漏气
		气源断气
		减压阀损坏

图 10-14 所示为基于故障树的故障诊断流程，故障树分析包括定性分析和定量分析。定性分析是找出导致顶事件发生的所有可能的故障模式，即求出故障树的所有最小割集。定量分析主要有两方面内容：一是由各底事件的失效概率求出系统顶事件的失效概率；二是求出各底事件重要度，可根据重要度的大小排序得出最佳故障诊断和修理顺序。最小割集是评价故障树的基本方法。故障树的每一个底事件不一定都是顶事件发生的起因，当有一组事件发生时必然导致顶事件的发生，则该事件的集合定义为一个割集。当割集中每一个底事件都同时存在时，顶事件才发生，则该割集叫最小割集。一个最小割集表示系统的一种故障模式，为保证系统安全可靠，就必须防止所有最小割集发生。定量分析采用蒙特卡洛模拟方法，相对于结构函数法、直接概率法、最小割集法等求顶事件发生概率，蒙特卡洛方法可以省去复杂的数学推导过程，借助现代计算机的高速运算能力，蒙特卡洛方法广泛应用于解决复杂的科学和工程可靠性问题。运用蒙特卡洛方法，首先通过随机数发生器产生 [0, 1] 区间随机数（或伪随机数）；然后通过适当抽样方法，将随机数（或伪随机数）转化为符合底事件失效函数形式的随机变量；最后通过模拟的方法求得顶事件的失效次数，进而得到顶事件失效概率。一般来说，如果有足够的试验数据和工程数据，需要建立含有阀门故障信息、调节阀结构尺寸信息以及运行工况信息的可靠性数据库，基于可靠性数据库求出各底事件及相应发生概率，实现定量分析。往往实际工程中没有足够多的有效数据可以利用，此时就只能进行定性分析。

图 10-14　基于故障树的故障诊断流程

参考文献

[1] DAMILOLA S. A review of unsupervised artificial neural networks with applications[J]. International Journal of Computer Applications，2019，181（40）.

[2] 董晓飞 . Profiler 控制阀门测试诊断系统分析及应用 [J]. 仪表技术，2018（5）：10-14.

[3] 朱沈宾，李振林，王西明，等 . 阀门内漏识别及内漏速率量化技术研究 [J]. 振动与冲击，2022，41（4）：167-175.

[4] 陈新亚 . 阀门系统健康状态诊断技术的研究及应用 [D]. 保定：华北电力大学，2010.

[5] 李军 . 改进的 BP 算法在汽轮机热力系统故障诊断与预测中的应用研究 [D]. 重庆：重庆大学，2004.

[6] 贾小权，张仁兴，贺星，等 . 基于 RBF 神经网络的燃气轮机特性计算 [J]. 燃气轮机技术，2010，23（4）：49-53.

[7] 龙官微，穆海宝，张大宁，等 . 基于多特征融合神经网络的串联电弧故障识别技术 [J]. 高电压技术，2021，47（2）：463-471.

[8] 宁方立，韩鹏程，段爽，等 . 基于改进 CNN 的阀门泄漏超声信号识别方法 [J]. 北京邮电大学学报，2020，43（3）：38-44.

[9] 梁烨妮 . 人工神经网络的发展及应用 [J]. 硅谷，2014，7（12）：2-3.

[10] 张顺，龚怡宏，王进军 . 深度卷积神经网络的发展及其在计算机视觉领域的应用 [J]. 计算机学报，2019，42（3）：453-482.

[11] 张月蓉 . 基于瞬态模型的大流量调节阀故障监测与诊断方法的研究 [D]. 济南：山东大学，2012.

[12] 张鹏 . 智能制造装备设计与故障诊断 [M]. 北京：机械工业出版社，2021.

[13] 夏虹 . 设备故障诊断技术 [M]. 哈尔滨：哈尔滨工业大学出版社，2010.

[14] 王占山 . 复杂非线性系统的故障诊断与智能自适应容错控制 [M]. 北京：科学出版社，2018.

[15] 盛兆顺 . 设备状态监测与故障诊断技术及应用 [M]. 北京：化学工业出版社，2003.

[16] 潘立登 . 系统辨识与建模 [M]. 北京：化学工业出版社，2004.

[17] 朱豫才 . 过程控制的多变量系统辨识 [M]. 长沙：国防科技大学出版社，2005.

第 11 章

特种阀门智能运维系统

近年来，我国特种阀门行业发展迅猛，整体技术水平已经逐步达到世界先进水平，信息化、智能化的发展给特种阀门设备运营、维护和管理提出了更高的要求。特种阀门的智能运维系统能够全面、动态地实时监测控制中心各种阀门及其他设备的整体运行状态，具有实时监控显示等功能，能够快速地获取各设备的故障数据信息，帮助运维人员快速确认故障原因，实现快速排除故障的目的。随着各种大型复杂系统性能的不断提高以及复杂性的不断增加，系统的寿命预测以及维修保障等问题越来越受到人们的重视。

11.1　故障预测与健康管理概述

随着机械装备不断朝高速化、大型化、智能化方向发展，为了保障机械设备高效、安全、可靠运行，故障预测与健康管理（prognostics and health management，PHM）一直是工业领域研究的热点问题，指的是利用尽可能少的传感器采集系统的各种数据信息，借助各种智能推理算法来评估系统自身的健康状态，在系统故障发生前对其进行预测，并结合各种可利用的资源信息提供一系列的维修保障措施以实现系统的视情维修。PHM 是为了满足自主保障、自主诊断的要求提出来的，它是基于状态维修的视情维修（condition based maintenance，CBM）的升级发展，强调资产设备管理中的状态感知，监控设备健康状况、故障频发区域与周期，通过数据监控与分析，预测故障的发生，从而大幅度提高运维效率。PHM 技术与应用范围如图 11-1 所示。

在 PHM 技术这一方面，我国的理论研究及应用开始较晚，目前主要基于模糊推理机制确定不同指标权重值，1980 年之后，我国才从军工、航天领域开始，逐渐将 PHM 技术运用到工程领域中。当前，PHM 技术已成为重大工程装备实现自主式后勤（Automatic Logistics，AL）和降低生命周期费用的关键核心技术。是一种保障设备安全性和可靠性的关键技术。

PHM 的关键是获取、传递、处理、再生和利用信息的能力。这种能力越强，系统的智能水平就越高。

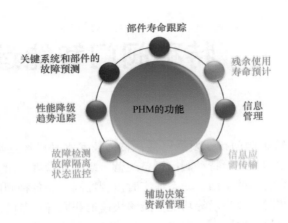

图 11-1 PHM 技术与应用范围

PMH 的特点有：

1）系统是开放的，具备自我提高的潜能。

2）系统是由硬件和相应的软件组成，但又离不开人的作用，人是其中重要的组成部分，即它不是单纯的计算机程序系统。

3）能利用多种信息和多种诊断方法，以灵活的诊断策略来解决诊断问题。

4）具有模块化结构。

5）具有人机交互诊断的功能。

6）具有多种诊断信息获取的途径。

7）具有问题解决的实时性和准确性。

8）具有自学习能力。

PHM 是现代机械设备综合评价的重要技术手段，它的引入不仅仅是为了消除故障，更是为了了解和预报故障何时可能发生，使得在系统尚未完全故障之前人们就能依据系统的当前健康状况决定何时维修，从而实现自主式保障，达到降低使用成本和保障费用的目标。合理的 PHM 系统能精准监测机械装备的运行状态，为机械装备的运营维护提供有效的决策，同时预测其组件的可靠性和有效剩余寿命（remaining useful life，RUL），预测和防止故障发生，从而降低维护成本，提高生产效益。

11.2 特种阀门故障预测与健康管理研究方法

现如今，PHM 研究方法的三大主要方法为：基于物理模型的方法、基于数据驱动的方法、基于统计学的方法，如图 11-2 所示。

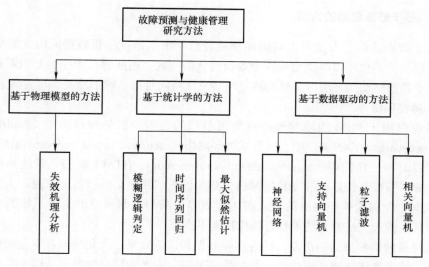

图 11-2　PHM 研究方法的三大主要方法

11.2.1　基于物理模型的方法

基于物理模型的方法，需要准确了解装备的内部机理，可以分析实体机理并做出推导而建立数学物理模型，提高 PHM 系统功能的准确度。开展失效机理分析是基于物理模型的重要方法。

故障模式是故障的表现形式，通常被描述成故障发生时产品的状态，相当于"病症"。故障原因是引起产品产生故障的过程、事件和状态，是对故障模式的解释，相当于"病因"。故障机理是引起产品产生故障的物理、化学和生物等变化的内在原因，相当于"病理"。在分析装备故障时，一般把失效看作事件，而把故障作为状态。一个产品已经不具备完成规定功能的能力，那么该产品就失去了应有的效用，这样的产品失效后就无法执行规定的功能，该产品就处于故障状态。因此，一般把故障机理叫作失效机理。

失效机理研究装备发生故障的内在原因及其发展规律，即劣化理论。失效机理往往由于装备、零部件（元器件）、材料、使用环境的差别而不同。

阀门零件失效机理一般表现为磨损、变形、断裂、腐蚀与材料老化等。在管网中常见，阀体的外表出现明显裂纹，有的阀体法兰与阀门本体完全断离，造成管路泄漏。

产生裂纹的原因一方面是长期使用后阀体锈蚀性能下降，在管网压力变化大的时候或温差大热胀冷缩不均时，受不住冲击而损坏；另一方面是管道地基沉降，管道与阀门相互间产生极大的拉力或剪切力，构件出现损伤性裂纹或完全拉断。

11.2.2 基于数据驱动的方法

基于数据驱动的方法可以对未知领域进行探索，通过分析数据间隐含的关系进行研究建模，不仅可以解决物理模型难以建立的问题，还能够改善先验知识不足的缺点。基于数据驱动的方法可以分为神经网络、支持向量机、粒子滤波、相关向量机。

1. 神经网络

目前应用于 PHM 领域的神经网络模型归为四类：前馈神经网络（feedforward neural net-works，FNN）模型、回复式神经网络（recurrent neural network，RNN）模型、层级时序记忆网络（hierarchical temporal memory，HTM）模型、其他神经网络模型。输入特征直接影响深度神经网络最终的诊断与预测结果，目前来说，人工提取特征数据作为深度神经网络的输入应用于故障诊断与预测虽然取得了不错的应用效果，但其依赖人工经验和技术且自动化程度不高。

从神经网络模型结构出发，结合实际数据和训练效果，优化模型参数及网络结构等因素，使模型训练速度更快，计算结果更可靠。未来的研究方向可从以下几个方面考虑：采用丢算法（Dropout）、批规范化（Batch Normalization）等多种技术解决网络训练过程中可能出现的"梯度问题"；利用竞争机制动态优化网络模型中的模型结构参数，以及学习率、批大小等超参数；利用对抗样本攻击验证模型的可靠性；采用分布式数据并行计算处理数据量过多且模型过大的问题。

2. 支持向量机

支持向量机是一类按监督学习（supervised learning）方式对数据进行二元分类的广义线性分类器（generalized linear classifier），其决策边界是对学习样本求解的最大边距超平面（maximum-margin hyperplane）。

SVM 使用铰链损失函数（hinge loss）计算经验风险（empirical risk），并在求解系统中加入了正则化项以优化结构风险（structural risk），是一个具有稀疏性和稳健性的分类器。SVM 可以通过核方法（kernel method）进行非线性分类，是常见的核学习（kernel learning）方法之一。

3. 粒子滤波

贝叶斯滤波实际上就是根据上一时刻系统状态的概率分布来计算当前时刻系统状态的概率分布。从贝叶斯理论的角度看，状态估计问题（目标跟踪、信号滤波）就是根据之前一系列的已有数据（后验知识）递推地计算出当前状态的可信度，即它需要通过预测和更新两个步骤来递推计算。

粒子滤波的状态转移方程和观测方程如下：

$$x(t) = f(x(t-1), u(t), w(t)) \tag{11-1}$$

$$y(t) = f(x(t), e(t)) \tag{11-2}$$

式中，$x(t)$ 是 t 时刻状态，$u(t)$ 是控制量，$w(t)$ 和 $e(t)$ 分别是状态噪声和观测噪声。

粒子滤波从观测 $y(t)$ 和上个时刻状态 $x(t-1)$、$u(t)$、$w(t)$ 中过滤出 t 时刻的状态 $x(t)$ 的过程如下：

（1）初始状态　用大量粒子模拟 $x(t)$，粒子在空间均匀分布。

（2）预测阶段　要依据上个时间点系统状态的概率分布来采样，产生的样本称为粒子，它们的分布就是上个时间点系统状态的概率分布，根据状态转移方程，每个粒子得到一个预测粒子。

（3）校正阶段　根据条件概率对预测粒子进行评价，该条件概率值即为粒子的权重，越接近于真实状态的粒子，其权重越大。

（4）重采样　根据粒子权重对粒子进行筛选，既要大量保留权重大的粒子，又要有一小部分权重小的粒子。

（5）获得新预测粒子　将重采样后的粒子带入步骤 2 中的状态转移方程得到新的预测粒子。

4. 相关向量机

状态评估作为 PHM 的一项不可少的操作，针对设备现在的数据，分析其目前所处的健康状态，是否存在各种隐患。多分类相关向量机（relevance vector machine，RVM）是一种重要的状态评估方法，以特种阀门的历史数据及其对应状态构建模型，向评估模型输入当前时刻的属性参数值，便可以自动识别特种阀门所处的状态。

对于控制阀这种结构复杂的装备，各部件的数据以及阀内流体的参数获取比较麻烦，且故障信息不足，其使用环境的多变复杂性，使得数据采集过程中会有丢失的可能。针对小样本、高维度等特点，具备分类与回归功能的相关向量机算法较为适宜。相关向量机算法借鉴了非常经典热门的支持向量机算法，RVM 具备了 SVM 的一些特征，但核心理论是基于贝叶斯框架提出的。利用超参数及先验概率来保证高稀疏性的特点，缩短相关向量机模型在使用过程中的诊断及预测时间。

11.2.3　基于统计学的方法

基于统计学的方法，是对故障信息的历史数据做出与概率相关的数学分析，建立相关的模型进行故障预测，判断当前目标处于何种状态。典型的故障率曲线就是浴盆曲线，浴盆曲线表示故障率随时间的变化曲线，如图 11-3 所示。装备制作完成后分为了三个时期，第一时期由于生产过程中的某些问题会导致故障概率较高；第二时期装备度过磨合期后会有较长时刻的稳定期；第三时期由于装备长期的使用会使部件处于老化状态导致性能降低、故障概率提高。

可靠性的定义是单独一套产品在规定条件下能够正常运行达到指定时长的概率。指数分布可以采用统计数据表达如下：

$$R(t) = \mathrm{e}^{-\lambda t}$$

（11-3）

式中，λ 是失效率，指单位时间内失效的元件数与元件总数的比例。

因而可靠性是在图 11-3 所示故障率曲线的中央平直部分发生故障的概率。

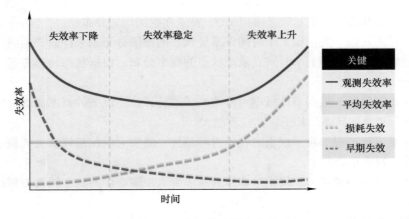

图 11-3　典型的故障率曲线

实践证明对于阀门而言，其失效或者寿命随时间的函数同样遵循着浴盆曲线。作为特种阀门中一种的液压阀，其在开始使用时，失效率很高，但随着产品工作时间的增加，失效率迅速降低，这一阶段失效的原因大多是由于阀门设计、阀门材料选择和阀门加工过程中的缺陷和装配失误造成的。进入第二阶段后，失效率较低、较稳定，往往可近似看作常数，偶然失效主要是由液压阀质量缺陷、材料弱点、环境和使用不当等因素引起。我们常说的油液污染问题是液压阀失效的主要原因之一。当阀门进入第三阶段即耗损失效期时：该阶段的失效率随时间的延长而急速增加，主要由液压阀内部件磨损、疲劳、老化和耗损等原因造成。

11.3　特种阀门故障预测技术

PHM 系统显著的特征就是具有故障预测的能力。故障预测是指综合利用各种数据信息如监测的参数、使用状况、当前的环境和工作条件、早先的试验数据、历史经验等，并借助各种推理技术如数学物理模型、人工智能等评估部件或系统的剩余使用寿命，预计其未来的健康状态。

故障预测是一项专注于预测系统或系统部件无法正常完成预期功能的一门工程学科。这种"无法正常完成预期功能"往往预示着整个系统已经无法达到既定的设计目标。这种预测手段，一般通过评估系统与其设计的正常性能偏差或在较长时间尺度的性能退化程度来预测系统部件的性能。

区别于故障诊断，预测技术本质在于寻求事物内在与外在的演化规律，并基于规律认知进行预测。当前预测方法可归纳为：基于失效物理及解析模型的预测方法、基于可靠性数据以及状态数据的预测方法、基于融合思想的预测方法和基于定性知识及其他的预测方法。

11.3.1 故障预测方法

剩余寿命预测技术是 PHM 技术中充满挑战却又亟待解决的关键问题，也是最具挑战性的核心技术问题之一。剩余使用寿命是指系统在当前状态下还能有效运行直到生命终止的时长，能够为后勤保障人员提供系统失效前安全运行的时间信息，从而有针对性地制订维护与维修方案。因此，精准的剩余使用寿命预测对于提升系统的安全性与可靠性无疑有着非常重要的意义。但复杂工程系统内在的故障机理复杂性、变量耦合、非线性等因素无一不为该问题的有效解决增添了难度。

RUL 通常用于描述当前时刻与失效时刻之间的时间间隔，可定义为

$$T - t\,|\,T > t, \mathbf{Z}(t) \tag{11-4}$$

式中，T 是表示失效时刻的随机变量；t 是当前时刻；向量 $\mathbf{Z}(t)$ 是当前的状态数据。

基于状态监测的设备寿命预测，具体而言，主要是在设备 A 运行的某一时刻 T，根据监测的（至时刻 T 的）设备 A 的运行状态和 / 或同类设备的历史数据，预测设备 A 由当前至失效的剩余寿命（residual life）或剩余有效寿命（remaining useful life）。这里，历史数据可以是从运行到失效过程中的状态监测数据（condition monitoring data），可以是失效时间数据、维护时间数据等事件数据（event data），也可以是两者的综合。

剩余寿命预测方法可以分为基于物理失效模型的方法和基于数据驱动的方法两种，具体分类如图 11-4 所示。

1. 基于物理失效模型的方法

基于物理失效模型的方法结合设备特定的机械动力学知识和设备在线状态监测数据，以预测设备的剩余寿命。常见的基于物理失效模型的方法主要使用裂纹扩展模型、碎裂增长模型等。该方法由于具备设备特定的物理学模型，往往不需要大量同类设备的历史数据即可获得较精确的预测结果。但是，该方法有时需要进行停机检查，这往往是不经济的甚至为生产所不允许。更重要的是，对于复杂设备，建立完备的物理学模型往往非常复杂。这就催生了直接基于设备的状态监测数据，而无须具体的物理学模型的方法，即基于经验的方法。

2. 基于数据驱动的方法

基于数据驱动的方法（data-driven methods），又称基于经验的方法（empirical-based methods），试图直接从状态监测数据（及同类设备的历史数据）在线预测设备的剩余寿命。按照"监测状态—失效 / 剩余寿命"之间的不同联系，可将目前主要的基于经验的方法进一步分为基于状态预测 / 外推的方法、基于统计回归的方法和基于相似性的方法。

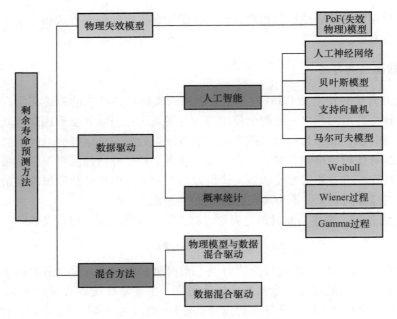

图 11-4　剩余寿命预测方法分类

1）基于状态预测 / 外推的方法认为设备失效可直接定义于状态空间，即可用确定性的失效阈值（单变量情况）或失效面（多变量情况）定义设备失效。在设备 A 运行的当前时刻 T，基于状态预测 / 外推的方法试图预测其状态的进一步发展，并将预测的未来状态与失效阈值（或失效面）比较以预测设备的失效时刻，进而预测其剩余寿命。

2）基于统计回归的方法认为监测的状态是影响设备失效概率的因素。该方法往往需根据同类设备的历史数据建立起设备失效概率、设备监测状态及设备运行时间之间的联系（简称函数 B）。在设备 A 运行的当前时刻 T，基于统计的方法一般也需预测设备状态的进一步发展，并将该预测代入函数 B，进而求取设备失效概率分布的期望值以预测设备 A 的剩余寿命。

3）基于相似性的方法认为某正在服役的设备 A 的剩余寿命可预测为同类设备（又称参照样本）在某一时刻剩余寿命的加权平均。其中，权值根据设备 A 与各参照样本之间的相似性计算，而相似性则需进一步根据各设备在失效过程中的状态监测数据确定。

11.3.2　故障预测模块设计

为了实现特种阀门的故障预测，需要多个模块的协作，故障预测相关模块主要包含数据采集、信息管理及维护维修三个模块见图 11-5。

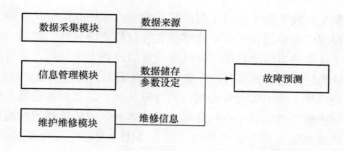

图 11-5　故障预测相关模块及其关系图

对故障预测本身的以及相关模块的功能性需求如下：

1. 故障预测

要求能够较为准确地预测特种阀门故障发生时间，在到达设定阈值后发出警告，以确保故障能被解决于发生之前。预测结果能够作为维护维修策略的参考，同时降低特种阀门运行过程中的风险以及维护维修的人力、物力成本。

2. 数据采集模块

数据采集模块是故障预测的主要信息来源。要求选择的传感器能够实时反映设备的运行状态，采集的数据对特种阀门的性能退化较为敏感。

3. 信息管理模块

信息管理模块负责各种对设备信息、模型参数的增删改查，与故障预测相关的主要功能是记录并处理传感器的采集数据以及设定故障警告的阈值。要求该模块能够吞吐高并发的数据流，拥有数据备份功能防止数据丢失，同时拥有可视化页面供用户查看特种阀门故障统计表，以及能够设置并调整故障检测与预测的相关参数。

4. 维护维修模块

维护维修模块用于申报与记录特种阀门及其相关设备的维修维护信息，这些信息为故障预测提供重要依据。要求能够准确记录特种阀门故障的具体维修信息，包括维修时间、故障原因、故障时间、故障严重程度等。

故障预测模块又可分为四个小模块，包括数据采集模块、预处理模块、预测模块和展示模块，其流程如图 11-6 所示。

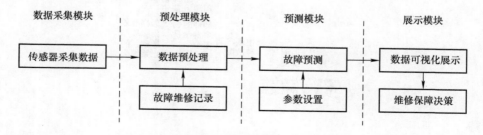

图 11-6　故障预测模块的流程

（1）数据采集模块　为了实时掌握阀门及相关内部件的运行状态并为故障预测提供数据支持，在阀门内部设置了多个传感器实时监测关键节点的数据。在传感器的选择问题上，为了让传感器监测数据更好地反映阀门设备工作状态，应对阀门工作时流体从进口到出口的整个过程的压力、速度、温度及湍流强度等属性进行监测。

（2）预处理模块　为了实现特种阀门的故障预测，需要对传感器采集的数据进行预处理。首先对传感器采集信号进行降噪处理，再对多维传感器的检测数据进行归一化处理以统一数据纲，进行数据预处理，如 AVMD（自适应变分模态分解）。然后需要将维修模块的故障信息与传感器采集信息进行融合，根据记录的故障时间、故障原因、故障严重程度等信息为数据打上故障标签。

（3）预测模块　特种阀门的故障预测将近期采集的数据作为测试集，将历史数据作为训练集，根据系统设置的相应参数，通过结合各类神经网络模型如注意力机制的 CNN-BiGRU 网络模型进行故障预测。用户可根据预测结果进行性能调优，对预测模型进行管理。对特种阀门的结构部件损坏、性能衰退超过阈值、部分功能失效等问题进行预警。通过故障警告记录与实际维修记录、故障记录做对比可以计算出预警的效果，将发出警告后未进行维修且未发生故障的概率视为误报率，将发生故障但未发出警告的概率视为漏报率。

（4）展示模块　展示模块主要是将其他各模块的数据及结果进行数据可视化展示，并根据预测模块的诊断预测结论提出维修保障决策。

11.4　面向特种阀门的健康管理

健康管理是 PHM 保障设备安全性和可靠性的关键技术，其在 20 世纪美国空军的直升机健康与使用检测系统中初见雏形。图 11-7 所示为预测与健康管理系统的总体框架，共包括五个主要的子模块。

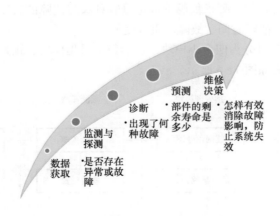

图 11-7　预测与健康管理系统的总体框架

（1）数据获取　确定需要关注的设备后，通过布置各类传感器对其性能状态相关的各项参数进行实时监测，并将获得的数据汇总到数据库中。

（2）监测与探测　对传感器获取的数据进行降噪、重构、特征提取等预处理后，使用异常探测模型判断设备当前是否处于正常的运行状态。

（3）诊断　对于异常探测模块检测出偏离正常运行状态的设备，调用智能故障诊断算法判断设备的具体故障类型。

（4）预测　对出现性能退化迹象或故障状态的设备，调用相应的预测算法，预测其性能状态未来的发展趋势及设备的剩余寿命。

（5）维修决策　综合前四个模块提供的各类信息，尤其是故障诊断模块和预测模块给出的结果，依照状态维修的基本原则制订维护方案，一方面防止异常和故障发展成为系统失效；另一方面最小化维护成本，提高系统可用度。

随着设备大型化、复杂化程度的不断提高，企业对设备维修管理的要求越来越高，维修决策也越来越复杂。设备维修过度或维修不足，特别是一些重要设备维修方式不合理，会造成企业维修资源的巨大浪费，针对不同的设备采用合理的维修方式，可以有效解决这个问题，以提高设备可靠性，降低维修成本。

11.4.1　特种阀门维修策略

从 20 世纪以来，研究人员提出了数以百计的维修策略。在不同的维修策略下，根据不同的事件（如工作时间、系统故障的发生或发生故障的设备数量等）给出不同的维修决策（包括系统状态的检查、系统的修复或更换等）。所有的维修策略都基于预防维修理念，但由于多数故障具有随机性，因此必须考虑故障后维修。

1. 单设备系统的维修策略

（1）年龄更换策略　基本的年龄更换策略是指系统工作时间达到确定的常数 T_c 时，如果系统仍未发生故障，则进行预防更换；如果在 T_c 时刻之前发生故障，则当时立刻进行故障后更换。该维修策略是最早研究的维修策略。年龄更换策略只考虑了修复如新即更换的情况，实际中存在极小修、小修和大修等各种"修复非新"的可能，实际的维修时间、维修费用和维修效果都不尽相同。因此，在前述基本的年龄更换策略基础上，研究人员提出了大量其他基于系统年龄的维修策略，主要考虑预防维修和故障后维修在小修、大修、更换等不同维修方式及时间常数 T_c 变化的情况下的各种组合问题。年龄更换策略适合比较昂贵的部件或设备。

（2）成批更换策略　最基础的成批更换策略指系统在等间隔时间点上 Kt_i（K=1，2，…），进行周期预防更换。如果其他时间系统发生故障则当时立即进行故障后更换，并且任何故障后更换都不影响周期预防更换计划。该维修策略中，预防维修工作均由事先计划决定，无须考察记录系统工作时间，因此成批更换策略在工程实践中易于施行。实际进行的维修工作对改善设备性能状况的效果各不相同，因此考虑小修、大修等各种"修复非新"的维修情况时，根据基础的成批更换策略可扩展出许多周期性预防维修策略。这类维修策略中也往往以系统故障次数为限制指标，首先对失效的设备进行次故障后维修，并从第 N 次维修开始对系统在等间隔时间点 Kt_r（$K=1$，2，$\cdots$）上进行周期预防维修。成批更换策略尽管针对的是单设备系统，但往往应用于多设备系统中，特别是数量较多、价格较低的各种零部件。

（3）故障限制策略　以失效率、可靠性等作为指标来决定是否对系统进行维修的策略称为故障限制策略。故障限制策略包含了以可靠性为中心的维修的思想，适用于对安全性要求较高的设备如特种阀门，其缺点是失效率、可靠性这类抽象的概念针对的是一类设备，而在单个设备上往往很难估计。

（4）维修限制策略　维修限制策略主要可分为两大类：维修费用限制策略和维修时间限制策略。采用维修费用限制策略的情况下，当系统发生故障时，如果估计的维修费用小于某一设定的额度则对系统进行维修，否则更换系统。这种维修策略的缺点是它只考虑单次维修的费用问题，从而可能导致较长时间内系统故障和维修费用较高。

（5）视情维修策略　随着传感技术、监测和诊断技术的快速发展，在20世纪70年代开始，视情维修（condition-based maintenance，CBM）获得了广泛的关注和应用。视情维修强调对系统或设备进行状态监测和诊断，并评估系统劣化状况（"健康"水平），从而根据分析和诊断结果对维修时间和维修项目做出安排。目前的视情维修策略主要为控制限规则，即对系统进行连续或间断（周期或非周期）的监测，如果发现系统劣化水平或劣化状态达到某一状态阈值，则对系统进行预防维修，该阈值称为预防维修状态阈值。考虑到故障有随机故障和劣化故障的区别，维修可分为小修、大修和更换等不同情况。

2. 多设备系统的维修策略

目前，关于维修建模和优化技术的研究主要是针对单设备系统。多设备系统由于维修建模问题的复杂性，相关研究成果较少。从维修角度考虑，多设备系统中设备与设备之间主要存在三种关系：经济关系、随机影响和物理结构关系。

经济关系是指在同一时段内对一组设备进行维修比分别对各设备单独进行维修节省费用。例如，流程工业的生产系统通常包括各种设备，如果能对设备进行维修分组，并充分利用机会维修，那么很大程度上可以减少停机损失，提高设备可用度，降低维修费用和生产损失。

随机影响是表示系统中各种劣化过程的相互影响，使得不同设备之间或同一设备的不同部件之间的故障不独立。设备的故障或劣化过程的随机影响在多设备系统中较为常见，例如火电厂中锅炉炉膛内的水冷壁管、省煤器等的泄漏会使排出的烟气中飞灰的湿度增加，从而导致引风机振动过大。

此外，许多生产系统是由多设备串并联组成，某一设备进行停机检修经常会影响其他设备，例如必须同时停机或者工作负荷变动。因此，进行维修决策必须考虑系统中各设备的物理拓扑关系。

11.4.2 核电阀门的维修决策支持系统

核电阀门主要指在核电站机组及其辅助机构关键位置中承担介质调节功能的一类重要阀门，其工作状态的稳定性直接关系到电站的安全与稳定。据统计，一座包含两台百万千瓦机组的核电站每年用于阀门的维护费用高达上亿元，占电站总维护费用的近 50%。因此，针对电站阀门的自动化调试、性能测试方法与工具，以及维护策略的优化需求迫切。目前，国内外已有的相关设备，都具备一定的阀门测试与诊断的功能，但此类设备只适用于少数进口阀门，或需解体试验，且都缺乏以可靠性为中心的维修理念下对阀门故障前性能状况的关注，故无法对其维修决策起到指导作用以提高工作效率与节约成本。通过对阀门自动化测试方法及其性能结果分析两方面展开研究，对阀门维护工作的开展有着极大意义。

1. 阀门状态参数监测

阀门性能测试的目标是将阀门当前性能转化为数据，主要任务为性能指标的提取及其测量方案的拟定。需监测的参数为电动机定子电流、电压等电气量与阀杆位移、气缸气压、阀杆推力等物理量。其中，电动阀的定子电流特征为测试行程中段平稳，始末端变化剧烈，所以可对端点电流峰值进行有效监测，同时减少中间行程的数据量。综合考虑精度、成本与灵活性，采用 ADS8698 搭配 ARM 处理器的方案。阀门运行时其余物理量皆可借助高精度变送器直接转化为 4～20mA 的标准信号进行测量。

2. 改进优度评价方法

阀门单次测试过程中，多项运行指标小幅浮动，即其运行过程实际表现为区间，如运行电流、阀杆推力等；各运行指标处于特殊位置时的特征值在同一时间的几次测试结果中也会存在一定差距，如阀杆插入力、拔出力等，这是由于仪器基础误差、测试原理，以及阀门运行工况中的不确定性振动等多种复杂因素所致。优度评价法在对研究对象指标矛盾性的处理、样本数量依赖度及实用性等方面都有优势。采取指标取值为区间的改进优度评价方法，其基本步骤为：

1）将研究对象 R 抽象为物元模型

$$R = (N, C_n V_n) \tag{11-5}$$

式中，N 是对象名称；C_n 是对象的 n 个指标；V_n 是指标取值区间。

2）构造关联函数。

3）指标权重分配与优度值计算。

首先利用层次分析法（AHP）根据电站阀门运行特点，结合专家主观意见，建立指标判断矩阵，最终得出主观权重向量 W'；其次，由指标重要性相关法（CRITIC）

分析不同状态下历史数据中包含多指标变化的相关度信息，获得客观权重向量 W''。

K_j 为指标 j 关于某经典域的关联函数值，C 为优度区间重点，δ 为优度区间半径。$C(R)$ 所处的区间值总体越大，则 R 隶属于该经典域的程度越高。由于优度为区间，其优劣判定需要结合实际情况。考虑到优度的 Δ 表征各指标的总体稳定性，中点 C 表征总体优度，该系统在其精度前提下对于优度 $A(C_1 - \Delta_1, C_1 + \Delta_1)$、$B(C_2 - \Delta_2, C_2 + \Delta_2)$，且 $\Delta_1 \geqslant \delta_2$ 时判定方案为：①若 $C_2 \geqslant C_1$，判定 B 优；②若 $C_2 < C_1$，则满足 $C_2 + \Delta_2 > C_1$，$C_2 - \Delta_2 > C_1 - \Delta_1$ 时判定 B 优，否则 A 优。

3. 阀门性能分析及维修决策模型构建

基于优度评价模型的阀门性能分析及维修决策模型如图 11-8 所示。

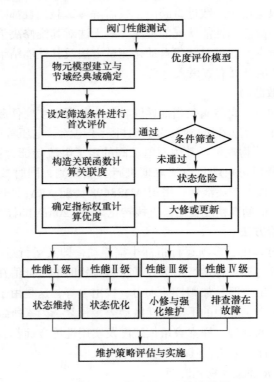

图 11-8 阀门性能分析及维修决策模型

依据阀门测试系统获得的初始性能参数进行首次评价，对某些必须满足的条件进行筛选。将阀门的性能分为四个等级，即Ⅰ级：状态极佳，可适当延长维护时间，优化维护方案；Ⅱ级：阀门状态次佳，需保持维护力度，或适当调整；Ⅲ级：性能一般，阀门可能有多项指标偏离最佳值，处于较敏感状态，需强化维护，对其密切关注；Ⅳ级：性能较差，有某项或者多项关键指标已经接近故障的临界值，需要立即关注高危指标，排查潜在故障，并定期测试复查。

11.5　特种阀门智能运维系统实例

随着物联网技术的快速崛起、同时企业中联网设备的增多，利用云服务技术对系统进行架构部署最为经济。在工业物联网研究中，针对常用的生产计划系统和制造执行管理系统等传统工业管理系统均可以采用云服务的方式进行改造升级这一现状。如果能够减少离散型服务器，即仅服务于制造流程的服务器或者仅在个别设备中使用的服务器，将此类服务器改为云服务器来完成相关工作，那么便会极大地提高服务器的利用率以及减少物理服务器的资源浪费，同时也降低了工业自动化环境中服务器部署的成本。

11.5.1　基于 LoRa 的智能阀控云监测系统

针对当前工控系统网络化水平低以及现场总线布线繁琐的情况，实现阀控系统中电动执行器的网络化有助于大型工业现场对阀控设备的控制更加灵活，一定程度上解决大型工业现场布线繁琐这一问题。电动执行器的网络化可以解放对设备管理人员的工作空间限制，使得设备管理员无须像以往一样长时间待在中控室对阀门设备进行实时监测。一旦出现报警情况，管理人员可通过监测网页查看处理，利用云服务器可实现对设备的连续监管。该系统极具实用意义，利用云服务器完成设备的报警类型、报警定位、报警记录等功能，将有助于实现工业制造向工业智造的转变。

根据"互联网 + 阀控"的研究理念，实现阀控系统中的电动执行器智能物联的功能。鉴于 WiFi（移动热点）模块传输距离短、GPRS（通用分组无线业务）模块设计成本高的问题，系统中采用 LoRaWAN 技术，利用 LoRa 模块组建局域网，将电动执行器中的 PIC 单片机数据经由 LoRa 网关传输至以太网中，实现电动执行器的智能联网功能。本系统意在利用云服务器实现设备的监测功能，包括设备的报警监控、报警定位、预报警、远程控制、数据存储及分析等功能。其中报警监控、预报警、数据存储及分析功能是利用云端服务器完成的，搭建云服务器系统实况对设备的持续监测功能，并进行设备报警信息的存储及分析功能，系统流程框图如图 11-9 所示。

11.5.2　基于物联网的智能泵阀控制平台

1. 智能泵阀

智能泵阀主要是带有微处理器，能够实现智能化控制功能的泵阀，常见的智能泵阀主要有带有智能控制的调节阀和离心泵。

智能控制泵阀主要包括下列内容：可以方便地修改控制泵阀的状态特性；可以实现比例—积分—微分（proportion，integral，derivative，PID）控制运算；可以实现其他运算功能，比如进行控制量程范围、线性运算等；可以更改控制泵阀的正反作用方式；可以实现泵阀与上位机的状态信息管理，实现信息的共享，同时可以实现智能泵阀的故障诊断和报警。

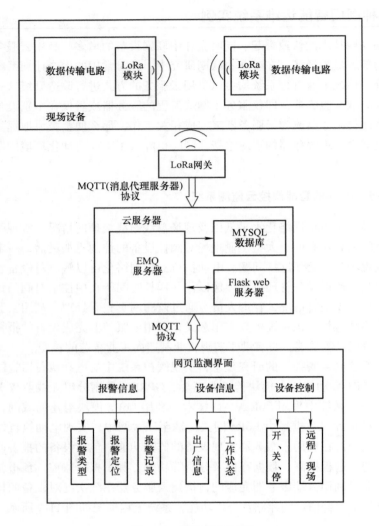

图 11-9　系统流程框图

2. 智能泵阀控制平台系统结构

根据智能泵阀控制平台的系统特点，采用了如图 11-10 所示的系统网络架构。该系统主要由分布在监测区域的传感节点、数据汇集节点和系统管理中心（网关）等三部分组成。其中传感节点负责定期采集阀门以及其他感知设备的信息（例如：状态、流量、压力）；数据汇集节点负责接收传感节点采集的各种数据；系统管理中心负责将网络接入互联网，并对数据包的相关信息（状态、流量、压力）进行提取以及解析，然后存储到数据库，供客户端为用户提供简单易操作的控制平台界面，使用户更好地对目标区域进行实时管理。

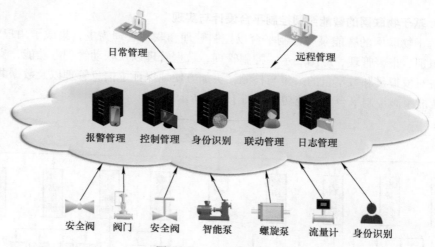

图 11-10　系统网络架构

智能泵阀控制平台系统总体框架如图 11-11 所示，该平台以智能泵阀控制中心为核心，以智能泵阀及感知设备为基础支撑，以网络为桥梁，实现了整个平台的统一性、完整性。智能泵阀控制中心主要包括智能泵阀接入的安全认证、控制逻辑的配置、数据的采集与分析等相关子系统服务，完成统一管理、统一调度的综合控制平台，实现智能泵阀控制平台的内部各子系统业务流程之间的集成。同时，也实现了各子系统异构数据的交换与共享。通过智能泵阀控制平台实现所有的子系统的中和与集成，达到统一协调和子系统间的资源共享与信息共通，进一步实现智能泵阀与其他的智能控制系统的实时联动与对接。

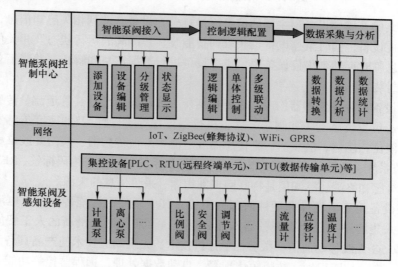

图 11-11　智能泵阀控制平台系统总体框架

3. 基于物联网的智能泵阀控制平台设计与实现

基于物联网的智能泵阀控制平台以控制管理和联动管理为主，集成了用户管理、身份识别、报警管理、地图展示、控制管理、数据管理以及联动管理等功能，支持感知设备对模拟量和数字量的采集与检测，更加方便地保证了信息管理以及数据共享能力。智能泵阀控制平台的系统功能如图 11-12 所示。

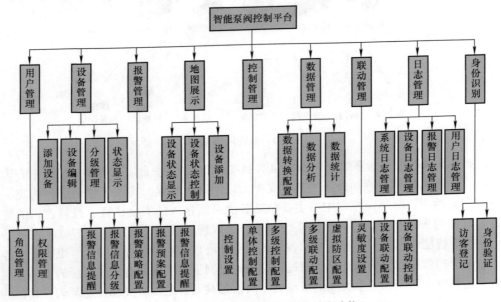

图 11-12　智能泵阀控制平台的系统功能

智能泵阀及感知设备层主要的信息流是：感知设备获取到相关感知信息，将数据上传至集控设备，同时集控设备也获取到智能泵、智能阀的运行状态及相关信息，将其采集信息临时存储到集控设备中，集控设备进行数据汇总和解析，并将汇总解析的数据进行封装。

感知设备由各种传感器构成，主要包括压力或压差传感器、管道流量传感器、温度传感器、位置传感器（如阀芯开度、执行器行程等）、速度及加速度传感器、振动传感器、液位传感器、液压油污染传感器或过滤器寿命传感器、阀门井或泵房的 GPS（全球定位系统）位置、温湿度传感器、电厂标识系统编码或二维码标签、RFID 标签、限位开关等感知终端。感知层是物联网识别物体、采集信息的来源。

集控设备主要由软件和硬件两部分组成，其中硬件由智能传感器、电液控制系统、数据采集终端、云计算服务器四部分组成，再通过融入最新的人工智能、物联网、4G 或 5G 无线移动通信、微功耗单片机技术、先进制造技术使产品具备无线上传阀门数据、自动故障识别、故障短信预警、自动数据处理、远程监控等功能。它能自动对设备故障进行诊断，并通过移动网络将阀门数据实时发回智能泵阀控制平台。

参考文献

[1] 简小刚，张艳伟，冯跃. 工程机械故障诊断技术的研究现状与发展趋势 [J]. 中国工程机械学报，2005（4）：445-449.

[2] 吴明强，史慧，朱晓华，等. 故障诊断专家系统研究的现状与展望 [J]. 计算机测量与控制，2005（12）：1301-1304.

[3] 曾莉，吴晨. 工程机械智能故障诊断技术的研究现状及发展趋势分析 [J]. 现代制造技术与装备，2020，56（11）：162-163.

[4] 张金玲，韩江. 液压系统故障诊断技术的研究现状与发展趋势研究 [J]. 无线互联科技，2019，16（17）：134-135.

[5] 王维龙. 设备智能运维服务平台的研究与实现 [J]. 信息与电脑（理论版），2019（6）：78-80.

[6] 沈东鸿. 云计算技术在计算机数据处理中的应用研究 [J]. 软件，2022，43（6）：97-99.

[7] 谢瑜. 云计算技术在计算机数据处理中的应用与发展对策探究 [J]. 软件，2022，43（6）：156-158.

[8] 龚强. 云计算的体系架构与关键技术浅析 [J]. 信息通信，2018（9）：163-164.

[9] 许杰. 物联网无线通信技术应用探讨 [J]. 无线互联科技，2018，15（14）：19-20.

[10] 赵树立. 基于物联网的智能泵阀控制平台设计 [J]. 无线互联科技，2018，15（18）：25-28.

[11] 陈新亚. 阀门系统健康状态诊断技术的研究及应用 [D]. 保定：华北电力大学，2010.

[12] 王益玲. 基于 DCS 实时信息的智能故障诊断系统的研究与设计 [D]. 南京：南京工业大学，2003.

[13] 王凌. 维修决策模型和方法的理论与应用研究 [D]. 杭州：浙江大学，2007.

[14] 夏浩. 基于键合图的电动代步车故障诊断与预测 [D]. 合肥：合肥工业大学，2018.

[15] 任越. 基于深度学习的发动机故障预测技术研究 [D]. 绵阳：西南科技大学，2022.

[16] 曾小军，黄宜坚. 利用 AR 模型和支持向量机的调速阀故障识别 [J]. 华侨大学学报（自然科学版），2011，32（1）：13-17.

この頁は判読不能